陈佳林 / 著

清华大学出版社
北京

内 容 简 介

本书翔实地介绍流行的 Frida 工具在安卓逆向工程中的应用，内容包括：如何安装和使用 Frida、基本环境的搭建、Frida-tools、Frida 脚本、Frida API、批量自动化 Trace 和分析、RPC 远程方法调用、在无须逆向算法具体实现的情况下对 Frida 工具的调用，并提供了大量 App 逆向与协议分析案例，书中还介绍了更加稳定的 Xposed 框架的使用方法，以及从安卓源码开始定制属于自己的抓包沙箱，打造无法被绕过的抓包环境等内容。

本书案例丰富，注重实操，适合安卓应用安全工程师、安卓逆向分析工程师、爬虫工程师以及大数据采集和分析工程师使用。

本书封面贴有清华大学出版社防伪标签，无标签者不得销售。
版权所有，侵权必究。举报：010-62782989，beiqinquan@tup.tsinghua.edu.cn。

图书在版编目（CIP）数据

安卓 Frida 逆向与协议分析 / 陈佳林著. —北京：清华大学出版社，2022.1
ISBN 978-7-302-59897-8

Ⅰ. ①安… Ⅱ. ①陈… Ⅲ. ①移动终端－应用程序－程序设计 Ⅳ. ①TN929.53

中国版本图书馆 CIP 数据核字（2022）第 010632 号

责任编辑：王金柱
封面设计：王 翔
责任校对：闫秀华
责任印制：朱雨萌

出版发行：清华大学出版社
  网　　址：http://www.tup.com.cn，http://www.wqbook.com
  地　　址：北京清华大学学研大厦 A 座　　　　　邮　　编：100084
  社 总 机：010-83470000　　　　　　　　　　　邮　　购：010-62786544
  投稿与读者服务：010-62776969，c-service@tup.tsinghua.edu.cn
  质 量 反 馈：010-62772015，zhiliang@tup.tsinghua.edu.cn
印 装 者：小森印刷霸州有限公司
经　　销：全国新华书店
开　　本：190mm×260mm　　　　印　张：16.75　　　　字　数：452 千字
版　　次：2022 年 3 月第 1 版　　　　　　　　　印　次：2022 年 3 月第 1 次印刷
定　　价：79.00 元

产品编号：095340-01

前　言

安卓操作系统目前在中国乃至世界范围内占据主流，大量互联网、市政、金融、O2O、出租车等公司及部门将业务依托于 App 的方式交付给最终用户，这些 App 真的安全吗？前有各类爬虫软件对票务、市政企业个人信息等 App 内容的疯狂抓取，后有拼多多被薅数十亿羊毛的事件，因此 App 的安全、逆向工程及自动化利用技术越来越受到 App 开发者的关注。

自从 Frida 于 2014 年年末问世以来，迅速在全球安全社区掀起了"Frida 热潮"，借助 Frida 动态修改内存的特性实现了快速逆向和算法调用功能，安卓应用安全分析和对抗技术从未像如今这样成熟和自动化。

作为安卓应用安全测评工程师，或者大数据平台采集工程师，逆向研究员对于 App 的逆向分析研究及其算法的还原和接口调用的热爱仿佛是刻在骨子里的。

与逆向技术的发展相对应的是，很多大型软件和平台的开发者也逐渐把算法藏得越来越深，越来越难以逆向。这里面最具有代表性的是强混淆框架 Ollvm 和 Arm 层的虚拟机保护技术 Vmp，前者注重增加算法本身的复杂度，后者通过增加一套中间层将算法保护起来，使得逆向工作变得更加困难，显然，逆不出中间层也就还原不出算法。

面对这种情况我们该如何应对呢？解决办法是采用黑盒调用的方式，忽略算法的具体细节，使用 Frida 把 SO 加载起来，直接调用里面的算法得到计算结果，构造出正确的参数，将封包传给服务器。也可以将调用过程封装成 API 暴露给同事使用，甚至搭建计算集群，加快运行速度，提高运行效率。本书详细地介绍了基于 Frida 和 Xposed 的算法批量调用和转发实践，并给出了具体的案例分析。

如果 App 对 Frida 或 Xposed 进行了检测，我们还可以采用编译安卓源码的方式打造属于自己的抓包沙箱。对于系统来说，由于 App 的全部代码都是依赖系统去完成执行的，因此无论是加固 App 在运行时的脱壳，还是 App 发送和接收数据包，对于系统本身来说 App 的行为都是没有隐私的。换句话说，如果在系统层或者更底层对 App 的行为进行监控，App 的很多关键信息就会暴露在"阳光"之下一览无余。之后可以直接修改系统源码，使用 r0capture 工具为 Hook 的那些 API 中加入一份日志，即可把处于明文状态的包打印出来，从而实现无法对抗的抓包系统沙箱。

Frida 以其简洁的接口和强大的功能迅速俘获了安卓应用安全研究员以及爬虫研究员的芳心，成为逆向工作中的绝对主力，笔者也有幸在 Frida 普及的浪潮中做了一些总结和分享，建立了自己的社群，与大家一起跟随 Frida 的更新脚步共同成长和进步。

本书翔实地介绍了如何安装和使用 Frida、基本的环境搭建、Frida-tools、Frida 脚本、Frida API、批量自动化 Trace 和分析、RPC 远程方法调用，并包含大量 App 逆向与协议分析案例实战，此外，还介绍了更加稳定的框架 Xposed 的使用方法，以及从安卓源码开始定制属于自己的抓包沙箱，打造无法被绕过的抓包环境等内容。

本书技术新颖，案例丰富，注重实操，适合以下人员阅读：

- 安卓应用安全工程师。
- 安卓逆向分析工程师。
- 爬虫工程师。
- 大数据收集和分析工程师。

在本书完稿时，Frida 版本更新到 15，安卓也即将推出版本 12，不过请读者放心，本书中的代码可以在特定版本的 Frida 和安卓中成功运行。

安卓逆向是一门实践性极强的学科，读者在动手实践的过程中难免会产生各式各样的疑问，因此笔者特地准备了 GitHub 仓库更新和勘误，读者如有疑问可以到仓库的 issue 页面提出，笔者会尽力解答和修复。笔者的 GitHub：https://github.com/r0ysue/AndroidFridaSeniorBook。

最后，在这里感谢笔者的父母，感谢中科院信工所的 Simpler，感谢看雪学院和段钢先生，感谢寒冰冷月、imyang，感谢 xiaow、bxl、寄予蓝、白龙，感谢葫芦娃、智障、NWMonster、非虫，成就属于你们。

陈佳林

2022 年 1 月

目　　录

第1章　安卓逆向环境搭建 ·· 1
1.1　虚拟机环境准备 ·· 1
1.2　逆向环境准备 ·· 3
1.3　移动设备环境准备 ··· 6
1.3.1　刷机 ··· 6
1.3.2　ROOT ·· 10
1.3.3　Kali NetHunter 刷机 ··· 13
1.4　Frida 开发环境搭建 ·· 17
1.4.1　Frida 介绍 ··· 18
1.4.2　Frida 使用环境搭建 ·· 18
1.4.3　Frida 开发环境配置 ·· 22
1.5　本章小结 ·· 23

第2章　Frida Hook 基础与快速定位 ·· 24
2.1　Frida 基础 ··· 24
2.1.1　Frida 基础介绍 ··· 24
2.1.2　Frida Hook 基础 ·· 26
2.1.3　Objection 基础 ··· 28
2.2　Hook 快速定位方案 ·· 33
2.2.1　基于 Trace 枚举的关键类定位方式 ·· 33
2.2.2　基于内存枚举的关键类定位方式 ·· 40
2.3　本章小结 ·· 46

第3章　Frida 脚本开发之主动调用与 RPC 入门 ·· 47
3.1　Frida RPC 开发姿势 ·· 47
3.2　Frida Java 层主动调用与 RPC ··· 53
3.3　Frida Native 层函数主动调用 ··· 61
3.4　本章小结 ·· 66

第 4 章　Frida 逆向之违法 App 协议分析与取证实战 67

4.1　加固 App 协议分析 67
4.1.1　抓包 67
4.1.2　注册/登录协议分析 70

4.2　违法应用取证分析与 VIP 破解 75
4.2.1　VIP 清晰度破解 75
4.2.2　图片取证分析 78

4.3　本章小结 87

第 5 章　Xposed Hook 及主动调用与 RPC 实现 88

5.1　Xposed 应用 Hook 88
5.1.1　Xposed 安装与 Hook 插件开发入门 88
5.1.2　Hook API 详解 93
5.1.3　Xposed Hook 加固应用 98
5.1.4　使用 Frida 一探 Xposed Hook 101

5.2　Xposed 主动调用与 RPC 实现 108
5.2.1　Xposed 主动调用函数 108
5.2.2　Xposed 结合 NanoHTTPD 实现 RPC 调用 115

5.3　本章小结 119

第 6 章　Android 源码编译与 Xposed 魔改 121

6.1　Android 源码环境搭建 121
6.1.1　编译环境准备 121
6.1.2　源码编译 125
6.1.3　自编译系统刷机 129

6.2　Xposed 定制 131
6.2.1　Xposed 源码编译 131
6.2.2　Xposed 魔改绕过 XposedChecker 检测 140

6.3　本章小结 151

第 7 章　Android 沙箱之加解密库 "自吐" 153

7.1　沙箱介绍 153
7.2　哈希算法 "自吐" 154

7.2.1 密码学与哈希算法介绍	154
7.2.2 MD5 算法 Hook "自吐"	155
7.2.3 Hash 算法源码沙箱 "自吐"	160
7.3 crypto_filter_aosp 项目移植	167
7.4 本章小结	172

第 8 章 Android 沙箱开发之网络库与系统库 "自吐" | 173

8.1 从 r0capture 到源码沙箱网络库 "自吐"	173
8.1.1 App 抓包分析	173
8.1.2 从 r0capture 到沙箱无感知抓包	176
8.1.3 使用沙箱辅助中间人抓包	186
8.2 风控对抗之简单实现设备信息的篡改	198
8.2.1 风控对抗基础介绍	198
8.2.2 源码改机简单实现	199
8.3 本章小结	210

第 9 章 Android 协议分析之收费直播间逆向分析 | 212

9.1 VIP 功能绕过	212
9.2 协议分析	217
9.3 主动调用分析	225
9.3.1 简单函数的主动调用	226
9.3.2 复杂函数的主动调用	230
9.4 本章小结	237

第 10 章 Android 协议分析之会员制非法应用破解 | 238

10.1 r0tracer 介绍与源码剖析	238
10.2 付费功能绕过	244
10.3 协议分析	250
10.4 打造智能聊天机器人	255
10.5 本章小结	260

第 1 章

安卓逆向环境搭建

工欲善其事，必先利其器。本章将会介绍笔者在 Android 逆向工程中用到的环境配置，包括主机和测试机的基础环境配置。一个良好的工作体系能给工作人员在工作过程中带来很多便利，让大家不必因为环境问题焦头烂额，因此在开始逆向工作之前，搭建一个良好的环境是非常必要的。

1.1 虚拟机环境准备

推荐使用虚拟机而不是真机，主要的原因有以下 3 点：

（1）虚拟机自带"时光机"功能——"快照"，这个特性让用户能够随时得到一个全新的真机，不会因为一个配置失误导致系统崩溃，最终只能因为直接重装系统而懊恼。图 1-1 所示为笔者在日常工作中开发 FART 脱壳机时创建的诸多虚拟机快照。

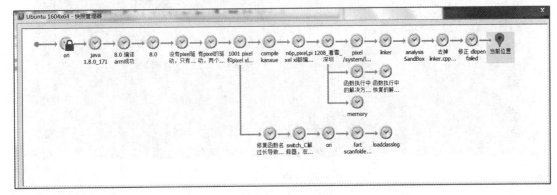

图 1-1 带快照功能的虚拟机

（2）虚拟机具有良好的隔离特性，做实验的过程中不会"污染"真机，在分析恶意样本时，使用虚拟机能够很好地保护物理机的环境不受损坏，是测试全新功能的天然"沙盘"。

（3）虚拟机环境不受物理机系统限制，无论是 Mac 系统还是 Windows 系统，其安装的虚拟机系统都能够任意选择，包括 Ubuntu、CentOS、Windows 等。

在这里笔者推荐读者使用 VMware 出品的系列虚拟机软件。VMware 具有良好的跨平台特性，可以随时将已经部署好的环境在不同平台上迁移使用。

对于虚拟机环境的选择，笔者更加推荐 Ubuntu 系列的 Linux 操作系统，无论是 Android 源码的编译，还是 Frida、GDB、OLLVM 等后续重要的环境，经过笔者测试，这个系列的系统总是能够表现出更少被系统环境"拖累"的特性。

在笔者的工作中，主要使用 Kali Linux 这个系统，Kali Linux 是基于 Debian 的 Linux 发行版，与 Ubuntu 师出同门，是设计用于数字取证的操作系统。Kali Linux 预装了许多渗透测试软件，包括 Metasploit、BurpSuite、SQLMap、Nmap 等 Web 安全相关软件，是一套开箱即用的专业渗透测试工具箱。

Kali Linux 自带 VMware 镜像版本，下载相应版本后，解压并双击打开.vmx 文件，即可通过 VMware 打开虚拟机的系统。

由于笔者这里选择的 Kali Linux 版本为 2021.1，在这个版本中 Kali 的默认用户已经不再是 root/toor，而是 kali/kali。但是笔者建议首次使用 Kali 用户登入系统后，使用如下命令设置 root 用户密码以重新启用 root 用户，这样在后续工作中便不会因为用户权限不够而出现各种类型的报错。

```
# sudo passwd root
```

修改用户完毕后，重新使用 root 用户登入系统，其界面显示如图 1-2 所示。

图 1-2　Kali Linux 界面

另外，由于虚拟机本身的时间不是东八区的，在打开虚拟机后还需要打开 Terminal 软件并输入如下命令设置时区：

```
┌──(root@vxidr0ysue)-[~/Chap01]
└─# dpkg-reconfigure tzdata
```

Current default time zone: 'Asia/Shanghai'
Local time is now: Sat Apr 17 15:20:35 CST 2021.
Universal Time is now: Sat Apr 17 07:20:35 UTC 2021.

运行命令后，在弹出的窗口选择 Asia→Shanghai 后，就可以设置成标准上海时间，当然不同的读者可以根据自己所在的地区进行设置。

由于 Kali Linux 在 2020.3 版本后就开始支持中文字体的显示，而这里选择的是 2021.1 版本的 Kali Linux 虚拟机，因此无须再和 2019 版本的 Kali Linux 一样另外配置。但要注意的是，一定不要将系统切换为中文环境，中文环境的 Linux 总会出现各种各样的问题，并且在出现问题后解决起来十分麻烦。

还需要注意的是，Kali Linux 在 2020.3 版本后默认的 Shell 不再是 Bash 而是 Zsh，虽然 Zsh 的自动提示等扩展功能十分强大，但是由于后续 Android 系统的编译只支持 Bash 终端，因此还需要使用如下命令完成默认 Shell 的切换：

```
# chsh -s /bin/bash
```

在运行完上述命令并重启系统后，再次打开 Terminal 运行如下命令，会发现默认 Shell 已经回退到 Bash，最终效果如图 1-3 所示。

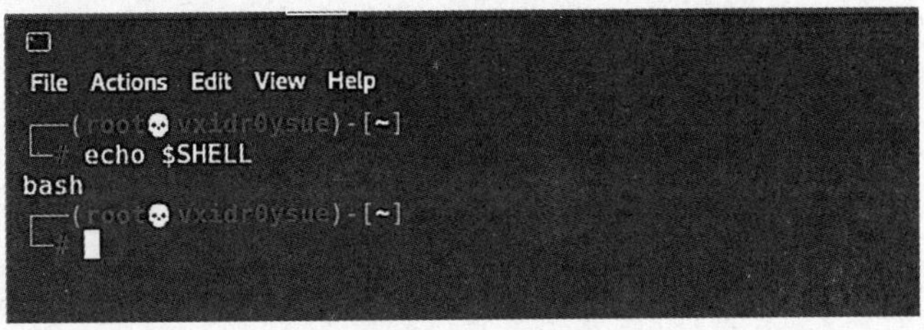

图 1-3　默认 Shell

1.2　逆向环境准备

在配置好基础的系统环境之后，为了进行后面的逆向开发工作，还需要安装一些基础的开发工具。

首先，作为 Android 逆向环境开发人员，Android Studio 是一款必不可少的开发工具。在 Eclipse 退出安卓开发历史舞台后，作为 Google 官方的 Android 应用开发 IDE，笔者首先推荐这款软件。在从官网下载和解压对应 Linux 版本的 Android Studio 后，切换到 android-studio/bin 目录下，通过运行当前目录下的 studio.sh 即可运行 Android Studio。

首次打开 Android Studio 会进行 Android SDK 工具的下载，这些工具是后续开发所必需的，因此默认一直单击 Next 按钮即可。在这个过程中，可以关注一下 SDK 的保存目录，默认 SDK 目录为 /root/Android/Sdk/，这个目录下存在一些在后续逆向过程中需要的工具，比如 ADB 这个用于与移动设备进行通信的工具。这里将 ADB 工具所在目录/root/Android/Sdk/platform-tools/加入环境变量，便于在任意目录下执行 adb 命令。

```
┌─(root@vxidr0ysue)-[~/Chap01]
└─# adb
bash: adb: command not found
```

```
┌─(root@vxidr0ysue)-[~/Chap01]
└─# echo "export PATH=$PATH:/root/Android/Sdk/platform-tools" >> ~/.bashrc
```

在将 ADB 工具加入环境变量后，为了使得设置生效，需要重新打开 Terminal，再次执行 adb 命令，结果如下：

```
┌─(root@vxidr0ysue)-[~/Chap01]
└─# adb shell

* daemon not running; starting now at tcp:5037
* daemon started successfully
adb: no devices/emulators found
```

回到正题，在下载插件完毕后，Android Studio 的界面如图 1-4 所示。

图 1-4　Android Studio 的界面

请注意，在第一次创建 Project 时，Android Studio 需要进行一段可能费时很长的同步环节，用于下载 Gradle 构建工具以及其他相关依赖，这个时候只需要去喝杯茶，静静等待即可。

在 Android Studio 配置好后，笔者还会推荐一些在日常工作中使用的小工具，这些工具也许不会直接对工作有帮助，但是一旦掌握了这些工具，用户的日常工作会变得更加得心应手。

首先，推荐 htop 这款加强版 top 工具。与 top 工具相同，htop 可以用于动态查看当前活跃的、占用高的进程，但是比 top 工具的显示效果更加人性化，具体效果如图 1-5 所示。这个工具在编译安卓源码时非常好用，当我们执行 make 命令系统开始编译 Android 源码之后，通过 htop 工具可以发现内存 Mem 以肉眼可见的速度跑到底之后，开始侵占 Swp 的进度条。另外，htop 中的 Uptime 后显示的是开机时间；Load average 是指平均负载，比如虚拟机被分配了四核 CPU，那么平均负载跑到 4 的时候说明系统已经满载。图 1-5 中左侧 1、2、3、4 的进度条表示相应 CPU 当前的负载状态，其余 htop 操作指南读者可以自行去网上搜索。

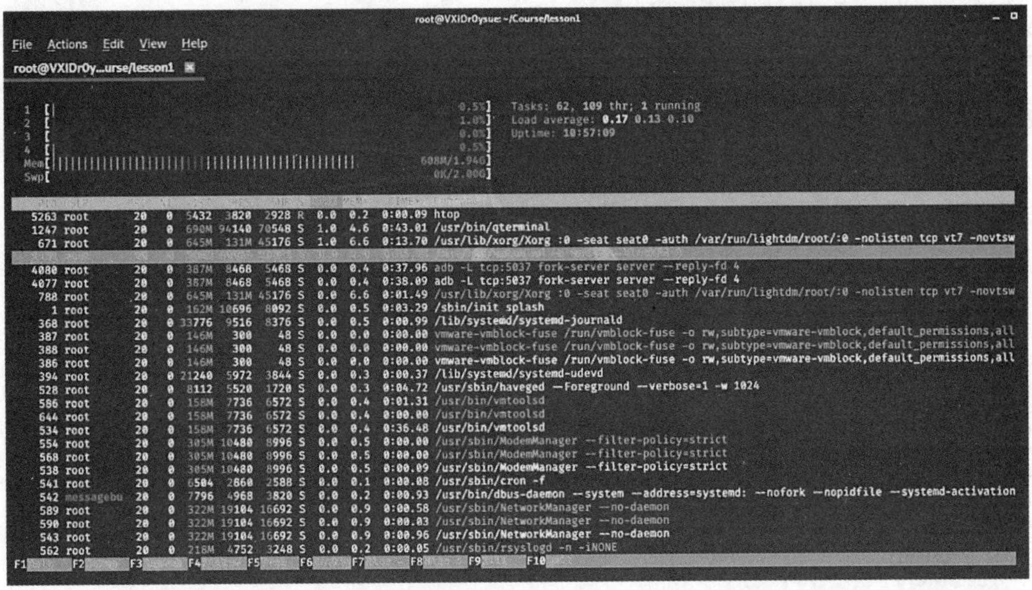

图 1-5　htop 界面

另外，笔者还要推荐一款实时查看系统网络负载的工具 jnettop，在安装和使用软件（比如 Frida）的过程中，可以利用 jnettop 工具实时查看相应的下载速度和对应的 IP，甚至读者在 AOSP 编译时打开 jnettop，会观察到编译过程中出现连接国外的服务器下载依赖包等行为。除此之外，值得一提的是，在抓包时打开这个工具往往会有奇效，比如能够实时查看对方的 IP 等。jnettop 界面显示如图 1-6 所示，可以看到主机连接的远程 IP、端口、速率以及协议等内容。

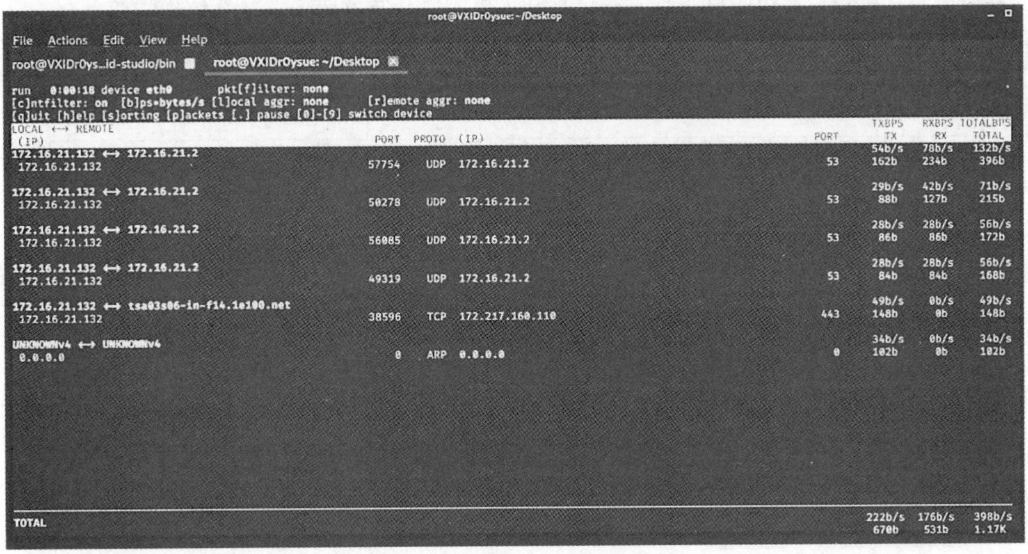

图 1-6　jnettop 界面

在过去笔者经常会被问到如图 1-7 所示因为窗口大小限制导致 jnettop 工具无法运行的问题（Too small terminal (detected size: 79×34)），真让人哭笑不得，笔者在这里统一回答这个问题。实际上 jnettop 工具本身在运行时对终端大小是有所要求的，否则 jnettop 工具就无法打开，minimum required size: 80×20 这个提示表明终端长和宽至少为 80×20。

```
┌──(root💀vxidr0ysue)-[~/Chap01]
└─# jnettop
Could not read/find config file /root/.jnettop: No such file or directory.
Could not get HW address of interface any: No such device
Could not get HW address of interface bluetooth0: No such device
Could not get HW address of interface bluetooth-monitor: No such device
Could not get HW address of interface nflog: No such device
Could not get HW address of interface nfqueue: No such device
Could not get HW address of interface dbus-system: No such device
Could not get HW address of interface dbus-session: No such device
Too small terminal (detected size: 79x34), minimum required size: 80x20
┌──(root💀vxidr0ysue)-[~/Chap01]
└─# ▮
```

图 1-7 jnettop 因终端窗口过小导致无法打开

1.3 移动设备环境准备

1.3.1 刷机

在安卓逆向的学习中，提及基础一定不能错过刷机，而在刷机之前，一定要准备一台测试机，这里笔者推荐 Google 官方的 Nexus 系列和 Pixel 系列的测试机。之所以推荐 Google 原生系统，是因为 Google 官方不仅提供了镜像，而且在对应的源码网站上能够找到相应镜像的全部源码，在国内 Android 市场，比如华为、小米等公司实际上都魔改了 Android 系统，但均未开源，其在测试过程中总会与 Android 官方源码有所差异，导致出现各种各样的问题，因此笔者更加推荐 Google 官方推出的手机。笔者在这本书中选择了 Nexus 5X，读者如选择其他型号的手机，仅供参考。

在拿到测试机后要完成刷机，首先需要打开手机的“开发者选项”，具体步骤如下：

步骤 01 进入“设置”页面，点击“系统”，然后点击“关于手机”，进入“关于手机”界面，如图 1-8 所示。

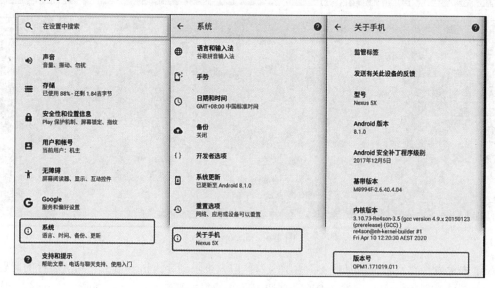

图 1-8 进入“关于手机”界面

第 1 章 安卓逆向环境搭建 | 7

步骤02 连续多次点击"版本号"所在 View，直到屏幕提示已进入"开发者模式"，如图 1-9 所示。

步骤03 在出现页面提示"已处于开发者模式"后返回上一级目录，也就是进入"系统"界面，此时会出现"开发者选项"，点击"开发者选项"，如图 1-10 所示。

图 1-9　打开"开发者模式"　　　　　图 1-10　进入"开发者选项"界面

步骤04 在进入"开发者选项"界面后，首先打开"USB 调试"。在这个选项打开后，使用 USB 线连接计算机，手机端就会出现"允许 USB 调试吗？"对话框，如图 1-11 所示。

图 1-11　请求允许 USB 调试

在同意 USB 调试之前和之后使用 adb devices 命令的结果如下：

```
┌─(root@vxidr0ysue)-[~/Chap01]
└─# adb devices # USB 调试同意前
List of devices attached
0041f34b7d58b939       unauthorized

┌─(root@vxidr0ysue)-[~/Chap01]
└─# adb devices # USB 调试同意后
List of devices attached
0041f34b7d58b939       device
```

步骤 05 再次回到 Android 测试机上，此时还有一个"OEM 解锁"选项需要允许，如图 1-12 所示。这个选项决定了后续能否完成刷机，也就是刷机中常听到的 Bootloader 锁。

步骤 06 此时，在计算机的终端上执行命令 adb reboot bootloader 或者将手机关机后同时按住手机电源键与音量减键，进入 Bootloader 界面。OEM 未解锁之前的 Bootloader 界面，如图 1-13 所示。

图 1-12　请求允许"OEM 解锁"　　　　图 1-13　OEM 未解锁之前的 Bootloader 界面

步骤 07 保持手机使用 USB 线连接上计算机，再次在计算机终端中运行 fastboot oem unlock 命令，然后测试机就会弹出确认界面，此时按音量减键直至选中 YES 选项后按电源键，至此，OEM 锁就成功解锁了。如图 1-14 所示为解锁后的 Bootloader 界面。

```
┌─(root@vxidr0ysue)-[~/Chap01]
└─# fastboot oem unlock
OKAY [170.246s]
Finished. Total time: 170.246s
```

图 1-14　OEM 已解锁的 Bootloader 界面

在 OEM 解锁后，一个完整的可供刷机的手机就准备完成了，此时如果要刷入新的特定系统，就要准备刷机包。这里的刷机包其实也可以叫作官方镜像包，Google 官方提供了一个官方镜像的站点（网址：https://developers.google.com/android/images），笔者这里下载 Nexus 5X 的对应刷机包，由于 Android 8.1.0_r1 这个版本的系统支持的设备比较多，因此在这里笔者选择这个版本的系统进行演示。Android 8.1.0_r1 对应代号为 OPM1.171019.011，版本与代号对应关系的网址为 https://source.android.com/setup/start/build-numbers#source-code-tags-and-builds，在找到代号后，再次回到官方镜像站下载对应版本的镜像。

在下载完毕后，解压刷机包并进入刷机包目录，同时手机进入 Bootloader 界面并使用 USB 线连接上主机，然后直接运行 flash.sh 文件。对应步骤如下：

```
┌──(root@vxidr0ysue)-[~/Chap01]
└─# unzip bullhead-opm1.171019.011-factory-3be6fd1c.zip
Archive:  bullhead-opm1.171019.011-factory-3be6fd1c.zip
   creating: bullhead-opm1.171019.011/
  inflating: bullhead-opm1.171019.011/radio-bullhead-m8994f-2.6.40.4.04.img
  inflating: bullhead-opm1.171019.011/flash-all.bat
  inflating: bullhead-opm1.171019.011/bootloader-bullhead-bhz31a.img
  inflating: bullhead-opm1.171019.011/flash-base.sh
  inflating: bullhead-opm1.171019.011/flash-all.sh
 extracting: bullhead-opm1.171019.011/image-bullhead-opm1.171019.011.zip
┌──(root@vxidr0ysue)-[~/Chap01]
└─# cd bullhead-opm1.171019.011/
┌──(root@vxidr0ysue)-[~/Chap01/bullhead-opm1.171019.011]
└─# ./flash-all.sh
```

```
...
Rebooting                                          OKAY [  0.020s]
Finished. Total time: 213.643s
```

之后，手机系统便会进入初始化界面，在完成语言、WiFi 等相关的设置后，一台"新"的测试机就诞生了。当然，为了方便后续测试，此时还需要再次打开"开发者选项"以获取 USB 调试许可。

如图 1-15 所示，在联网之后会发现测试机系统时间与计算机时间不对应，且页面提示"此 WLAN 网络无法访问互联网"。此时可以通过以下命令解决这个问题，在命令运行结束后，待测试机重新开机后便会发现问题消失。

```
┌─(root@vxidr0ysue)-[~/Chap01]
└─# adb shell settings put global captive_portal_http_url https://www.google.cn/generate_204
┌─(root@vxidr0ysue)-[~/Chap01]
└─# adb shell settings put global captive_portal_https_url https://www.google.cn/generate_204
┌─(root@vxidr0ysue)-[~/Chap01]
└─# adb shell settings put global ntp_server 1.hk.pool.ntp.org
┌─(root@vxidr0ysue)-[~/Chap01]
└─# adb shell reboot
```

图 1-15　WLAN 网络无法访问互联网及时间不同步问题

1.3.2　ROOT

上一小节中，我们已经完成了 Nexus 5X 版本的刷机工作，此时获得的是一个全新的没有做任何操作的新机。开启测试机的开发者模式后，打开 USB 调试按钮，此时就可以使用 ADB 连接手机了。在这一节中将演示对 Nexus 5X 进行 Root 的过程。具体步骤如下：

步骤 01 要进行 ROOT，首先需要将 TWRP 刷入 Recovery 分区。

TWRP（Team Win Recovery Project）是一个开放源码软件的定制 Recovery 映像，供基于安卓的设备使用，允许用户向第三方安装固件和备份当前的系统，通常在 Root 系统时安装。而 Recovery 指的是一种可以对安卓机内部的数据或系统进行修改的模式（类似于 Windows PE 或 DOS），也指 Android 的 Recovery 分区。

由于笔者使用的是 TWRP 的官方镜像文件，这里提供 TWRP 对应的官方网址：https://twrp.me/Devices。在进入该网址后，选择对应型号的设备和相应版本的 IMG 镜像文件，比如这里先单击 LG 进入 LG 厂商的设备列表，选择 LG Nexus 5X（bullhead），然后在 Download Link 这里选择对应的美版或者欧版，此处选择美版，也就是 Primary（Americas），具体需要读者参考自己的手机类型进行选择。下载完成后，就可以选择不同版本的 twrp-3.3.0-0-bullhead.img 下载了，这里选择 3.3.0 版本的 TWRP。

下载完毕后，如果在 Nexus 系列的手机上，还需要将 TWRP 刷入 Recovery 分区：使设备进入 Bootloader 界面，并使用 Fastboot 工具将 TWRP 镜像刷入 Recovery 分区。

```
┌──(root@vxidr0ysue)-[~/Chap01]
└─# adb reboot bootloader
┌──(root@vxidr0ysue)-[~/Chap01]
└─# fastboot flash recovery twrp-3.3.0-0-bullhead.img
Sending 'recovery' (16317 KB)                    OKAY [  1.225s]
Writing 'recovery'                               OKAY [  0.267s]
Finished. Total time: 1.539s
```

步骤 02 在进入 Bootloader 界面后，按音量上下键直到页面出现 Recovery mode 字符串后，使用电源键确认进入 Recovery 恢复模式，这时就进入 TWRP 的界面了。

步骤 03 在进行步骤 04 之前，还需要使用 adb 命令将 Root 工具推送到测试机的/sdcard 目录下。Root 工具可以选择 Magisk 或者 SuperSU，这里以 Magisk 为例。先从 GitHub 上 Magisk 的仓库的 Release 中下载新版的 ZIP 文件，网址为 https://github.com/topjohnwu/Magisk/releases。注意选择 Magisk，而不是 Magisk Manager，笔者写作本书时，新版为 Magisk-v20.4.zip。

```
┌──(root@vxidr0ysue)-[~/Chap01]
└─# adb push Magisk-v20.4.zip /sdcard/
Magisk-v20.4.zip: 1 file pushed, 0 skipped. 1.9 MB/s (5942417 bytes in 2.996s)
```

步骤 04 如图 1-16 所示，在进入 TWRP 界面后，首先滑动最下方的按钮 Swipe to Allow Modifications 进入 TWRP 主界面。然后单击 Install，此时会默认进入/sdcard 目录，滑到最下方就能看到刚刚推送到手机上的 Magisk-v20.4.zip。

12 | 安卓 Frida 逆向与协议分析

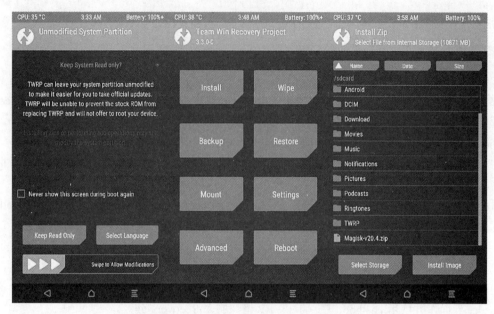

图 1-16　TWRP 界面

步骤 05 如图 1-17 所示，单击 Magisk-v20.4.zip，进入 Install Zip 界面，滑动 Swipe to confirm Flash 滑块，开始刷 Magisk 的流程，然后静待界面下方出现两个按钮，即代表 Root 完毕。

图 1-17　刷 Magisk

步骤 06 单击 Reboot System 按钮，重新启动系统，会发现手机应用中多了一个 Magisk Manager，此时在 Terminal 中进入 adb shell 终端，输入 su，会发现手机界面提示 Root 申请，单击"允许"后，手机的 shell 即可获得 Root 权限，如图 1-18 所示。命令执行结果如下：

```
┌─(root@vxidr0ysue)-[~/Chap01]
└─# adb shell
```

```
bullhead:/ $ su
bullhead:/ #
```

至此，就完成了手机的 Root 工作。当然，使用 SuperSU 对设备进行 Root 的操作也是类似的，仅仅是将 Magisk.zip 换成 SuperSU.zip 而已，这里给出 SuperSU 的官方网址：https://supersuroot.org/。注意 SuperSU 的 Root 和 Magisk 的 Root 是冲突的，在进行 SuperSU 的 Root 之前，先要将 Magisk 卸载掉，这里的卸载不是简单地卸载 Magisk Manger 这个 App，而是在 Magisk Manger 的主界面单击"卸载"按钮，从而还原原厂镜像，在还原后，就可以愉快地使用 SuperSU 进行 Root 了，如图 1-19 所示。

图 1-18　Root 申请

图 1-19　卸载 Magisk

1.3.3　Kali NetHunter 刷机

为什么要在刷入官方镜像且 Root 完成的 Android 测试机上再次刷入 Kali NetHunter 呢？

正如桌面端的 Kali 是专为安全人员设计的 Linux 定制版操作系统，Kali NetHunter 也是第一个针对 Nexus 移动设备的开源 Android 渗透测试平台，刷入这个系统有利于逆向开发人员更加深入地理解 Android 系统，无论是在后面章节中使用 Kali NetHunter 直接从网卡获取手机全部流量，还是在刷入 Kali NetHunter 后，逆向人员都可经由 Kali NetHunter 直接执行原本在桌面端 Kali 上可以执行的一切命令。比如 htop、jnettop 等在第 1 章中介绍的所有命令，这些命令原生的 Android 是不支持的。另外，随着 Kali NetHunter 的刷入，逆向人员便可以凭借它从内核的层面去监控 App，比如通过 strace 命令直接跟踪所有的系统调用，任何 App 都没有办法绕过这一方式，毕竟从本质上来说，任何一个 App 都可以当作 Linux 中的一个进程。而之所以可以从内核层面去监控 App，是因为安装的 Kali NetHunter 和 Android 系统共用了同一个内核。可以说，Kali NetHunter 值得每一个 Android 逆向人员所拥有。

另外，由于 Kali NetHunter 对 Android 修改的主要是关于 Android 内核方面的内容，这些修改对平时日常的使用几乎不会产生任何影响，比如 Xposed 这个 Hook 工具依旧可以在 Kali NetHunter 上正常使用，这大大缩减了逆向人员进行测试的成本。

接下来进入刷入环节。

步骤 01 首先，下载 SuperSU 以及适配于 Nexus 5X 版本的 Kali NetHunter，注意这里的 SuperSU 是 ZIP 格式而不是 APK 格式，同时不要使用 SuperSU 官网给出的新版 SuperSU 工具，而使用 SuperSU-SR5 版。另外，Kali NetHunter 官网给出的 2020.04 版本的 Kali NetHunter 有 Bug，笔者这里下载的是 2020.03 版。在官网下载 Kali NetHunter 时，会发现 Nexus 5X 的设备只支持 Oreo 版本，而 Oreo 是 Android 8 的代号，恰好和之前刷入的手机镜像一致。

步骤 02 在刷入 Kali NetHunter 之前，还需要对手机进行 Root 操作。这里由于 Magisk 进行 Root 的方式实际上是"假"Root（读者有兴趣可自行研究），因此笔者选择 SuperSU 进行 Root。而在安装 SuperSU 之前，由于 Magisk 和 SuperSU 是不兼容的，因此先按照 1.3.1 节的步骤重新刷入一个新的镜像。

在重新进行刷机后，打开开发者模式与 USB 调试功能并确认手机已连接上计算机。然后在主机上使用 adb 命令将 SuperSU-v2.82-201705271822.zip 和下载的 Kali NetHunter 推送到 Android 设备上。

```
┌──(root@vxidr0ysue)-[~/Chap01]
└─# adb push SuperSU-v2.82-201705271822.zip /sdcard/
SuperSU-v2.82-201705271822.zip: 1 file pushed, 0 skipped. 1.9 MB/s (5903921 bytes in 3.036s)
┌──(root@vxidr0ysue)-[~/Chap01]
└─# adb push nethunter-2020.3-bullhead-oreo-kalifs-full.zip /sdcard/
```

步骤 03 依据 1.3.2 节的步骤重新刷入并进入 TWRP 界面，单击 Install 按钮，然后选择 SuperSU 这个文件，刷入并重启，从而使得系统再次获得 Root 权限，具体操作如图 1-20 所示。

图 1-20　刷入 SuperSU

重启后，进入 Shell 确认获得 Root 权限。

```
┌──(root@vxidr0ysue)-[~/Chap01]
└─# adb shell
bullhead:/ $ su
bullhead:/ #
```

步骤04 最后，重新进入 TWRP，按照同样的步骤刷入 Kali NetHunter，这个过程可能会很长。最终刷入 Kali NetHunter 并成功重启后，Kali NetHunter 界面展示如图 1-21 所示。

此时，不仅桌面壁纸发生了变化，打开设置页面进入"关于手机"界面，发现 Android 内核也发生了变更，刷之前是谷歌团队编译的内核，刷之后变成了 re4son@nh-hernel-builder 编译的内核，如图 1-22 所示。

图 1-21　Kali NetHunter 界面展示

图 1-22　Kali NetHunter 刷之前和刷之后的内核对比

从官方文档来看，这个内核是在标准安卓内核的基础上打补丁的产物，主要对网络功能、WiFi 驱动、SDR 无线电、HID 模拟键盘等功能在内核层面添加支持和驱动，打开模块和驱动加载支持等。利用这个定制内核，普通的安卓手机就可以进行诸如外接无线网卡使用 Aircrack-ng 工具箱进行无线渗透，模拟鼠标键盘进行 HID BadUSB 攻击，模拟 CDROM 直接利用手机绕过计算机开机密码，一键部署 Mana 钓鱼热点等功能。

当然，这些与我们进行安卓 App 的逆向好像关系不是很大，我们真正关心的是 Kali NetHunter 镜像的刷入相当于在安卓手机中安装了一个完整的 Linux 环境。

在 App 层面，从图 1-21 可以看到手机上多出了 NetHunter、NetHunter-Kex、NetHunter 终端等 App。

这里 NetHunter 终端其实就是一个终端程序，可以选择 ANDROID SU 进入手机的终端或者选择 Kali 模式。对应之前所说的完整的 Linux 环境，此时通过 NetHunter 终端 App 执行各种 Kali 中可以执行的命令，比如 apt 安装命令、jnettop 查看网卡速率、ifconfig 查看 IP 地址等，这里展示 apt 命令，如图 1-23 所示。

当然，要使用其他 NetHunter 相关的 App，比如图 1-22 展示的 NetHunter 终端，需要先打开 NetHunter App 并允许所有申请的权限，在 App 进入主界面后，打开 App 侧边栏，选择 Kali Chroot Manager 就会自动安装上 Kali Chroot。在安装完毕后，单击 START KALI CHROOT 启动 Chroot，便可以愉快地使用 NetHunter-Terminal 和 NetHunter-Kex 了，详细步骤如图 1-24 所示。

图 1-23　Terminal 命令展示

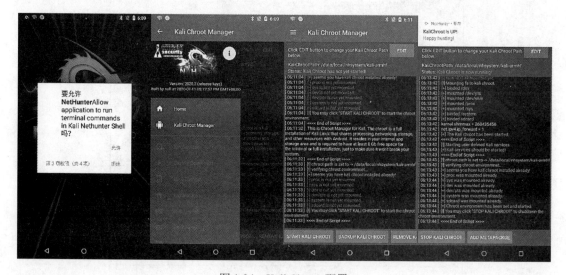

图 1-24　Kali Chroot 配置

此时不仅可以通过手机上的 NetHunter 终端运行各种 Android 原本不支持的 Linux 命令，甚至觉得手机界面过小时，可以通过 SSH 连接手机最终在计算机上操作手机。具体关于 SSH 的配置，可以打开 NetHunter 这个 App，打开侧边栏，选择 Kali Services，然后勾选 RunOnChrootStart，并且选中 SSH 按钮来设置，具体操作流程如图 1-25 所示。这个时候如果计算机和手机在同一内网中，就可以愉快地使用计算机上的终端进行 SSH 连接了。

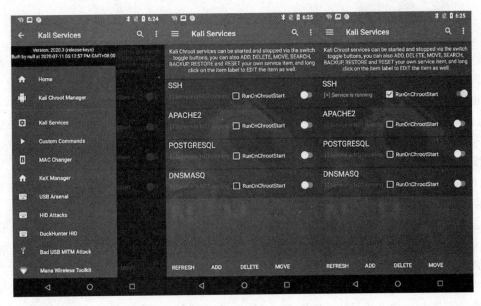

图 1-25 NetHunter 开启 SSH

在打开 SSH 后,根据笔者手机的 IP 192.168.50.129,最终使用计算机连接手机的效果如下:

```
# 计算机的 Shell
┌──(root@vxidr0ysue)-[~/Chap01]
└─# ssh root@192.168.50.129

root@192.168.50.129's password:

Linux kali 3.10.73-Re4son-3.5 #1 SMP PREEMPT Fri Apr 10 12:20:30 AEST 2020 aarch64
The programs included with the Kali GNU/Linux system are free software;
the exact distribution terms for each program are described in the
individual files in /usr/share/doc/*/copyright.
Kali GNU/Linux comes with ABSOLUTELY NO WARRANTY, to the extent
permitted by applicable law.

# 手机的 Shell
root@kali:~# ifconfig
...
wlan0: flags=4163<UP,BROADCAST,RUNNING,MULTICAST>  mtu 1500
        inet 192.168.50.129  netmask 255.255.255.0  broadcast 192.168.50.255
...
```

但可惜的是,Kali NetHunter 仅支持 Nexus 系列以及 OnePlus One 系列的部分手机机型,这实在是一大遗憾。

1.4 Frida 开发环境搭建

本小节将开始介绍本书的主角——在 App 逆向工作中常用的逆向工具 Frida。

1.4.1 Frida 介绍

官网对 Frida 的介绍是：Frida 是平台原生 App 的 Greasemonkey，说得专业一点，就是一种动态插桩工具，可以插入一些代码到原生 App 的内存空间去动态地监视和修改其行为，这些原生平台可以是 Windows、Mac、Linux、Android 或者 iOS，同时 Frida 还是开源的。

Greasemonkey 可能看起来比较陌生，其实它是 Firefox 的一套插件体系，通过利用 Greasemonkey 插入自定义的 JavaScript 脚本可以定制网页的显示或行为方式。换言之，可以直接改变 Firefox 对网页的编排方式，从而实现想要的任何功能。同时，这套插件还是"外挂"的，非常灵活机动。同样，Frida 也可以通过将 JavaScript 脚本插入 App 的内存中，对程序的逻辑进行跟踪监控，甚至重新修改程序的逻辑，实现逆向人员想要实现的功能，这样的方式也可以称为 Hook。

Frida 目前非常火爆，该框架从 Java 层的 Hook 到 Native 层的 Hook 无所不能，虽然持久化还是要依靠 Xposed 和 Hookzz 等开发框架，但是 Frida 的动态和灵活对逆向及自动化逆向帮助非常大。

Frida 为什么这么火爆呢？

动静态修改内存实现作弊一直是刚需，比如金山游侠，本质上 Frida 做的是跟它一样的事情。原则上是可以用 Frida 把金山游侠，包括 CheatEngine 等"外挂"做出来的。当然，现在已经不是直接修改内存就可以高枕无忧的年代了。建议读者也不要这样做，要知道做外挂的行为是违法的，学安全先学法。

在逆向的工作上也是一样的道理，使用 Frida 可以"看到"平时看不到的东西。出于编译型语言的特性，机器码在 CPU 和内存执行的过程中，其内部数据的交互和跳转对用户来说是看不见的。当然，如果手上有源码，甚至哪怕有带调试符号的可执行文件包，就可以使用 GDB、LLDB 等调试器连上去调试查看。

那如果没有，是纯黑盒呢？如果仍旧要对 App 进行逆向和动态调试，甚至自动化分析以及规模化收集信息，此时我们需要的是拥有细粒度的流程控制和代码级的可定制体系以及不断对调试进行动态纠正和可编程调试的框架，Frida 做这种工作可以说是游刃有余。

另外，Frida 使用的是 Python、JavaScript 等"胶水语言"，这也是它火爆的一个原因：可以迅速地将逆向过程自动化，并整合到现有的架构和体系中去，为发布"威胁情报""数据平台"甚至"AI 风控"等产品打好基础。

1.4.2 Frida 使用环境搭建

Frida 环境的搭建其实非常简单，官网介绍直接使用 pip 安装 frida-tools 就会自动安装新版的 Frida 全系列产品，具体如下：

```
┌─(root@vxidr0ysue)-[~/Chap01]
└─# pip install frida-tools
Collecting frida-tools
...
Successfully installed colorama-0.4.4 frida-14.1.3 frida-tools-9.0.1
  prompt-toolkit-3.0.8 pygments-2.7.3 wcwidth-0.2.5
┌─(root@vxidr0ysue)-[~/Chap01]
└─# frida --version
14.1.3
```

当然，仅仅在计算机上安装 Frida 是不够的，还需要在测试机上安装并执行对应版本的 Server。例如在 Android 中，需要从 Frida 的 GitHub 主页的 Release 页面（https://github.com/frida/frida/releases）下载和计算机上版本相同的 frida-server。

这里需要注意几点：第一，frida-server 的版本一定要和计算机上的版本一致，比如笔者前面安装的 Frida 版本为 14.1.3，那么 frida-server 的版本也必须是 14.1.3，对应的网址是 https://github.com/frida/frida/releases/tag/14.1.3，可以根据自己主机的 Frida 版本修改网址最后的数字；第二，frida-server 的架构需要和测试机的系统以及架构保持一致，比如这里使用的 Android 测试机 Nexus 5X 是 ARM64 的架构，就需要下载 frida-server 相应的 ARM64 版本。

可以选择进入测试机的 Shell 执行如下命令查看系统的架构。getprop 命令是安卓特有的命令，可用于查看各种系统的属性。

```
bullhead:/ $ getprop ro.product.cpu.abi
arm64-v8a
```

在下载完 frida-server 后，需要在解压后将 frida-server 通过 ADB 工具推送到 Android 测试机上。在 Android 中，使用 adb push 命令推送文件到 data 目录一般需要 Root 权限，但是这里有一个例外，即可以存储到/data/local/tmp 目录，所以 frida-server 一般会被存放在测试机的/data/local/tmp/目录下。在将 frida-server 存放到测试机目录下后，使用 chmod 命令赋予 frida-server 充分的权限，这样 frida-server 就可以执行了。

```
┌──(root@vxidr0ysue)-[~/Chap01]
└─# 7z x frida-server-14.1.3-android-arm64.xz
...
Everything is Ok

┌──(root@vxidr0ysue)-[~/Chap01]
└─# ls
frida-server-14.1.3-android-arm64    frida-server-14.1.3-android-arm64.xz

┌──(root@vxidr0ysue)-[~/Chap01]
└─# adb push frida-server-14.1.3-android-arm64 /data/local/tmp/
frida-server-14.1.3-android-arm64: 1 file pushed, 0 skipped. 18.8 MB/s
  (41309856 bytes in 2.094s)

┌──(root@vxidr0ysue)-[~/Chap01]
└─# adb shell

bullhead:/ $ su
bullhead:/ # cd /data/local/tmp
bullhead:/data/local/tmp # chmod 777 frida-server-14.1.3-android-arm64
bullhead:/data/local/tmp # ./frida-server-14.1.3-android-arm64
```

当然，由于 Frida 迭代更新的速度很快，当读者看到本书的时候，Frida 版本可能已经不是 14 系列了。一方面，这说明 Frida 的活跃度非常高；另一方面，由于 Frida 迭代更新的速度过快，也会带来一个弊端：Frida 的稳定性并不能得到有效的保证。故笔者在这里推荐一款 Python 版本管理软件 pyenv，通过 pyenv 可以安装和管理不同的 Python 版本，在不同的 Python 版本上可以安装不同版本的 Frida 环境，而每一个 pyenv 包管理软件安装的 Python 版本都是相互隔离的。换句话说，无论在这个 Python 环境中安装了多少依赖包，对于另一个 Python 版本都是不可见的。

需要注意的是，在安装 pyenv 之前，建议读者一定要将虚拟机进行一次快照。快照是为了防止安装 pyenv 的最后一步依赖时，导致整个系统无法进入桌面环境。笔者安装 pyenv 的具体过程如下：

```
┌──(root@vxidr0ysue)-[~/Chap01]
└─# apt update
Get:1 http://kali.download/kali kali-rolling InRelease [30.5 kB]
Get:2 http://kali.download/kali kali-rolling/main amd64 Packages [17.3 MB]
Get:3 http://kali.download/kali kali-rolling/non-free amd64 Packages [202 kB]
Get:4 http://kali.download/kali kali-rolling/contrib amd64 Packages [103 kB]
Fetched 17.6 MB in 1min 8s (259 kB/s)
Reading package lists... Done
Building dependency tree
Reading state information... Done

┌──(root@vxidr0ysue)-[~/Chap01]
└─# git clone https://github.com/pyenv/pyenv.git ~/.pyenv
Cloning into '/root/.pyenv'...
...
done.
Resolving deltas: 100% (12507/12507), done.

┌──(root@vxidr0ysue)-[~/Chap01]
└─# echo 'export PYENV_ROOT="$HOME/.pyenv"' >> ~/.bashrc

┌──(root@vxidr0ysue)-[~/Chap01]
└─# echo 'export PATH="$PYENV_ROOT/bin:$PATH"' >> ~/.bashrc

┌──(root@vxidr0ysue)-[~/Chap01]
└─# echo -e 'if command -v pyenv 1>/dev/null 2>&1; then\n  eval "$(pyenv init -)"\nfi' >> ~/.bashrc

┌──(root@vxidr0ysue)-[~/Chap01]
└─# exec "$SHELL"

┌──(root@vxidr0ysue)-[~/Chap01]
└─# apt install -y make build-essential libssl-dev zlib1g-dev \
libbz2-dev libreadline-dev libsqlite3-dev wget \
curl llvm libncurses5-dev libncursesw5-dev xz-utils tk-dev libffi-dev liblzma-dev python-openssl \
g++ libgcc-9-dev gcc-9-base mitmproxy
```

如果安装后重启能够正常进入桌面环境，那么接下来可以方便地使用 pyenv install 命令安装不同版本的 Python。在安装完毕后，还需要运行 pyenv local 命令切换到对应版本。例如安装 Python 3.8.0 命令如下：

```
┌──(root@vxidr0ysue)-[~/Chap01]
└─# pyenv install 3.8.0
┌──(root@vxidr0ysue)-[~/Chap01]
└─# pyenv local 3.8.0
┌──(root@vxidr0ysue)-[~/Chap01]
└─# python -V
Python 3.8.0
```

在安装一个新的 Python 环境后，就可以顺利进行下一步 Frida 的安装了。在众多 Frida 版本中，笔者推荐相对稳定的 12.8.0 版本。

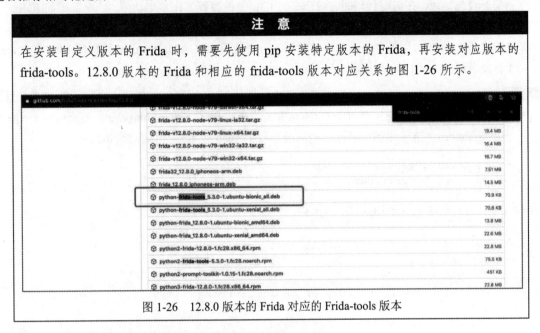

注 意

在安装自定义版本的 Frida 时，需要先使用 pip 安装特定版本的 Frida，再安装对应版本的 frida-tools。12.8.0 版本的 Frida 和相应的 frida-tools 版本对应关系如图 1-26 所示。

图 1-26　12.8.0 版本的 Frida 对应的 Frida-tools 版本

确定 frida-tools 版本后，即可开始安装特定版本的 Frida。

```
┌──(root@vxidr0ysue)-[~/Chap01]
└─# python -V
Python 3.8.0

┌──(root@vxidr0ysue)-[~/Chap01]
└─# pip install frida==12.8.0
Collecting frida==12.8.0
...
Successfully built frida
Installing collected packages: frida
Successfully installed frida-12.8.0
┌──(root@vxidr0ysue)-[~/Chap01]
└─# pip install frida-tools==5.3.0
Collecting frida-tools==5.3.0
...
Successfully built frida-tools
Installing collected packages: wcwidth, six,
  pygments, prompt-toolkit, colorama, frida-tools
Successfully installed colorama-0.4.4 frida-tools-5.3.0 prompt-toolkit-2.0.10
  pygments-2.7.3 six-1.15.0 wcwidth-0.2.5
┌──(root@vxidr0ysue)-[~/Chap01]
└─# frida --version
12.8.0
```

同样，再配置好对应版本的 frida-server 后，一个全新的 Frida 就可以投入使用了。

1.4.3 Frida 开发环境配置

相信读者都知道，在编写代码时，一个好的 IDE 会使编程工作事半功倍，一个基础的 IDE 一定要有的功能就是代码的智能提示；同样，在使用 Frida 编写脚本时，如果有 Frida 的 API 智能提示是非常方便的，而 Frida 的作者也非常体贴地提供了一个使得 VSCode、Pycharm 这样的 IDE 支持 Frida 的 API 智能提示的方式。具体步骤如下：

步骤01 安装 node 和 npm 环境，这里不要使用 Linux 包管理软件 APT 直接安装，APT 安装的版本太低，这里使用 Node.js 官方的 GitHub 提供的方法，具体网址为 https://github.com/nodesource/distributions，这里根据笔者自己的系统选择 Debian 版本，并且安装 Node.js v12.x。

```
┌──(root@vxidr0ysue)-[~/Chap01]
└─# curl -sL https://deb.nodesource.com/setup_12.x | bash -

## Installing the NodeSource Node.js 12.x repo...
...
┌──(root@vxidr0ysue)-[~/Chap01]
└─# apt-get install -y nodejs
...
The following NEW packages will be installed:
  nodejs
...
Processing triggers for man-db (2.9.0-1) ...
┌──(root@vxidr0ysue)-[~/Chap01]
└─# node -v
v12.19.1
┌──(root@vxidr0ysue)-[~/Chap01]
└─# npm -v
6.14.8
```

步骤02 使用 git 命令下载 frida-agent-example 仓库并配置。

```
┌──(root@vxidr0ysue)-[~/Chap01]
└─# git clone https://github.com/oleavr/frida-agent-example.git
...
Resolving deltas: 100% (70/70), done.

┌──(root@vxidr0ysue)-[~/Chap01]
└─# cd frida-agent-example/
┌──(root@vxidr0ysue)-[~/Chap01/frida-agent-example/]
└─# npm install
...

added 244 packages from 208 contributors and audited 245 packages in 82.424s
...

found 0 vulnerabilities

┌──(root@vxidr0ysue)-[~/Chap01/frida-agent-example/]
└─#
```

步骤 03 使用 VSCode 等 IDE 编辑器打开此工程，此时在子目录下编写 JavaScript 脚本，就会获得 Frida API 的智能提示，如图 1-27 所示。当然，这里的 VScode 等 IDE 需要读者自己下载安装，这里不再赘述。

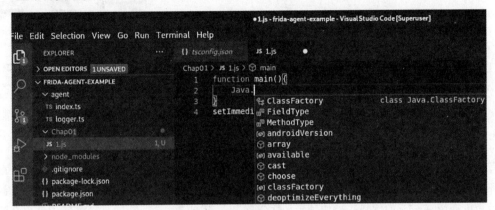

图 1-27　VSCode 智能提示

至此，一个完整的 Frida 逆向开发环境就基本完成了。从下一章开始，我们将介绍 Frida 在逆向工作中的使用方法。

1.5　本章小结

本章主要介绍了笔者在 Android 逆向工作中常用的一些基础环境配置，包括计算机和手机的基础环境配置，同时介绍了 Frida 工具的安装与简单的脚本编写。当然，这一章虽然没有过多的技术介绍，但却是整本书的基石。好的操作环境会让之后的学习节省很多时间，从而大大提高后续学习的效率，希望读者能够"一模一样"地复现环境，从而保障后面的实践不会因为环境问题而耽误宝贵的时间。

第 2 章

Frida Hook 基础与快速定位

第 1 章使用 pyenv 这一 Python 版本管理工具成功安装了特定版本的 Frida，并且仔细介绍了 Frida 开发环境的搭建方式。本章将简要介绍 Frida 在 Android Hook 上的使用方法，并通过一些开源项目从两种角度介绍 Frida 的优势——快速定位关键类和关键方法。要注意的是，虽然本章也介绍了部分基础知识，但如果读者有一定的 Frida 基础，会更容易理解。

2.1 Frida 基础

2.1.1 Frida 基础介绍

Frida 存在两种操作模式：第一，通过命令行直接将 JavaScript 脚本注入进程中，对进程进行操作，这种模式称为 CLI（命令行）模式；第二，使用 Python 脚本间接完成 JavaScript 脚本的注入工作，这种模式称为 RPC[1]（Remote Procedure Call，远程过程调用）模式，这种模式虽然加入了 Python 的包装，但实际对进程进行操作的还是 JavaScript 脚本。因此本章将重点以 CLI 模式讲解 Frida 的使用。

Frida 具体操作 App 的方式有两种：

一种是 spawn（调用）模式，简而言之就是将启动 App 的权利交由 Frida 来控制。当使用 spawn 模式时，即使目标 App 已经启动，在使用 Frida 对程序进行注入时，还是会由 Frida 将 App 重新启动并注入。在命令行模式中，frida 命令加上 -f 参数就会以 spawn 模式操作目标 App。

另一种是 attach（附加）模式，这种模式是建立在目标 App 已经启动的情况下，Frida 直接利用 ptrace 原理注入程序进而完成 Hook 操作。在 CLI 模式中，如果不添加 -f 参数，则默认通过 attach 模式注入 App。

这里需要注意的是，正是由于 Frida 在以 attach 模式注入应用时使用 ptrace 原理完成，因此无法在 IDA 正在调试目标应用程序时以 attach 模式注入进程中，但是如果先用 Frida 注入程序后再使用 IDA 进行调试，则完全没有任何问题，其中详细原理读者可自行研究。

由于 Hook 方案是一种在函数真实运行前对函数执行流程进行动态二进制插桩的方式，因此其

---

[1] RPC 是一种通过网络从远程计算机程序上请求服务，而不需要了解底层技术的协议。

时机非常重要：一定要在函数执行前对函数进行 Hook，否则如果在 Hook 之前函数已经执行结束并且不再执行，这样的 Hook 就没有意义了。由于 App 中某些函数在启动时默认只执行一次，因此也就出现了 spawn 和 attach 两种注入方式。对于只有在 App 启动早些时候执行或者只执行一次的方法，通常只有通过 spawn 方式在 App 尚未执行之前就对函数进行 Hook，比如 SO 库的.init_array 函数、.init_proc 函数等；而对于频繁执行的函数或者需要对 App 进行特定操作才执行的函数，则可以在触发函数执行流程之前以 attach 模式对 App 进行注入。图 2-1 中左侧和右侧分别是使用两种模式 Hook 某 App RegisterNaives 函数的打印结果，可以发现当使用 attach 模式对 RegisterNatives 函数进行 Hook 时，没有任何信息打印出来。

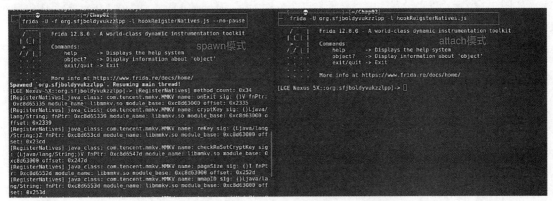

图 2-1　spawn 模式与 attach 模式 Hook 结果对比

另外，Frida 通常支持使用两种模式连接手机：USB 数据线模式和网络模式，当使用 USB 数据线模式连接手机时，手机一定要通过 ADB 协议与计算机相连接，此时在注入 App 时只要加上-U 参数即可。图 2-1 就是使用 USB 数据线模式注入应用和 Hook。

当使用网络模式连接手机时，无须保证手机和计算机通过 ADB 协议连接。相应地，frida-server 在运行时必须使用-l 参数指定监听 IP 和端口，主机上的 Frida 则需要通过-H 参数指定手机的 IP 和端口与手机建立连接。图 2-2 所示为网络模式下 Frida 注入远程手机的"设置"应用展示，观察图 2-2 可以发现 frida-server 在运行时通过-l 参数指定监听来自任意 IP 8888 端口的连接，而 Frida 则通过-H 参数指定连接 IP 为 192.168.50.185、端口号为 8888 的设备，最终完成对"设置"应用的注入与 Hook 工作。

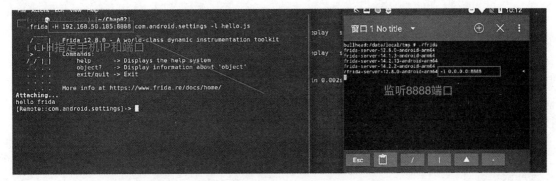

图 2-2　在网络模式下使用 Frida

2.1.2 Frida Hook 基础

相比于 Xposed 使用 Java 代码完成 Hook 模块的编写后需要重启才能使得 Hook 代码生效，Frida 更加机动灵活。在每次对目标 App 进行注入时，只需要 frida-server 在测试手机上运行起来，然后使用和 frida-server 版本相同的 Frida 将事先编写好的 JavaScript 脚本注入进程即可即时完成对应用的注入和 Hook 工作。除此之外，在注入成功后，哪怕注入脚本被即时修改，对应的 Hook 效果也能即时生效。那么 Frida 的 Hook 核心主角——JavaScript 脚本该如何编写呢？本小节将简要介绍关于 Frida Java 层 Hook 脚本的语法。

如图 2-3 所示，以"设置"中"显示"这个界面为例，Android 版本号为 8.1.0_r1 的系统中其对应的类名为 com.android.settings.DisplaySettings。

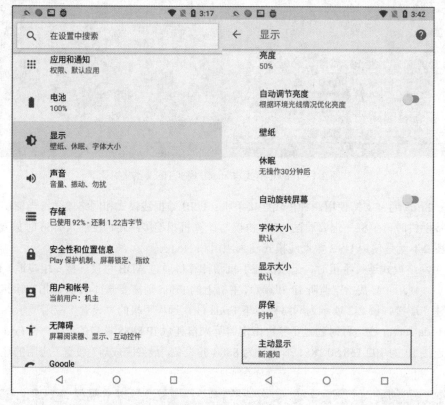

图 2-3　"显示"页面

在编写 Hook 脚本之前还要介绍的是，当用户在"显示"页面中每次点击"主动显示"按钮时，其对应的函数 int getMetricsCategory()都会被调用。因此，如果想要针对这个函数进行 Hook，其对应的 Frida 脚本如代码清单 2-1 所示。在 Frida 脚本成功注入设置应用后，再多次点击"主动显示"按钮，会发现 Frida 的 REPL 界面出现 Hook 日志数据的打印，其效果如图 2-4 所示。

代码清单 2-1　hello.js

```
function hook(){
    Java.perform(function(){
        var settings  = Java.use("com.android.settings.DisplaySettings");
```

```
        var getMetricsCategory_func = settings.getMetricsCategory;
        getMetricsCategory_func.implementation = function(){
            var result = this.getMetricsCategory()  // 执行原函数。
            console.log("getMetricsCategory called",',result =>',result)
            return result
        }
    })
}
```

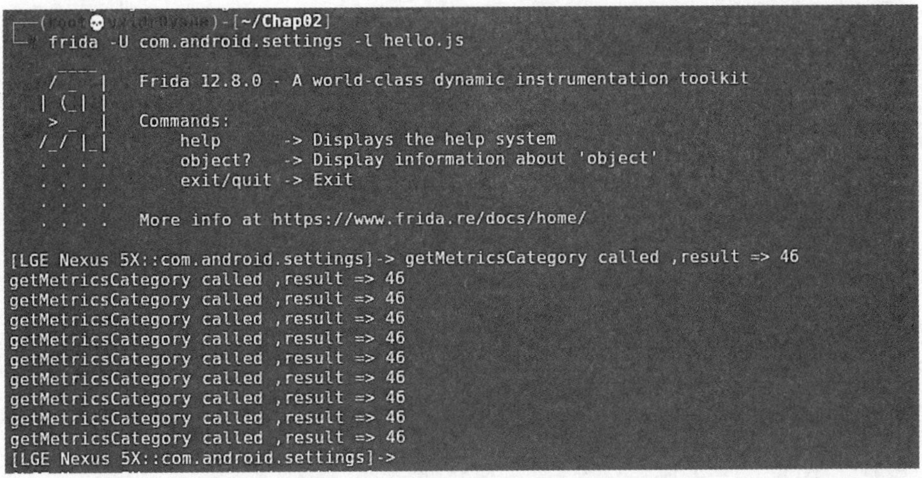

图 2-4　Hook 结果

此时再次观察代码清单 2-1，会发现图 2-4 中打印的日志和脚本中 console.log() 函数执行的结果相同，说明函数成功被 Hook 了。

这里还要介绍代码清单 2-1 中几个比较重要的知识点。

第一，所有针对 Java 层函数的 Hook 脚本必须处于 Java.perform() 的包装中，Java.perform() 函数的包装表示将其中的函数注入 Java 运行时中，那么如果没有 Java.perform() 函数的包裹，会发生什么呢？如图 2-5 所示，这里笔者将属于 Java.perform() 的部分在代码中进行注释后，再次保存会发现提示错误：Current thread is not attached to the Java VM; please move this code inside a Java.perform() callback。

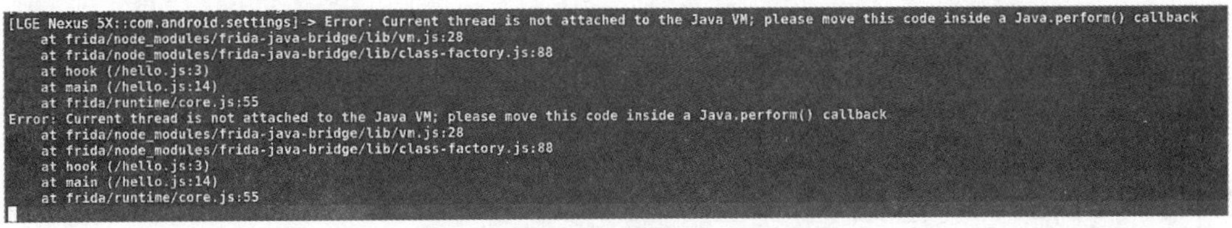

图 2-5　没有 Java.perform() 函数报错

第二，在使用 Java.use() API 获取指定类的 handle 后，这里以类似于 Java 中调用类静态方法的方式获取对应的函数。与 Java 中不同的是，Frida 脚本中直接以在 "." 连接符后接函数名的方式得到的函数并不一定是我们想要 Hook 的函数。如果函数存在多个重载，此时还需要在函数名后添加 .overload(<signature>) 获取指定函数，比如这里针对 int getMetricsCategory() 这个无参函数，其对应的 <signature> 也为空，因此要获取这个函数，只需要在函数名后接 .overload() 即可。而如果函数存在多个重载，比如 String 字符串类的 subString()，这个用于获取子字符串的函数就存在两个重载：String substring(int)和 String substring(int, int)，此时如果只想 Hook substring(int)函数，在 Frida 中获取对应函数的 handle，其具体 Hook 代码就必须如代码清单 2-2 中所示的在函数名 substring 之后添加.overload('int')关键字以获取特定函数的 handle。

代码清单 2-2　hookSubString.js

```
function hookSubString(){
  Java.perform(function(){
      var String = Java.use('java.lang.String')
      var subString_int_func = String.substring.overload('int') // 获取substring(int)函数的handle
      subString_int_func.implementation = function(index){
          var result = this.substring(index)
          console.log("substring called",'index =>',index,',result =>',result)
          return result
      }
  })
}
```

如果在获取 subString 函数时不添加.overload('int')，那么 Frida 在注入后就会报错：substring(): has more than one overload, use.overload(<signature>)，报错结果如图 2-6 所示。

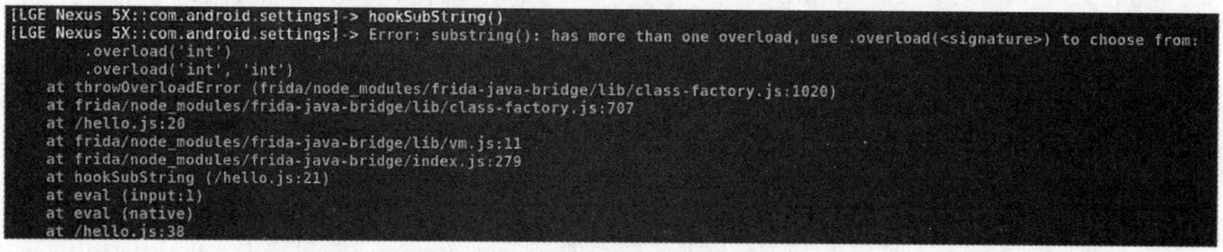

图 2-6　无 overload 重载报错

而当按照上述步骤获取到函数的 handle 后，此时还没有最终完成对函数的 Hook 效果，真实去完成 Hook 工作的部分实际上是代码清单 2-1 和代码清单 2-2 中的.implementation 以及在 implementation 后的 JS 函数。在这个 JS 函数中，我们可以执行任意用户自定义的操作，这里仅仅是打印一行日志，并且调用原函数获取了函数的返回值。

由于本书的定位以及篇幅，本小节只简单介绍了 Frida 函数 Hook 的基础，且并未展开描述。更多详细内容读者可参阅笔者的《安卓 Frida 逆向与抓包实战》一书中关于 Frida 基础的介绍。

2.1.3　Objection 基础

如果说 Frida 工具提供了各种 API 供用户自定义使用，在此基础之上可以实现无数的具体功能，那么 Objection 可以认为是一个将各种常用的功能整合进工具中并可直接供用户在命令行中使用的利器，甚至通过 Objection 工具可以在不写一行代码的前提下完成 App 的逆向分析。

Objection 集成的功能主要支持 Android 和 iOS 两大移动平台，在对 Android 的支持中，Objection 可以快速地完成诸如内存搜索、类和模块搜索、方法 Hook 以及打印参数、返回值、调用栈等常用功能，是一个非常方便甚至可以说逆向必备的神器。

Objection 的安装十分简单，只需要通过 pip 进行安装即可，默认安装 Objection 时会自动安装新版的 Frida 和 frida-tools。但需要注意的是，如果读者在安装特定版本的 Frida 后安装 Objection，则需要指定 Objection 的版本进行安装，比如这里使用 Frida 12.8.0 版本，其对应的 Objection 版本为 1.8.4，因此此时 Objection 的安装命令如下：

```
# pip install objection==1.8.4
```

当然，如果读者在未安装 Frida 的前提下直接使用 pip 命令安装 Objection，并未下载 Frida，则会自动下载新版的 Frida 和 frida-tools。由于 Frida 不同版本的 API 可能会有一些差异，因此在进行特定版本的 Objection 安装时还需要注意 Frida、frida-tools 和 Objection 的先后顺序（先安装 Frida 和 frida-tools，再安装对应版本的 Objection）。

在成功安装 Objection 后，让我们来一起了解一下 Objection 的基本使用方式。Objection 的基本命令如图 2-7 所示。

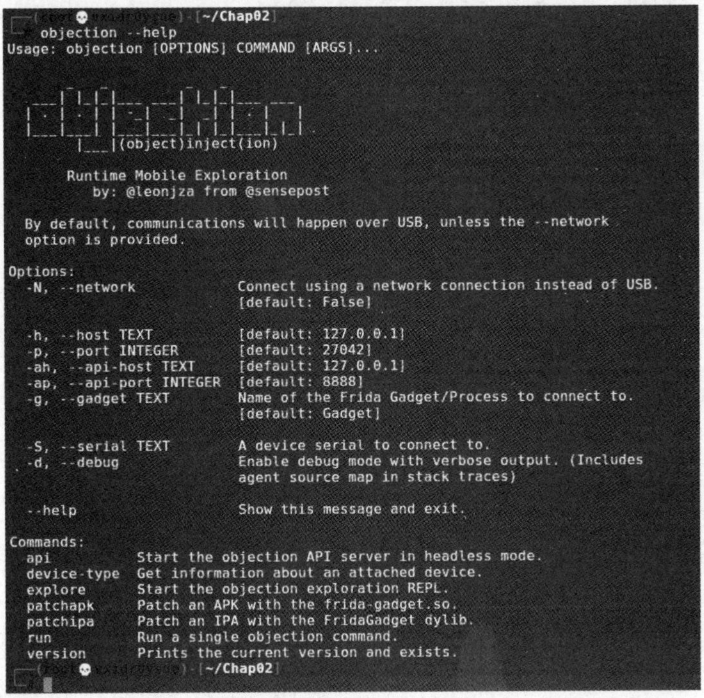

图 2-7　Objection 命令提示

以"移动 TV"样本为例，在通过 adb 命令安装 App 后，首先通过 Jadx 等反编译工具查看 AndroidManifest.xml 文件的内容，获取到包名为 com.cz.babySister。

在保障对应版本的 frida-server 已经在手机端启动后，根据图 2-7 中的命令提示与上面获取到的 App 包名，最终得到 Objection 注入"移动 TV"进程命令如下：

```
# objection -g com.cz.babySister explore
```

在成功运行注入命令后，如图 2-8 所示是 Objection 在成功注入进程后的 REPL 界面。在这个界面中，我们可以通过 Objection 相关命令对进程进行 Hook 等操作。

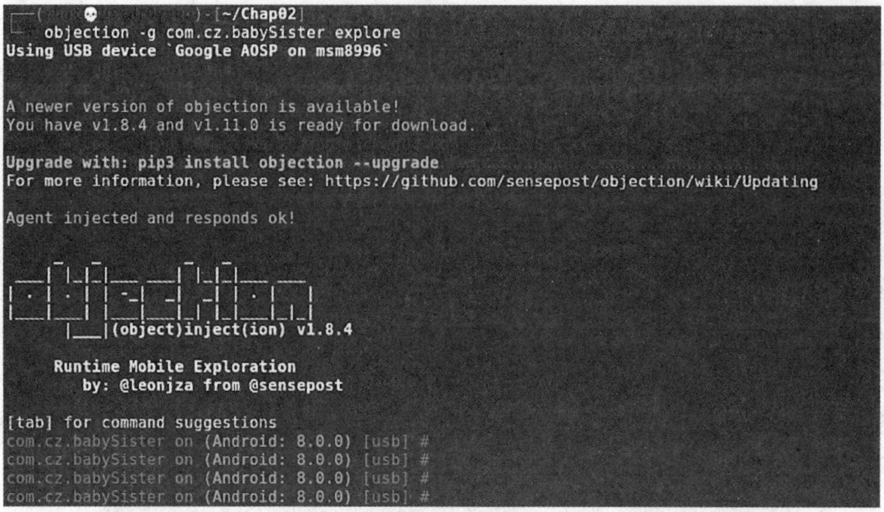

图 2-8　Objection REPL 界面

接下来正式介绍 Objection REPL 界面中支持的命令。

（1）内存枚举相关命令

Objection 可以快速便捷地打印出内存中的各种已加载类的相关信息，这对快速定位 App 中的关键类有着关键性作用，这里先介绍几个常用命令。

① 枚举进程内存中已加载的类，其命令格式如下：

```
# android hooking list classes
```

这里需要注意的是，这里列出的类都是进程已经加载过的类，如果进程还未加载目标类，相应类名是无法被列出的。如图 2-9 所示是"移动 TV"这个样本在登录页面时内存中已经加载的类。

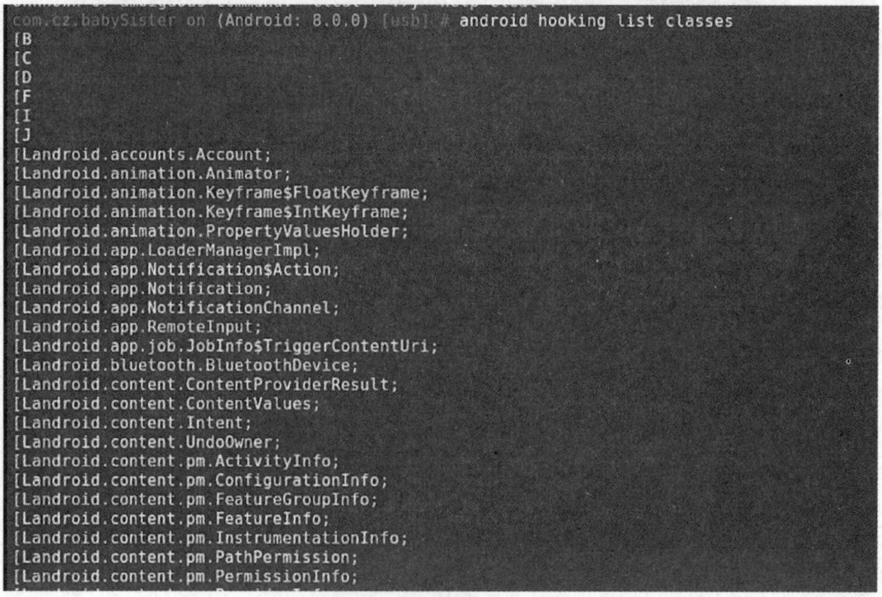

图 2-9　枚举进程已经加载的类

② 枚举内存已经加载的类中包含特定字符串的类并列出，其命令格式如下：

```
# android hooking  search  classes  <pattern>
```

这里的 pattern 可以是任意字符串，如图 2-10 所示是样本中包含 com.cz.babySister 字符串的类名。

```
com.cz.babySister on (Android: 8.0.0) [usb] # android hooking  search  classes  com.cz.babySister
com.cz.babySister.MyWrapperProxyApplication
com.cz.babySister.R$anim
com.cz.babySister.R$array
com.cz.babySister.R$attr
com.cz.babySister.R$bool
com.cz.babySister.R$color
com.cz.babySister.R$dimen
com.cz.babySister.R$drawable
com.cz.babySister.R$id
com.cz.babySister.R$integer
com.cz.babySister.R$layout
com.cz.babySister.R$menu
com.cz.babySister.R$mipmap
com.cz.babySister.R$string
com.cz.babySister.R$style
com.cz.babySister.R$styleable
com.cz.babySister.R$xml
com.cz.babySister.a.a
com.cz.babySister.a.b
com.cz.babySister.a.b$a
com.cz.babySister.a.c
com.cz.babySister.a.d
com.cz.babySister.a.e
com.cz.babySister.a.e$a
com.cz.babySister.a.f
com.cz.babySister.a.g
```

图 2-10　搜索包含特定字符串的类

③ 获取指定类中所有非构造函数的方法签名，其命令格式如下：

```
# android hooking list class_methods <class_name>
```

注意，上述命令中，class_name 是包含包名的完整类名，比如这里要打印 Loading 类的所有函数，则必须在 Loading 类名前加上其完整的包名 com.cz.babySister.view，并通过“.”连接符连接。最终打印 Loading 类所包含函数的效果如图 2-11 所示。

```
com.cz.babySister on (Android: 8.0.0) [usb] # android hooking list class_methods com.cz.babySister.view.Loading
private void com.cz.babySister.view.Loading.a(android.util.AttributeSet,int,int)
private void com.cz.babySister.view.Loading.a(int)
protected boolean com.cz.babySister.view.Loading.verifyDrawable(android.graphics.drawable.Drawable)
protected void com.cz.babySister.view.Loading.onAttachedToWindow()
protected void com.cz.babySister.view.Loading.onDetachedFromWindow()
protected void com.cz.babySister.view.Loading.onDraw(android.graphics.Canvas)
protected void com.cz.babySister.view.Loading.onMeasure(int,int)
protected void com.cz.babySister.view.Loading.onSizeChanged(int,int,int,int)
protected void com.cz.babySister.view.Loading.onVisibilityChanged(android.view.View,int)
protected void com.cz.babySister.view.Loading.onWindowVisibilityChanged(int)
public float com.cz.babySister.view.Loading.getBackgroundLineSize()
public float com.cz.babySister.view.Loading.getForegroundLineSize()
public float com.cz.babySister.view.Loading.getProgress()
public int com.cz.babySister.view.Loading.getBackgroundColor()
public int[] com.cz.babySister.view.Loading.getForegroundColor()
public void com.cz.babySister.view.Loading.a()
public void com.cz.babySister.view.Loading.setAutoRun(boolean)
public void com.cz.babySister.view.Loading.setBackgroundColor(int)
public void com.cz.babySister.view.Loading.setBackgroundLineSize(float)
public void com.cz.babySister.view.Loading.setForegroundColor(int)
public void com.cz.babySister.view.Loading.setForegroundColor(int[])
public void com.cz.babySister.view.Loading.setForegroundLineSize(float)
public void com.cz.babySister.view.Loading.setLineStyle(int)
public void com.cz.babySister.view.Loading.setProgress(float)

Found 24 method(s)
com.cz.babySister on (Android: 8.0.0) [usb] #
```

图 2-11　打印类中所有方法

（2）Hook 相关命令

作为 Frida 的核心功能，Hook 功能总是绕不过的。同样，Objection 作为 Frida 优秀的第三方工具，也提供了很多激动人心的 Hook 命令。事实上，Objection 在这方面表现得确实令人惊艳。

① Objection 支持 Hook 类中全部非构造函数的方法，其命令格式如下：

```
android hooking watch class <class_name>
```

与打印特定类中所有方法的命令相同，这里 class_name 必须是完整的类名，同时需要注意 Objection 默认 Hook 类中的全部函数并不包括类的构造函数。这里依旧 Hook Loading 类的全部方法，其效果如图 2-12 所示。

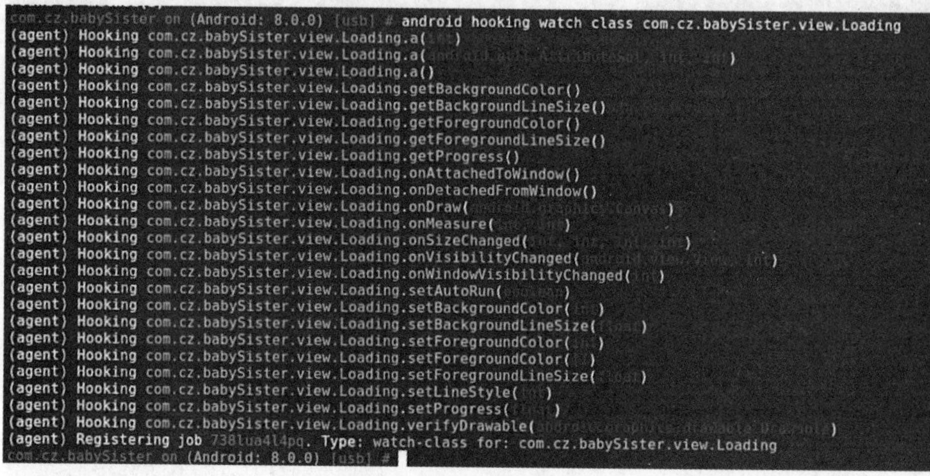

图 2-12　Hook 类中所有方法

② Objection 同样支持 Hook 指定函数，其命令格式如下：

```
android hooking watch class_method <classMethod> <overload> <option>
```

这里的 classMethod 与 Hook 类中全部函数的命令相同，classMethod 必须是完整的类名加上函数名，并以"."连接符连接。而 option 格式支持 3 个参数，其中--dump-args 参数在被 Hook 函数执行时会打印其参数内容，若加上--dump-return 参数，则会打印函数返回值，加上--dump-backtrace 参数打印函数调用栈，同时这 3 个参数可以组合使用。

与 Frida 不同的是，在 Hook 函数时如果不指定其参数，即这里的 overload 格式的参数，那么默认 Hook 所有同名的函数，比如这里 Hook Loading 类的 setForegroundColor 方法，观察图 2-12 会发现该函数存在两个重载，此时若不指定参数类型，则其 Hook 效果如图 2-13 所示。

图 2-13　Hook setForegroundColor 方法的效果（不指定参数）

如果想要 Hook 指定参数的特定方法，还需要加上函数的参数类型并以双引号包含，比如这里想要 Hook 参数类型为 int 的数组的 setForegroundColor()方法，那么最终 Hook 的命令如下：

```
# android hooking watch class_method com.cz.babySister.view.Loading.setForegroundColor "[I" --dump-args --dump-return --dump-backtrace
```

最终 Hook 效果如图 2-14 所示。

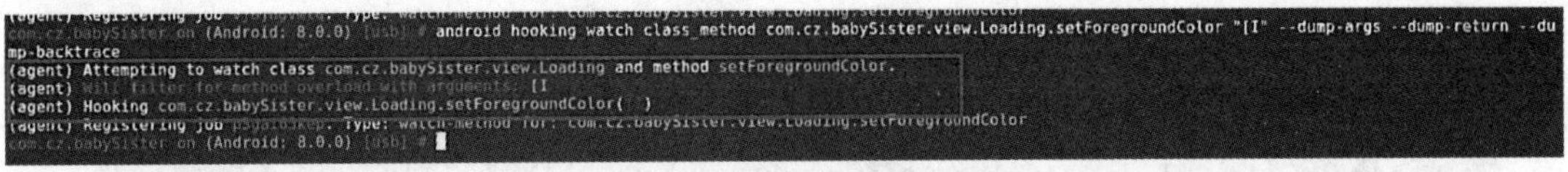

图 2-14　Hook setForegroundColor([I])方法的效果（指定参数）

Objection 还有很多这里未介绍的命令，比如 jobs 命令用于 Hook 任务管理，android heap 命令用于操作内存中类的实例等。限于篇幅，这里仅介绍笔者认为重要的 Objection 命令，如果读者想要了解更多关于 Objection 的命令与使用方式，可以参照笔者的另一本书《安卓 Frida 逆向与抓包实战》，或者直接在 Objection REPL 界面中简单地通过按空格键查看其支持的命令列表。

2.2　Hook 快速定位方案

在逆向分析的过程中，笔者一直推崇"Hook—主动调用—RPC"的三段式理论。展开来说，在协议分析的第一步，首先通过 Hook 的方式确定关键业务逻辑位置，然后通过主动调用实现关键业务逻辑的调用，最后通过 RPC 远程过程调用的方式进行关键业务逻辑的批量调用，以期达到后续利用的目的。在 Hook 的过程中，如何在大量的代码中快速定位关键业务逻辑的位置，减少逆向人员的工作量是一大重点，Frida 的出现正是将 Hook 工作成功地从 Xposed 模块每次编译都需重启的循环中解放出来的契机，其即时生效的特点大大减少了逆向人员的时间成本，加快了逆向的进度。当然，Frida 在快速逆向中的作用不止于此，本节将介绍基于 Frida 的两种更加快速的关键逻辑定位方式。

2.2.1　基于 Trace 枚举的关键类定位方式

相信有一定基础的读者都用过 Android Studio 中附带的 DDMS 工具，相较于搜索字符串这种大海捞针的方法，DDMS 中的 Method Trace 功能能够让逆向人员快速得到一段时间内目标 App 执行过的函数记录，进而快速定位关键业务逻辑函数，而实现 DDMS 这项功能的就是笔者在这一小节中要介绍的函数 Trace。

DDMS 是 Google 官方提供的工具，其本意是帮助开发者分析和测试 App 中方法的速度与性能，因此其本身要求 App 的 debuggable 属性为 true，而这是实际逆向分析中几乎不可能遇到的应用；此外，由于 DDMS 的 Trace 功能会记录所有的函数（包括 App 中的函数和系统函数），这样的操作十分占用系统性能，其具体效果总是差强人意，正因如此，Trace 方式一直不温不火，但是 Frida 的出世为函数的 Trace 提供了另一条出路，Frida 不仅无须应用处于 debuggable 状态，而且支持 Trace 指定类中的函数，支持 Trace 特定类中的所有函数，这样的效果大大缩小了函数 Trace 的范围，对系统性能的要求有了极大的改善。在这一小节中，我们并不直接编写 Frida 脚本来进行函数的 Trace，而是通过介绍一些基于 Frida 封装的可用于进行 Trace 定位的工具来介绍基于 Trace 枚举的关键类定位方式所带来的优势。

首先不得不提的是前文介绍过的 Objection 工具在 Trace 中的作用。

在 2.1.3 节中介绍 Objection 的常用 Hook 命令时，曾经介绍过 Objection 支持 Hook 一个类中所有函数的功能，实际上笔者在使用 Objection 的过程中发现 Objection 还支持通过-c 参数对指定文件中的所有命令进行执行的功能，如图 2-15 所示。

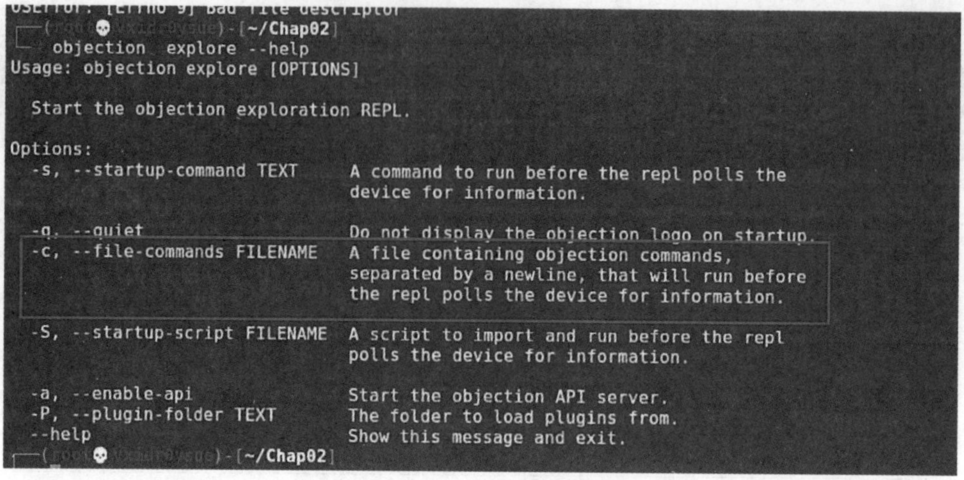

```
OSError: [Errno 9] Bad file descriptor
┌──(root💀[illegible])-[~/Chap02]
└─ objection explore --help
Usage: objection explore [OPTIONS]

  Start the objection exploration REPL.

Options:
  -s, --startup-command TEXT     A command to run before the repl polls the
                                 device for information.

  -q, --quiet                    Do not display the objection logo on startup.
  -c, --file-commands FILENAME   A file containing objection commands,
                                 separated by a newline, that will run before
                                 the repl polls the device for information.

  -S, --startup-script FILENAME  A script to import and run before the repl
                                 polls the device for information.

  -a, --enable-api               Start the objection API server.
  -P, --plugin-folder TEXT       The folder to load plugins from.
  --help                         Show this message and exit.
┌──(root💀[illegible])-[~/Chap02]
```

图 2-15 Objection Trace 功能

同样以“移动 TV”样本为例，其包名为 com.cz.babySister。在手机上启动 frida-server 和样本应用后，使用 Objection 对样本进行注入，并使用如下命令搜索包含包名的类：

```
# android hooking search classes com.cz.babySister
```

在获取到如图 2-16 所示的所有与包名相关的类后，便可以将搜索的类保存为文件，并在每一行行首加上 android hooking watch class 字符串，以使得每一行组成一条对 Java 类进行 Hook 的命令，最终组成的 Trace 文件的部分内容如图 2-17 所示。当然，这里在行首添加字符串的方式有很多种，这里通过 VS Code 编辑器的竖选功能完成内容的补全。

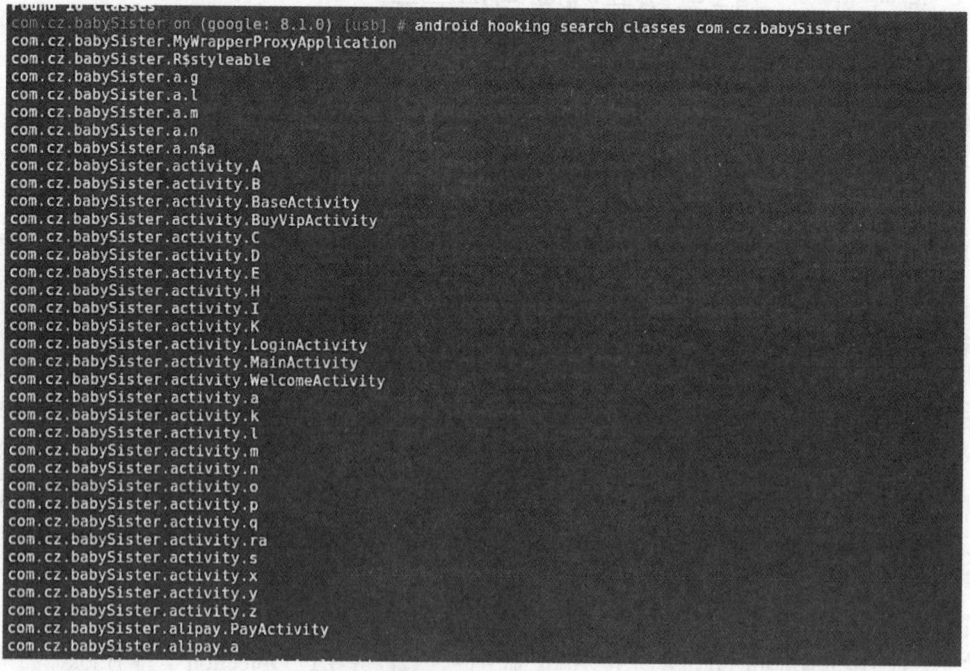

```
Found 10 classes
com.cz.babySister on (google: 8.1.0) [usb] # android hooking search classes com.cz.babySister
com.cz.babySister.MyWrapperProxyApplication
com.cz.babySister.R$styleable
com.cz.babySister.a.g
com.cz.babySister.a.l
com.cz.babySister.a.m
com.cz.babySister.a.n
com.cz.babySister.a.n$a
com.cz.babySister.activity.A
com.cz.babySister.activity.B
com.cz.babySister.activity.BaseActivity
com.cz.babySister.activity.BuyVipActivity
com.cz.babySister.activity.C
com.cz.babySister.activity.D
com.cz.babySister.activity.E
com.cz.babySister.activity.H
com.cz.babySister.activity.I
com.cz.babySister.activity.K
com.cz.babySister.activity.LoginActivity
com.cz.babySister.activity.MainActivity
com.cz.babySister.activity.WelcomeActivity
com.cz.babySister.activity.a
com.cz.babySister.activity.k
com.cz.babySister.activity.l
com.cz.babySister.activity.m
com.cz.babySister.activity.n
com.cz.babySister.activity.o
com.cz.babySister.activity.p
com.cz.babySister.activity.q
com.cz.babySister.activity.ra
com.cz.babySister.activity.s
com.cz.babySister.activity.x
com.cz.babySister.activity.y
com.cz.babySister.activity.z
com.cz.babySister.alipay.PayActivity
com.cz.babySister.alipay.a
```

图 2-16 包名相关类

```
more: cannot open hook: No such file or directory
┌──(root💀vxidr0ysue)-[~/Chap02]
└─ more hook.txt
android hooking watch class com.cz.babySister.MyWrapperProxyApplication
android hooking watch class com.cz.babySister.R$styleable
android hooking watch class com.cz.babySister.a.g
android hooking watch class com.cz.babySister.a.l
android hooking watch class com.cz.babySister.a.m
android hooking watch class com.cz.babySister.a.n
android hooking watch class com.cz.babySister.a.n$a
android hooking watch class com.cz.babySister.activity.A
android hooking watch class com.cz.babySister.activity.B
android hooking watch class com.cz.babySister.activity.BaseActivity
android hooking watch class com.cz.babySister.activity.BuyVipActivity
android hooking watch class com.cz.babySister.activity.C
android hooking watch class com.cz.babySister.activity.D
android hooking watch class com.cz.babySister.activity.E
android hooking watch class com.cz.babySister.activity.H
android hooking watch class com.cz.babySister.activity.I
android hooking watch class com.cz.babySister.activity.K
android hooking watch class com.cz.babySister.activity.LoginActivity
android hooking watch class com.cz.babySister.activity.MainActivity
android hooking watch class com.cz.babySister.activity.WelcomeActivity
android hooking watch class com.cz.babySister.activity.a
android hooking watch class com.cz.babySister.activity.k
android hooking watch class com.cz.babySister.activity.l
android hooking watch class com.cz.babySister.activity.m
android hooking watch class com.cz.babySister.activity.n
android hooking watch class com.cz.babySister.activity.o
android hooking watch class com.cz.babySister.activity.p
android hooking watch class com.cz.babySister.activity.q
android hooking watch class com.cz.babySister.activity.ra
android hooking watch class com.cz.babySister.activity.s
android hooking watch class com.cz.babySister.activity.x
android hooking watch class com.cz.babySister.activity.y
android hooking watch class com.cz.babySister.activity.z
android hooking watch class com.cz.babySister.alipay.PayActivity
android hooking watch class com.cz.babySister.alipay.a
```

图 2-17　文件 Hook 命令

在得到包含 Hook 命令的文件后，便可以重新通过 Objection 对应用进行注入，完成对包含包名所有类的 Hook 工作，最终效果如图 2-18 所示。而如果此时再去触发我们所关心的业务逻辑，便能够快速筛选出关键业务逻辑所在类的范围，从而完成关键类的定位工作。

```
android hooking watch class com.cz.babySister.fragment.n
┌──(root💀vxidr0ysue)-[~/Chap02]
└─# objection -g com.cz.babySister explore -c hook.txt
Using USB device `LGE Nexus 5X`
Agent injected and responds ok!
Running commands from file...
Running: 'android hooking watch class com.cz.babySister.MyWrapperProxyApplication':

(agent) Hooking com.cz.babySister.MyWrapperProxyApplication.initProxyApplication(android.content.Context)
(agent) Hooking com.cz.babySister.MyWrapperProxyApplication.onCreate()
(agent) Registering job gjsaw2bb4s. Type: watch-class for: com.cz.babySister.MyWrapperProxyApplication
Running: 'android hooking watch class com.cz.babySister.R$styleable':

(agent) Registering job 7z1nt5ewlp. Type: watch-class for: com.cz.babySister.R$styleable
Running: 'android hooking watch class com.cz.babySister.a.g':

(agent) Hooking com.cz.babySister.a.g.getCount()
(agent) Hooking com.cz.babySister.a.g.getItem(int)
(agent) Hooking com.cz.babySister.a.g.getItemId(int)
(agent) Hooking com.cz.babySister.a.g.getView(int, android.view.View, android.view.ViewGroup)
(agent) Registering job wfe0s7m556. Type: watch-class for: com.cz.babySister.a.g
Running: 'android hooking watch class com.cz.babySister.a.l':

(agent) Hooking com.cz.babySister.a.l.onClick(android.view.View)
(agent) Registering job x487h8lgfp. Type: watch-class for: com.cz.babySister.a.l
Running: 'android hooking watch class com.cz.babySister.a.m':

(agent) Hooking com.cz.babySister.a.m.onLongClick(android.view.View)
(agent) Registering job cewnz2s0kkv. Type: watch-class for: com.cz.babySister.a.m
Running: 'android hooking watch class com.cz.babySister.a.n':

(agent) Hooking com.cz.babySister.a.n.a(com.cz.babySister.a.n)
(agent) Hooking com.cz.babySister.a.n.b(com.cz.babySister.a.n)
(agent) Hooking com.cz.babySister.a.n.getItemCount()
(agent) Hooking com.cz.babySister.a.n.onBindViewHolder(android.support.v7.widget.RecyclerView$ViewHolder, int)
(agent) Hooking com.cz.babySister.a.n.onCreateViewHolder(android.view.ViewGroup, int)
(agent) Registering job bkulftdcztm. Type: watch-class for: com.cz.babySister.a.n
Running: 'android hooking watch class com.cz.babySister.a.n$a':

(agent) Hooking com.cz.babySister.a.n$a.a(com.cz.babySister.a.n$a)
(agent) Hooking com.cz.babySister.a.n$a.b(com.cz.babySister.a.n$a)
(agent) Hooking com.cz.babySister.a.n$a.c(com.cz.babySister.a.n$a)
(agent) Hooking com.cz.babySister.a.n$a.d(com.cz.babySister.a.n$a)
```

图 2-18　Objection 批量 Hook

当然，这里需要注意的是，查看 Objection 1.8.4 版本的源码会发现其 search class 搜索类的命令是通过先获取所有已加载类后再筛选的方式来得到最终结果的,其获取所有类的实现如代码清单 2-3 所示。

代码清单 2-3　getClasses

```
export const getClasses = (): Promise<string[]> => {
  return wrapJavaPerform(() => {
    return Java.enumerateLoadedClassesSync();
  });
};
```

忽略代码清单 2-3 中外部封装的部分，会发现其实本质上是使用 Frida 的 API：enumerateLoadedClassesSync()函数完成类的获取。无论是从 API 名称还是官方的释义中都能够发现这个 API 只是列出内存中已经加载的类，而不是应用中所有的类。因此，若想获得尽可能完整的类列表，需要尽可能多地使用应用后再执行命令。如图 2-19 所示是笔者在登录账户前后获取到的包名相关的类列表。

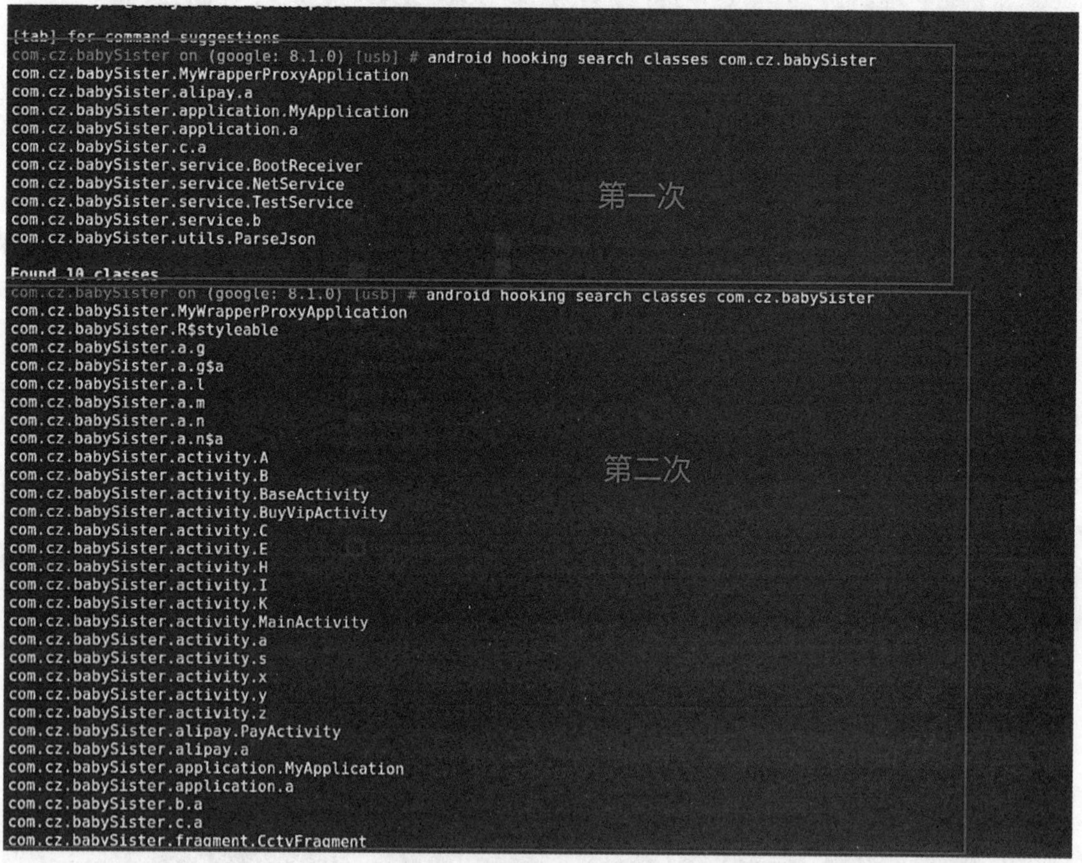

图 2-19　搜索相关类对比

如果读者打开 Objection 相应源码，从-c 参数解析处进行分析会发现，该参数只是用于逐一执行文件中的代码而已，真正用于 Trace 的代码不过是通过 getDeclaredMethods()反射相关函数获取特定类中所有函数,并对获得的函数一一 Hook 而已,其关键 Hook 核心代码如代码清单 2-4 所示。

代码清单 2-4　Trace 核心代码

```typescript
export const watchClass = (clazz: string): Promise<void> => {
  return wrapJavaPerform(() => {
    const clazzInstance: JavaClass = Java.use(clazz);
    // 获取指定类中的所有函数
    const uniqueMethods: string[] = clazzInstance.class.getDeclaredMethods().map((method) => {
      // ...
    });

    // start a new job container
    ...

    uniqueMethods.forEach((method) => {
      clazzInstance[method].overloads.forEach((m: any) => {

        // get the argument types for this overload
        const calleeArgTypes: string[] = m.argumentTypes.map((arg) => arg.className);
        // ...
        // replace the implementation of this method
        // tslint:disable-next-line:only-arrow-functions
        // Hook 函数代码
        m.implementation = function () {
          send(
            c.blackBright(`[${job.identifier}] `) +
            `Called ${c.green(clazz)}.${c.greenBright(m.methodName)}(${c.red(calleeArgTypes.join(", "))})`,
          );

          // actually run the intended method
          return m.apply(this, arguments);
        };

        // record this implementation override for the job
        ...
      });
    });

    // record the job
    ...
  });
};
```

另外还需要注意的是,如果 App 本身是加固的应用,在使用 Frida 对应用进行测试时,要尽量选择 attach 模式进行应用相关类的 Trace/Hook,否则在应用还没启动时,App 真实的类仍未被壳从内存中释放并加载,此时去 Hook 相关类会报如图 2-20 所示的 ClassNotFoundException 异常错误。这是由于加固 App 的 ClassLoader 在运行时的切换问题所导致的,由于 ClassLoader 的原理不属于本章讲述的范围,这里不再展开描述,相信有一定基础的读者都明白其中的缘由。

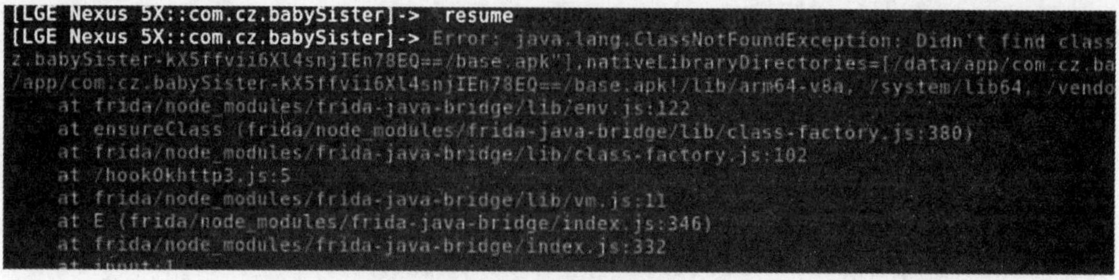

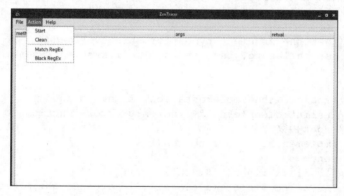

图 2-20　ClassNotFoundException 异常错误

　　Objection 的 Trace 功能就暂且介绍到这里。接下来介绍一款基于 Frida 开发的专门用于 Trace 的工具——ZenTracer，其项目的地址为 https://github.com/hluwa/ZenTracer。

　　由于 ZenTracer 是一款基于 Frida 和 PyQt5 的工具，因此在运行前先要通过 pip 安装 PyQt5 和 Frida 的依赖包，最终成功启动 ZenTracer 后，其界面如图 2-21 所示。

图 2-21　ZenTracer 主界面

　　要使用 ZenTracer 首先要单击图 2-21 上的 Action 菜单，选择 Match RegEx 或者 Black RegEx 完成类的过滤工作。顾名思义，Match RegEx 就是 Hook 指定的与输入正则匹配的类，而 Black RegEx 是指不 Hook 指定的类。这里以 Match RegEx 功能为例，在输入想要 Hook 的类前加上 M:就可以完成对包含指定 pattern 的类的 Hook 工作，比如这里想要 Hook 所有包含 com.cz.babySister 的类，其最终输入如图 2-22 所示。若使用 Black RegEx 功能，则只需将 M:替换为 B:即可指定不 Hook 相应类。

图 2-22　Hook 包含 com.cz.babySister 的类

在确定匹配规则后，再次单击 Action 菜单下的 Start 选项，ZenTracer 就会完成对当前前台 App（手机页面上正在显示的应用）中所有符合匹配规则的目标类的 Hook 工作，最终 Trace 效果如图 2-23 所示。

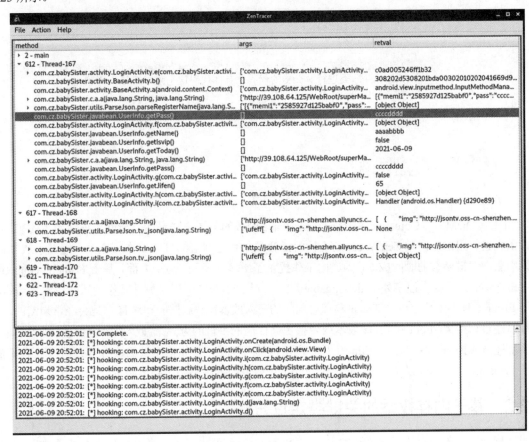

图 2-23　ZenTracer Hook 结果

观察图 2-23，会发现图片下方是 Hook 的类的相关信息，而图片上方显示的是 Hook 后执行的函数记录与其参数和返回值信息。为了更好地观察结果与后续分析，ZenTracer 还友好地提供了将 Hook 结果导出为 JSON 格式文件的功能，只需要依次单击 File→Export JSON 即可完成文件的导出。

此时再次查看 ZenTracer Trace 相关代码，会发现其 Trace 关键代码同样和 Objection 类似，只是将遍历得到的目标类直接传递给相应的 Hook 代码而已。相比于 Objection 需要先导出命令到文件再 Trace 的方式，ZenTracer 更加方便快捷，其关键代码如代码清单 2-5 所示。

代码清单 2-5　ZenTracer Trace 关键代码

```
// 遍历内存中已经加载的类
Java.enumerateLoadedClasses({
    onMatch: function (aClass) {
        for (var index in matchRegEx) {
            // 判断是否与指定类匹配
            if (match(matchRegEx[index], aClass)) {
                var is_black = false;
                for (var i in blackRegEx) {
                    // 过滤黑名单中的类
```

```
                if (match(blackRegEx[i], aClass)) {
                    is_black = true;
                    log(aClass + "' black by '" + blackRegEx[i] + "'");
                    break;
                }
            }
            if (is_black) {
                break;
            }
            log(aClass + "' match by '" + matchRegEx[index] + "'");
            // 对目标类进行 Hook 的代码，具体代码这里限于篇幅不再列出
            traceClass(aClass);
        }
    },
    onComplete: function () {
        log("Complete.");
    }
});
```

相比于 DDMS，Objection 和 ZenTracer Trace 函数的范围更加灵活，能够依据使用者的想法对执行函数进行跟踪，同时 ZenTracer 还支持对函数参数和返回值的打印工作，这大大缩减了从 Trace 结果中获取关键函数的时间成本，为逆向工作提供了更多的便利；另一方面，基于 Frida 的 Objection 和 ZenTracer 无须样本程序处于 debuggable 状态，减少了对应用程序另外操作的工作成本。当然，由于 Frida 本身不太稳定以及 Trace 本身对程序的侵入成本，被测试的程序肯定是会经常崩溃的，此时可以通过切换 Android 和 Frida 版本或者换更高性能的手机的方式来减少崩溃的频率。当然，即使按照上述方式提高了稳定性，Frida 还是存在崩溃的可能性，但相信用过的读者都会觉得瑕不掩瑜，基于 Frida 的 Objection 以及 ZenTracer 对逆向工作效率的提高都是呈指数级的。

2.2.2　基于内存枚举的关键类定位方式

实际上，基于内存枚举的关键类定位在 Xposed 时代就出现了：当逆向分析人员通过分析发现某些类可能是关键类时，可以通过对关键类进行 Hook 去验证分析的结果，只是 Xposed 的 Hook 每次都需要对手机进行重启以生效，而 Frida 则能够更加有效率地去 Hook 验证分析结果。

当然，笔者认为相比于 Xposed 而言，Frida 的进步不仅仅是提高了 Hook 的效率，Frida 还支持对进程内存的漫游功能，能够通过 Java.choose()这个 API 在目标进程的 Java 堆中寻找和修改已存在的 Java 对象实例，同时还能修改对象中属性的值，这样的功能使得逆向人员从只能单纯地通过 Hook 去获取和修改对象值的局限中释放出来，分析人员不仅能够对未执行的函数设置 Hook，同时还能够对已经创建的实例进行操作，这大大拓宽了逆向工作的思路。

接下来以经典的针对 OkHttp 框架的 Hook 抓包问题为例进行介绍。

相信对 OkHttp 原理有一定了解的读者都知道 OkHttp 的核心其实是拦截器。简单来说，在 OkHttp 中一个完整的网络请求会被拆分成几个步骤，每个步骤都通过拦截器来完成，可以说通过拦截器就能够完整地得到每次发包和收包的数据。在笔者对 OkHttp3 的源码分析过程中发现，OkHttp 中的拦截器由 okhttp3.OkHttpClient 类中的 List 成员_interceptors 数组管理，这个数组中包含着对应 Client 中的所有拦截器。那么是不是意味着我们自己写一个简单的只是打印日志的 LogInterceptor 并添加到_interceptors 数组中就可以完成对所有数据包的抓取呢？答案是肯定的。

笔者在研究过程中通过 Java.choose()这个 API 从内存中搜刮 okhttp3.OkHttpClient 的实例对象，并修改原对象的_interceptors 数组内容，最终使得这个拦截器的 List 数组中包含我们自定义的拦截器 LogInterceptor，从而完成数据的抓包，其效果如图 2-24 所示。

图 2-24　抓包效果

让我们回过头来观察实现修改内存中 okhttp3.OkHttpClient 对象的代码内容。观察代码清单 2-6，发现除了主要的 Java.choose() API 的使用外，还有一些值得关注的地方。

首先，在代码清单 2-6 中，Java.openClassFile()这个 API 用于打开自定义的 DEX 文件，myok2curl.dex 和 okhttplogging.dex 分别用于完成 log 日志的打印工作和具体拦截器的实现，在 Frida 执行脚本前，两个 DEX 文件已经事先放置于/data/local/tmp 目录下并赋予其执行权限。再加上 load() 函数的使用，将打开的 DEX 文件加载进内存后，便可以在脚本中加载原本 App 并不存在的类和函数。

自定义 DEX 文件的加载主要是为了避免将 Java 翻译成 JavaScript 的复杂工作，相反可以直接使用 Java 语言编写自定义的类并编译成 DEX 文件供后续使用。

在这个代码中，笔者也实现了使用 JavaScript 编写自定义的类的方式——Java.registerClass()，观察这部分实现会发现，相比直接使用简单的 Java.openClassFile(<dex>).load()函数来说，registerClass 函数的实现着实有点隔靴搔痒的感觉。

而剩下的主体代码就是使用 Java.choose 函数找到对应的 OkHttpClient 对象，并向_interceptors

数组中添加自定义的 MyInterceptor 拦截器对象。这样的功能毫无疑问 Xposed 是无法实现的。

代码清单 2-6　hookOkHttp3.js

```javascript
function searchClient(){
    Java.perform(function(){
        // 加载包含 CurlInterceptor 拦截器的 DEX
        Java.openClassFile("/data/local/tmp/myok2curl.dex").load();
        console.log("loading dex successful!")
        const curlInterceptor = Java.use("com.moczul.ok2curl.CurlInterceptor");
        const loggable = Java.use("com.moczul.ok2curl.logger.Loggable");
        var Log = Java.use("android.util.Log");
        var TAG = "okhttpGETcurl";
        //注册类——一个实现了所需接口的类
        var MyLogClass = Java.registerClass({
            name: "okhttp3.MyLogClass",
            implements: [loggable],
            methods: {
                log: function (MyMessage) {
                    Log.v(TAG, MyMessage);
                }}
        });
        const mylog = MyLogClass.$new();
        // 得到所需的拦截器对象
        var curlInter = curlInterceptor.$new(mylog);


        // 加载包含 logging-interceptor 拦截器的 DEX
        Java.openClassFile("/data/local/tmp/okhttplogging.dex").load();
        var MyInterceptor = Java.use("com.r0ysue.learnokhttp.okhttp3Logging");
        var MyInterceptorObj = MyInterceptor.$new();

        Java.choose("okhttp3.OkHttpClient",{
            onMatch:function(instance){
                console.log("1. found instance:",instance)
                console.log("2. instance.interceptors():",instance.interceptors().$className)
                console.log("3. instance._interceptors:",instance._interceptors.value.$className)
                console.log("5. interceptors:",Java.use("java.util.Arrays").toString(instance.interceptors().toArray()))
                var newInter = Java.use("java.util.ArrayList").$new();
                newInter.addAll(instance.interceptors());
                console.log("6. interceptors:",Java.use("java.util.Arrays").toString(newInter.toArray()));
                console.log("7. interceptors:",newInter.$className);
                newInter.add(MyInterceptorObj);
                newInter.add(curlInter);
                instance._interceptors.value = newInter;

            },onComplete:function(){
                console.log("Search complete!")
            }
        })
    })
}
```

```
}
setImmediate(searchClient)
```

另外，在笔者的研究过程中还使用了一个 Objection 插件——WallBreaker，其项目地址为 https://github.com/hluwa/Wallbreaker。WallBreaker 可以用于快速定位一个类中所包含的属性与函数，甚至可以直接通过对象的句柄获取所在类中的所有属性的值。这个功能在笔者研究 OkHttp3 拦截器机制的过程中提供了巨大的帮助。图 2-25 是笔者在验证 OkHttpClient 类的 _interceptors 成员就是对应 Client 的拦截器时的截图。

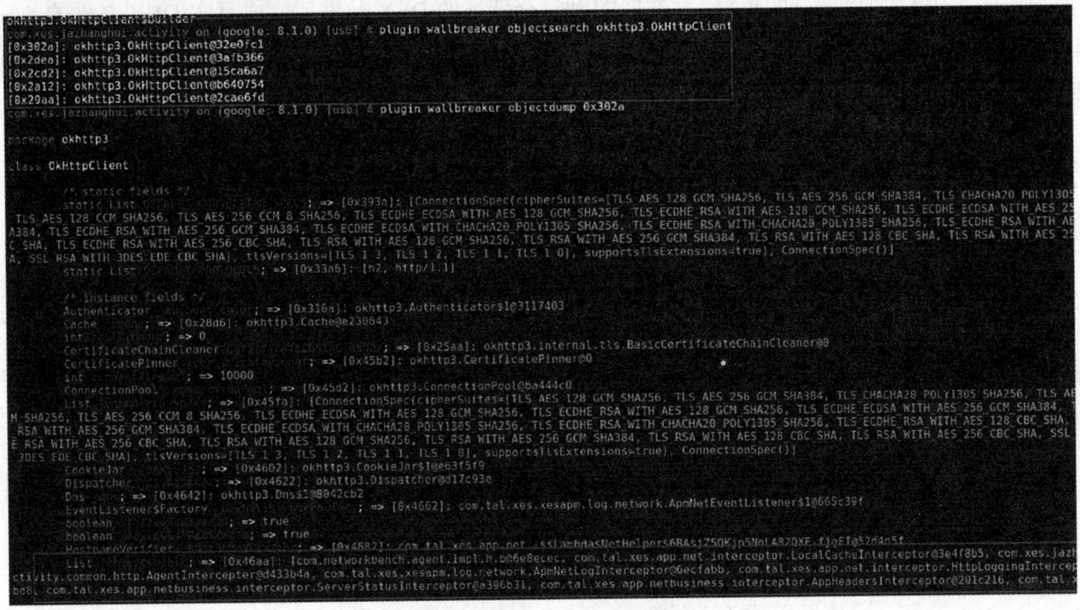

图 2-25　OkHttpClient 对象解析

对 WallBreaker 的源码进行分析，会发现这个功能也是利用 Java.choose()函数实现的对内存中类对象的搜索，如代码清单 2-7 所示。后续对对象属性和函数的打印其实是通过对象句柄值进行反射，从而获取相应成员和函数，具体这里不再分析，如果读者对其实现感兴趣，可以自行阅读项目源码。

代码清单 2-7　objectsearch 功能实现

```
export const searchHandles = (clazz: string, stop: boolean = false) => {
    let result: any = {};
    Java.perform(function () {
        Java.choose(clazz, { // <===
            onComplete: function () {
            },
            onMatch: function (instance) {
                const handle = getHandle(instance);
                result[handle] = objectToStr(instance);
                if (stop) {
                    return "stop"
                }
            },
        });
    }
```

```
        );
        return result;
    };
```

相比于 Xposed 而言，Frida 在 native 层的 Hook 也是颇有建树。逆向人员同样能够通过在 native 层进行内存枚举完成很多工作。以在 Android 安全中困扰着众多安全人员的脱壳问题为例，比如笔者在工作过程中经常使用的 dexdump 项目，其地址为 https://github.com/hluwa/FRIDA-DEXDump，dexdump 的核心原理是在目标进程的内存空间中遍历搜索包含 DEX 文件特征（dexdump 主要利用文件头是 dex03?模式的特征）的数据，并在匹配到符合特征的 DEX 数据后完成真实 DEX 文件的 dump 工作。这个方法的实现主要是利用 Frida 的 Memory.scanSync()函数，dexdump 的主要代码如代码清单 2-8 所示。

代码清单 2-8　dexdump 核心代码

```
Memory.scanSync(range.base, range.size, "64 65 78 0a 30 ?? ?? 00").forEach(function (match) {
    if (range.file && range.file.path
        && (// range.file.path.startsWith("/data/app/") ||
            range.file.path.startsWith("/data/dalvik-cache/") ||
            range.file.path.startsWith("/system/"))) {
        return;
    }

    if (verify(match.address, range, false)) {
        var dex_size = get_dex_real_size(match.address, range.base, range.base.add(range.size));
        result.push({
            "addr": match.address,
            "size": dex_size
        });

        var max_size = range.size - match.address.sub(range.base);
        if (enable_deep_search && max_size != dex_size) {
            result.push({
                "addr": match.address,
                "size": max_size
            });
        }
    }
});
```

当然，dexdump 仅仅能够解决一代整体加固的脱壳工作，于是又有大牛利用 Frida 编写了 frida_fart 用于解决二代抽取加固的脱壳问题，其项目地址为 https://github.com/hanbinglengyue/FART/blob/master/frida_fart.zip。frida_fart 中存在着两种解决脱壳的方案，其中 Hook 版本是通过 Hook 在 App 运行过程中用于加载和执行 DEX 文件的 ART 虚拟机中的 native 函数——LoadMethod 函数，并通过这个函数的参数分别获取加载的 Java 函数所在的 DEX 文件和函数的真实内容，其主要代码如代码清单 2-9 所示。

代码清单 2-9　frida_fart_hook.js

```
Interceptor.attach(addrLoadMethod, {
```

```
        onEnter: function (args) {
            this.dexfileptr = args[1];
            this.artmethodptr = args[4];
        },
        onLeave: function (retval) {
            var dexfilebegin = null;
            var dexfilesize = null;
            if (this.dexfileptr != null) {
                dexfilebegin = Memory.readPointer(ptr(this.dexfileptr).add
(Process.pointerSize * 1));
                dexfilesize = Memory.readU32(ptr(this.dexfileptr).add(Process.
pointerSize * 2));
                var dexfile_path = savepath + "/" + dexfilesize + "_loadMethod.dex";
                var dexfile_handle = null;
                try {
                    dexfile_handle = new File(dexfile_path, "r");
                    if (dexfile_handle && dexfile_handle != null) {
                        dexfile_handle.close()
                    }

                } catch (e) {
                    dexfile_handle = new File(dexfile_path, "a+");
                    if (dexfile_handle && dexfile_handle != null) {
                        var dex_buffer = ptr(dexfilebegin).readByteArray
(dexfilesize);
                        dexfile_handle.write(dex_buffer);
                        dexfile_handle.flush();
                        dexfile_handle.close();
                        console.log("[dumpdex]:", dexfile_path);
                    }
                }
            }
            var dexfileobj = new DexFile(dexfilebegin, dexfilesize);
            if (dex_maps[dexfilebegin] == undefined) {
                dex_maps[dexfilebegin] = dexfilesize;
                console.log("got a dex:", dexfilebegin, dexfilesize)
            }
            if (this.artmethodptr != null) {
                var artmethodobj = new ArtMethod(dexfileobj, this.artmethodptr);
                if (artmethod_maps[this.artmethodptr] == undefined) {
                    artmethod_maps[this.artmethodptr] = artmethodobj
                }
            }
        }
    });
```

观察代码清单 2-9 会发现，frida_fart 针对二代抽取壳的解决方案，本质上使用的是 Frida 在 native 层 Hook 的基础 API——Interceptor.attach()。而代码中针对 dexFile 内存对象和 ArtMethod 内存对象的解析主要是利用 Frida 中的 Memory 读取内存相关的 API 多内存数据进行读写操作，而这些都是在原生的 Xposed 中无法想象的工作。

2.3 本章小结

本章主要介绍了在逆向工作中一个非常好用的工具 Frida，并介绍了一些 Frida 脚本编写的基础，同时还介绍了一款基于 Frida 开发的第三方工具 Objection 及其相应的基本操作。有了 Objection，App 测试过程中 Java Hook 工作几乎就被完全取代了，当然 Frida 脚本还能够做很多 Objection 中不能执行的操作，比如 native 函数的 Hook、Hook 篡改函数逻辑的工作等。在介绍完这些基础内容后，笔者以一种高屋建瓴的角度介绍了两种快速定位关键类的思路，区别于简单的字符串搜索，Frida 以丰富的 API 和强大的功能为这两种快速定位方案开辟了新气象，虽然 Frida 的稳定性有待商榷，但瑕不掩瑜，相信读者在本章中都能够有所收获。

第 3 章

Frida 脚本开发之主动调用与 RPC 入门

在逆向分析过程中,快速定位到算法的关键函数只是第一步。为了详细分析函数的流程与逻辑,往往还需要反复地调用这个关键的函数,而如果每次都依赖程序本身的逻辑,那么往往传入的参数每次都是变化的,这非常不利于逆向工作的进展,因此主动调用的意义也就出现了——通过传入可控的参数反复调试目标函数,最终确认其整体的逻辑与细节。当然,由于一些目标 App 的某些函数内部保护措施和逻辑十分复杂,也确实存在着无法在一定时间中得到预期目标的情况,这时如果想要获得函数的执行结果,使用主动调用和 RPC(远程过程调用)结合的方式不失为一种选择。本章将带领读者一起来领略主动调用与 RPC 的魅力。

3.1 Frida RPC 开发姿势

按照笔者推崇的 Frida 三板斧理论:先 Hook 定位关键逻辑,然后主动调用构造参数进行利用,最后通过 RPC 导出结果进行规模化调用。本节本应该先介绍主动调用的理论与方法,但考虑到后续知识的连贯性,因此这里先对 RPC 的一些使用方法进行介绍。

从 frida-python 看 RPC 开发

读者还记得在安装 Frida 时使用的是哪种方式进行安装的吗?没错,就是使用 pip 这一 Python 的包安装程序对 Frida 环境进行配置的。事实上,Frida 是一款基于 Python 和 JavaScript 的进程级 Hook 框架,其中 JavaScript 语言承担了 Hook 函数的主要工作,而 Python 语言的角色则相当于一个提供给外界的绑定接口,使用者可以通过 Python 语言将 JavaScript 脚本注入进程中,只是相比于命令行注入的方式,Python 通过代码注入的方式更加优雅。另外,官方也提供了通过 Python 远程外部调用 JavaScript 中的函数的方式,并在相应的项目仓库(项目地址:https://github.com/frida/frida-python)中提供了一些例子。本节将通过其中的一部分代码来介绍一些基础的 frida-python 远程过程调用的方式。

在正式介绍官方仓库的例子前，首先介绍一些通过 Python 实现 Frida 注入的基础知识：相对于命令行直接指定参数注入通过 USB 连接的手机进程，通过 Python 注入 Android 进程的方式步骤更加分明。

步骤 01 通过 Frida 获取特定设备。代码清单 3-1 分别展示了连接 USB 设备和网络设备的方式。

代码清单 3-1　获取设备

```
import frida
# 获取 USB 连接设备
device = frida.get_usb_device()
# 获取网络设备
device = frida.get_device_manager().add_remote_device('192.168.50.96:6666')
```

步骤 02 在获取到设备 device 后，与 Frida 通过命令行实现进程注入的两种方式——spawn 和 attach 对应，使用 Python 完成进程注入的方式同样也有两种。以注入"设置"应用为例，其代码如代码清单 3-2 所示。

代码清单 3-2　注入进程

```
# -*- coding: utf-8 -*-
import time
import frida

# spawn 方式注入进程
pid = device.spawn(["com.android.settings"]) # 注意这里 spawn 的参数是一个 list 类型的参数
device.resume(pid) # 唤起进程，也可以在通过 attach 函数注入进程后再调用
time.sleep(1) # 这里休眠是为了等待进程被完全唤起
session = device.attach(pid)

# attach 模式注入进程
session = device.attach("com.android.settings") # 直接通过指定包名进行进程注入
```

步骤 03 成功注入进程后，还需要最后一步：Hook 脚本的注入。这一步实际上就是将 JavaScript 脚本作为字符串或者字节流通过 Frida 提供的 API 加载进相应的进程 session 中。简单的 JavaScript hook 脚本通过 Python 注入的方式如代码清单 3-3 所示。

代码清单 3-3　注入脚本

```
import frida

script = session.create_script("""
setImmediate(Java.perform(function(){
    console.log("hello python frida");
}))
""") # 读入 Hook 脚本内容
script.load() # 将脚本加载进进程空间中
```

在代码清单 3-3 中，创建脚本的方式是通过读入一段代表 Hook 脚本的字符串。在真实地完成脚本的注入时，推荐将 JavaScript 脚本和 Python 代码分离，通过读文件的方式将脚本加载进进程中，

这样在编写脚本时有智能提示，而且可以单独使用命令行测试脚本的正确性，笔者通常使用如代码清单 3-4 所示的方式注入脚本。

代码清单 3-4　文件方式注入进程

```
with open("hook.js") as f:
    script = session.create_script(f.read())
script.load() # 将脚本加载进进程空间中
```

在介绍了通过 Python 注入脚本的基础知识后，让我们来正式了解一下 Frida 官方提供的一些例子。

笔者认为学习 RPC 实际上就是学习一些关于 JavaScript 脚本和 Python 进行交互的方式。

以 frida-python 仓库的 example 目录下的 rpc.py 脚本文件为例，这里将代码修改为适合 Android 应用的形式，具体内容如代码清单 3-5 所示。

代码清单 3-5　rpc.py

```
# -*- coding: utf-8 -*-
from __future__ import print_function
from frida.core import Session

import frida
import time

device = frida.get_usb_device() # 通过 USB 连接设备
# frida.get_device_manager().add_remote_device('192.168.50.96:6666')

pid = device.spawn(["com.android.settings"]) # spawn 方式注入进程

device.resume(pid)
time.sleep(1)

session = device.attach(pid)

script = session.create_script("""
rpc.exports = {
  hello: function () {
    return 'Hello';
  },
  failPlease: function () {
   return 'oops';
  }
};
""")
script.load() # 加载脚本
api = script.exports # 获取 rpc 导出函数
print("api.hello() =>", api.hello()) # 执行导出函数
print("api.fail_please() =>", api.fail_please()) # 执行导出函数
```

在确保手机使用 USB 数据线连接上计算机并且测试机上相应版本的 frida-server 正在运行后，直接通过 python 命令运行 rpc.py 脚本，其结果如图 3-1 所示。

图 3-1　rpc.py 执行结果

在代码清单 3-5 这个例子中，会发现如果想要在 Python 中调用 JavaScript 中的函数，首先需要在 JavaScript 中将相应函数写到 rpc.exports 这个字典中，在编写完成后，如果想要在 Python 中进行调用，只需先通过 script.exports 获取相应的导出函数字典，再通过相应的字典键值进行调用即可。

另外，细心的读者会发现，JavaScript 脚本中的 failPlease 键值在 Python 脚本中调用时，从最初的驼峰命名法（第一个单词以小写字母开始，从第二个单词开始以后的每个单词的首字母都采用大写字母）变成了下画线命名法（每个单词用下划线隔开并且单词都是小写）。简单来说，就是所有的 JavaScript 脚本中带大写字母的导出函数键值被替换为 "_" 加上相应小写字母的方式，对应代码清单 3-5 中 JavaScript 中的 failPlease 导出函数变成了 Python 中的 fail_please。

如果说 rpc.py 介绍的是在 Python 中远程主动调用 JavaScript 中的函数的方式，那么接下来要介绍的就是 JavaScript 主动向 Python 发送数据的方式。

以 examples 目录下的 detached.py 文件为例，其代码在修改为适配于 Android 应用后，具体内容如代码清单 3-6 所示。在运行脚本后，手动通过 adb 命令断开 USB 连接，运行结果如图 3-2 所示。

代码清单 3-6　detached.py

```python
# -*- coding: utf-8 -*-
from __future__ import print_function

import sys
import frida
import time


def on_detached():
    print("on_detached")

def on_detached_with_reason(reason):
    print("on_detached_with_reason:", reason)

def on_detached_with_varargs(*args):
    print("on_detached_with_varargs:", args)

device = frida.get_usb_device()
# frida.get_device_manager().add_remote_device('192.168.50.96:6666')

pid = device.spawn(["com.android.settings"])

device.resume(pid)
time.sleep(1)
session = device.attach(pid)

print("attached")
session.on('detached', on_detached) # 注入分离响应函数
session.on('detached', on_detached_with_reason) # 注入分离响应函数
```

```
session.on('detached', on_detached_with_varargs)  # 注入分离响应函数
sys.stdin.read()
```

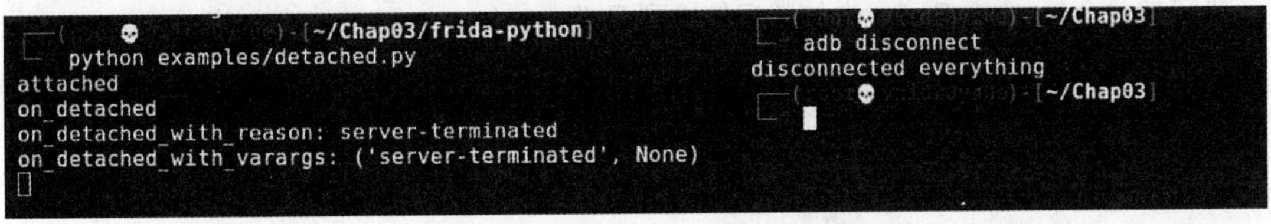

图 3-2 运行效果

观察图 3-2 会发现，打印出来的信息是 frida-server 进程终止导致的注入分离，而这个实现正是通过 session.on() 这个 API 指定 deatached 行为对应的处理函数打印出来的日志。

同样，读者如果研究 crash_report.py 文件代码，会发现相对于 detached.py，crash_report.py 只是多了一个针对进程崩溃的响应函数而已。但要注意的是，针对进程崩溃的响应函数是通过设备 device 添加的，而不是进程的 session（device.on()函数），其中 crash_report.py 中的主要代码如代码清单 3-7 所示。

代码清单 3-7　crash_report.py

```
def on_process_crashed(crash):
    print("on_process_crashed")
    print("\tcrash:", crash)

...
device = frida.get_usb_device()
# frida.get_device_manager().add_remote_device('192.168.50.96:6666')

pid = device.spawn(["com.android.settings"])

...

device.on('process-crashed', on_process_crashed)  # 进程崩溃响应函数

session = device.attach(pid)

# session = device.attach("Hello")
session.on('detached', on_detached)  # 注入分离响应函数
...
```

到这里，frida-python 中与 RPC 远程调用相关的代码差不多就介绍完毕了，当然 frida-python 的 examples 中远不止前面介绍的这些代码，比如脚本 child_gating.py 介绍了子进程的注入方式，bytecode.py 介绍了将脚本编译为字节码后再加载脚本的方式，inject_library 文件夹中的代码则介绍了手动向进程中注入一个动态库文件的方式，等等。因为这部分代码与本章 RPC 内容的相关性不大，故这里不再赘述，读者如果感兴趣，可以自行研究。

另外，在上一章中曾介绍过 ZenTracer 在 Trace 快速定位类方面的应用，但并未深究其代码细节，事实上在获取到 ZenTracer 全部代码后会发现，整个项目除去部分 UI 相关的代码，真实用于 Hook 的代码只有一个 traceClass() 函数，剩下的部分都是用于在 JavaScript 和 Python 界面之间的数据传递，数据的传递方式是通过 send 函数将 JavaScript 中的数据传输到 Python 用于接收信息的 FridaReceive

函数中。其具体代码如代码清单 3-8 和 3-9 所示。

代码清单 3-8　JavaScript 中的数据传输到 Python

```javascript
function log(text) {
    var packet = {
        'cmd': 'log',
        'data': text
    };
    send("ZenTracer:::" + JSON.stringify(packet)) // 向 Python 发送数据，与 Python 交互
}

function enter(tid, tname, cls, method, args) {
    var packet = {
        'cmd': 'enter',
        'data': [tid, tname, cls, method, args]
    };
    send("ZenTracer:::" + JSON.stringify(packet)) // 向 Python 发送数据，与 Python 交互
}

function exit(tid, retval) {
    var packet = {
        'cmd': 'exit',
        'data': [tid, retval]
    };
    send("ZenTracer:::" + JSON.stringify(packet)) // 向 Python 发送数据，与 Python 交互
}
```

代码清单 3-9　在 Python 中接收消息

```python
# 消息响应函数定义
def FridaReceive(message, data):
    if message['type'] == 'send':  # 接收 JS 中 send 函数传递的数据
        if message['payload'][:12] == 'ZenTracer:::':
            packet = json.loads(message['payload'][12:])  # 加载 JSON 文件
            cmd = packet['cmd']
            data = packet['data']
            if cmd == 'log':
                APP.log(data)
            elif cmd == 'enter':
                tid, tName, cls, method, args = data
                APP.method_entry(tid, tName, cls, method, args)
            elif cmd == 'exit':
                tid, retval = data
                APP.method_exit(tid, retval)
    else:
        print(message['stack'])  # 打印调用栈
...
def _attach(pid):
    if not device: return
    app.log("attach '{}'".format(pid))
    session = device.attach(pid)
    session.enable_child_gating()
    source = open('trace.js', 'r').read().replace('{MATCHREGEX}',
match_s).replace("{BLACKREGEX}", black_s)  # 通过字符串匹配修改 Js 文件 Hook 目标
```

```
script = session.create_script(source)
script.on("message", FridaReceive) # 消息响应函数
script.load()
scripts.append(script)
```

与代码清单 3-7 中使用 session.on('detached', on_detached)函数指定进程崩溃的响应函数相比，在代码清单 3-9 中则通过 script.on("message", FridaReceive)函数注册用于接收 message 信息的函数，做到了当 JavaScript 中调用 send 函数时，消息序列被发送到指定的 FridaReceive 函数中。另外，这里值得一提的是，ZenTracer 中利用 JavaScript 脚本以字符串的方式读入这一特点，直接通过特定字符串匹配后，替换的方式最终做到了对指定函数进行 Hook 的效果。当然其实这里不大推荐这种方式，笔者更推荐通过 RPC 调用的方式传递参数完成函数的 Hook，但不排除编写代码时存有一些特殊考虑，笔者限于水平并未发现。

ZenTracer 作者的另一个项目——FRIDA-DexDump 同样利用了很多 RPC 相关的知识，与 ZenTracer 相比，作者在这个项目中频繁地调用 JavaScript 中的一些导出函数，比如扫描内存中符合条件的 DEX 文件的函数 scandex()等。这里不再一一介绍，如果读者感兴趣，可以自行研究。

在 RPC 调用中还存在着一些与 send()相对应的函数，比如 wait()和 recv()这两个函数分别用于在 JavaScript 中阻塞线程和接收从 Python 中通过 script.post()函数传回的数据。由于这几个 API 笔者平时使用的频率并不是很高，这里不再展开介绍。

3.2 Frida Java 层主动调用与 RPC

在上一节中，我们一起学习了关于 Frida RPC 的一些基础知识。所谓万事俱备，只欠东风。在这一节中就来完善 Frida 三板斧的最后一环——主动调用，并结合之前所学的知识完整地展示三板斧的威力。

这里以笔者自己编写的一个 demoso1 工程为例进行介绍。demoso1 中存在着两个 native 函数在应用打开后被循环调用，其中 method01 是一个静态函数，用于对输入参数进行 AES/CBC/PKCS5Padding 加密后并返回，method02 是一个成员函数，用于将以 AES/CBC/PKCS5Padding 加密后的密文解密成明文并返回。二者的 Java 层声明与具体调用如代码清单 3-10 所示。

代码清单 3-10　AES 加解密函数

```
@Override
protected void onCreate(Bundle savedInstanceState) {
    ...
    while(true){
        try {
            Thread.sleep(1000);
        } catch (InterruptedException e) {
            e.printStackTrace();
        }
        Log.i("r0addmethod1", method01("roysue"));
        Log.i("r0addmethod2", method02(method01("roysue")));
    }
}
```

```
/**
 * AES 加密, CBC, PKCS5Padding
 */
public static native String method01(String str);

/**
 * AES 解密, CBC, PKCS5Padding
 */
public native String method02(String str);
```

有一定基础的读者一定知道如果 native 函数是静态注册的，其在 so 层最终生成的函数名是有一定规律的（以 Java_ 开头的导出函数），而这种静态注册方式非常不安全，因此这里利用 RegisterNatives() 函数对这两个函数进行了动态注册以加强安全性，具体动态注册相关的代码如代码清单 3-11 所示。

代码清单 3-11　在 JNI_Onload 中动态注册

```
#define NELEM(x) ((int) (sizeof(x) / sizeof((x)[0])))
...
JNIEXPORT jint JNI_OnLoad(JavaVM* vm, void* reserved){
    JNIEnv *env;
    vm->GetEnv((void **) &env, JNI_VERSION_1_6);
    JNINativeMethod methods[] = {
            ...
            {"method01", "(Ljava/lang/String;)Ljava/lang/String;", (void *) method01},
            {"method02", "(Ljava/lang/String;)Ljava/lang/String;", (void *) method02},
    };
    // 动态注册
    env->RegisterNatives(env->FindClass("com/example/demoso1/MainActivity"), methods, NELEM(methods));
    return JNI_VERSION_1_6;
}
```

最终项目运行后，App 部分日志打印如图 3-3 所示。

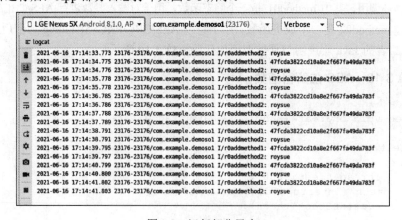

图 3-3　运行部分日志

在这一节中，笔者将从 Java 层和 so 层分别介绍 Frida 的主动调用方式与相应的 RPC 使用方式，并对比最终 RPC 的效率。

为了确定 method01 和 method02 函数在内存中参数和返回值的类型，这里首先使用上一章介绍的 Objection 来确认这两个函数的签名与调用情况。

首先在手机上成功运行 frida-server 和 demoso1 应用并使用 USB 线连接手机，待 Objection 成功注入目标进程后，运行如下两行命令列出并 Hook MainActivity 类中的所有函数，用于确认在内存中两个目标函数对应的函数签名和调用情况，最终结果如图 3-4 所示。

```
# android hooking list class_methods com.example.demoso1.MainActivity
# android hooking watch class com.example.demoso1.MainActivity
```

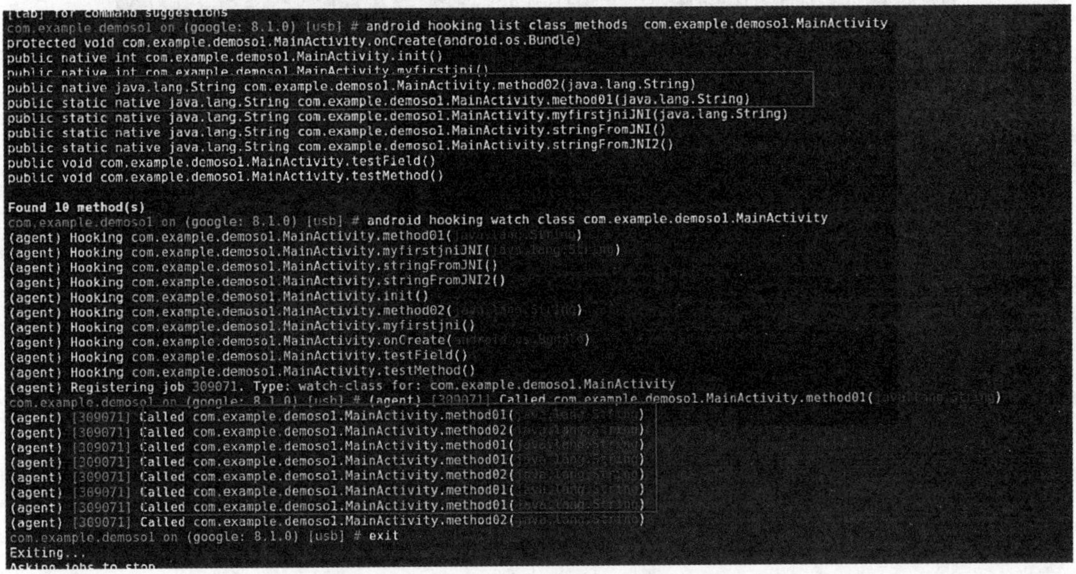

图 3-4　列出 MainActivity 类内存中的所有函数

根据图 3-4 确认内存中 method01 函数的签名后，接下来介绍静态函数 method01 的主动调用方式。

在 Objection 中确认 method01 函数被调用后，要通过代码进行函数的主动调用，笔者认为首先要通过代码写一个相应函数的 Hook 脚本。

之所以这样做，是因为在 Java 函数的 Hook 中存在一个主动调用的范本，这个范本能够使得后续的主动调用发生错误时有一个参考答案进行比对。笔者认为主动调用时最重要的实际上是参数的构造，而 Hook 中的主动调用一定是成功无疑的，因此主动调用其实就是构造和 Hook 时使用的参数类型一致的参数。让我们直接来看代码，其内容如代码清单 3-12 所示，最终 Hook 效果如图 3-5 所示。

代码清单 3-12　invoke.js

```
function hook(){
    Java.perform(function(){
        var MainActivity = Java.use("com.example.demoso1.MainActivity");
        MainActivity.method01.implementation = function(str){
            var result = this.method01(str); // Hook 时的主动调用
            console.log("str => ",str);
            console.log("result => ",result);
            return result;
        }
```

```
    })
}
```

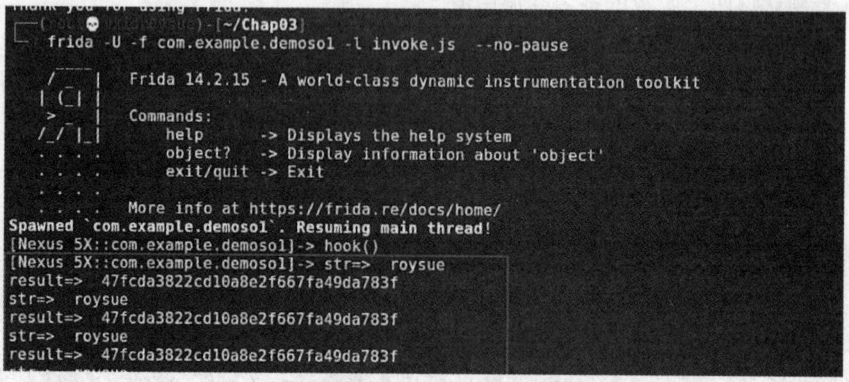

图 3-5　Hook 效果

在参照 Hook 脚本中的主动调用函数后，我们来写一个简单的主动调用脚本，调用 method01 函数对 r0ysue 字符串进行加密，其代码如代码清单 3-13 所示，最终主动调用的结果如图 3-6 所示。

图 3-6　method01()函数的主动调用结果

代码清单 3-13　invoke.js

```
function invokeMethod01(){
    Java.perform(function(){
        var MainActivity = Java.use("com.example.demoso1.MainActivity");
        var javaString = Java.use("java.lang.String")
        var plaintext = "r0ysue"
        var result = MainActivity.method01(javaString.$new(plaintext))
        console.log("plaintext => ",plaintext)
        console.log("result => ",result)

    })
}
```

为了节省篇幅，这里不再介绍 method02()函数的 Hook，我们直接介绍 method02()函数的主动调用。

在代码清单 3-13 中，要注意静态函数的主动调用只需要获取对应类的句柄，而如果我们依葫芦画瓢，同样写一个对实例函数 method02()的调用，就会发生错误：method02: cannot call instance method without an instance，其大意是指动态的实例函数只能通过相应的实例进行调用，而不是一个类句柄，具体报错如图 3-7 所示。

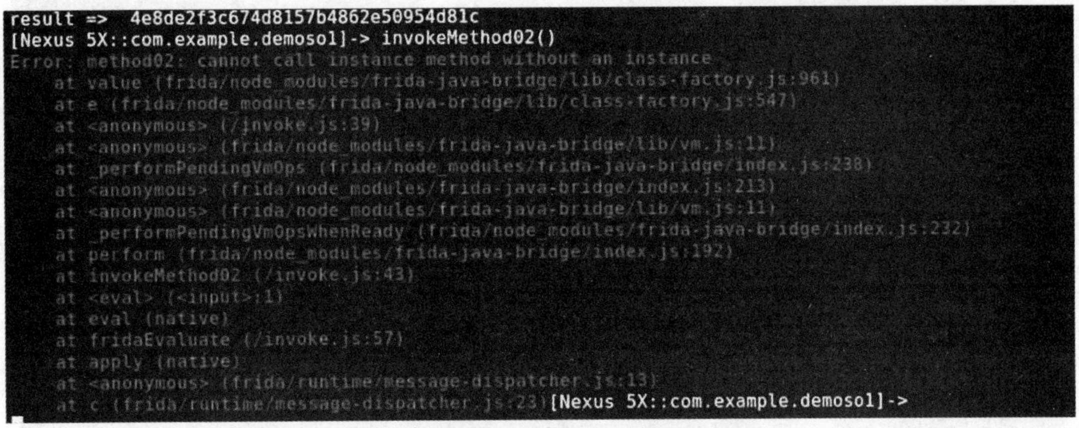

```
result => 4e8de2f3c674d8157b4862e50954d81c
[Nexus 5X::com.example.demoso1]-> invokeMethod02()
Error: method02: cannot call instance method without an instance
    at value (frida/node_modules/frida-java-bridge/lib/class-factory.js:961)
    at e (frida/node_modules/frida-java-bridge/lib/class-factory.js:547)
    at <anonymous> (/invoke.js:39)
    at <anonymous> (frida/node_modules/frida-java-bridge/lib/vm.js:11)
    at _performPendingVmOps (frida/node_modules/frida-java-bridge/index.js:238)
    at <anonymous> (frida/node_modules/frida-java-bridge/index.js:213)
    at <anonymous> (frida/node_modules/frida-java-bridge/lib/vm.js:11)
    at _performPendingVmOpsWhenReady (frida/node_modules/frida-java-bridge/index.js:232)
    at perform (frida/node_modules/frida-java-bridge/index.js:192)
    at invokeMethod02 (/invoke.js:43)
    at <eval> (<input>:1)
    at eval (native)
    at fridaEvaluate (/invoke.js:57)
    at apply (native)
    at <anonymous> (frida/runtime/message-dispatcher.js:13)
    at c (frida/runtime/message-dispatcher.js:23)[Nexus 5X::com.example.demoso1]->
```

图 3-7　method02()函数主动调用发生错误

自然而然地，我们会想到在上一章介绍的获取内存中实例的 API:Java.choose()。因此，最终 method02()函数一个简单的主动调用应当如代码清单 3-14 所示，主动调用的效果如图 3-8 所示。

代码清单 3-14　invoke.js

```
function invokeMethod02(){
    Java.perform(function(){
        Java.choose("com.example.demoso1.MainActivity",{
            onMatch:function(instance){
                var javaString = Java.use("java.lang.String")
                var ciphertext = "4e8de2f3c674d8157b4862e50954d81c"
                result = instance.method02(javaString.$new(ciphertext))
                console.log("ciphertext => ",ciphertext);
                console.log("result => ",result); // r0ysue
            },onComplete(){}
        })
    })
}
```

```
result => r0ysue
[Nexus 5X::com.example.demoso1]-> invokeMethod02()
ciphertext =>  4e8de2f3c674d8157b4862e50954d81c
result =>  r0ysue
[Nexus 5X::com.example.demoso1]->
```

图 3-8　method02()函数的主动调用结果

在成功测试主动调用后，接下来就是 Frida 三板斧的最后一步：RPC。

这里为了将主动调用提供为外部接口，因此还需要两步：

步骤 01 将所有的主动调用参数配置为 JavaScript 函数的参数并将主动调用的结果返回，以方便外部自定义参数进行主动调用，最终代码如代码清单 3-15 所示。

代码清单 3-15　invoke.js

```
function invokeMethod01(plaintext){
    var result;
    Java.perform(function(){
        var MainActivity = Java.use("com.example.demoso1.MainActivity");
        var javaString = Java.use("java.lang.String")
```

```
            result = MainActivity.method01(javaString.$new(plaintext))
            console.log("plaintext => ",plaintext)
            console.log("result => ",result)
        })
        return result;
    }
    function invokeMethod02(ciphertext){
        var result;
        Java.perform(function(){
            Java.choose("com.example.demoso1.MainActivity",{
                onMatch:function(instance){
                    var javaString = Java.use("java.lang.String")
                    result = instance.method02(javaString.$new(ciphertext))

                },onComplete(){}
            })
        })
        return result
    }
```

这里要注意的是，作为返回值的 result 变量需要定义在 Java.perform() 函数的外部，否则 result 变量在作为 JavaScript 函数返回时会被认为是未定义状态，如图 3-9 所示。

图 3-9　undefined 错误

步骤 02 在确认第一步修改的主动调用无误后，再将这两个主动调用的函数导出，具体代码如代码清单 3-16 所示。

代码清单 3-16　invoke.js

```
rpc.exports={
    method01:invokeMethod01,
    method02:invokeMethod02
}
```

至此，RPC 中属于 JavaScript 的部分已经完成。接下来写一个 Python 外部调用的脚本，结合在 3.1 节中所学的 RPC 知识，这里直接给出 Python 脚本，代码如代码清单 3-17 所示，最终运行 Python 脚本的结果如图 3-10 所示。

代码清单 3-17　invoke.py

```python
import time
import frida
import json

def my_message_handler(message , payload): #定义错误处理
    print(message)
    print(payload)
```

```python
# 连接安卓机上的frida-server
device = frida.get_usb_device()
#device = frida.get_device_manager().add_remote_device("192.168.0.3:8888")

# 启动demo01这个App
pid = device.spawn(["com.example.demoso1"])
device.resume(pid)
time.sleep(1)
session = device.attach(pid)
# 加载脚本
with open("invoke.js") as f:
    script = session.create_script(f.read())
script.on("message" , my_message_handler) #调用消息处理
script.load()
api = script.exports  # 获取导出函数列表

print('mehtod01 => encode_result: ' + api.method01("roysue"))  # 调用导出函数
print('mehtod02 => decode_result: ' +
api.method02("47fcda3822cd10a8e2f667fa49da783f"))

# 脚本会持续等待输入
input()
```

```
python invoke.py
mehtod01 => encode_result: 47fcda3822cd10a8e2f667fa49da783f
mehtod02 => decode_result: roysue
```

图 3-10 RPC 调用结果

至此，整个 Frida 三板斧的流程已经完全结束，但是单纯的 Python 批量调用还不够简单，如果可以直接通过浏览器访问批量调用就更完美了。因此，还可以通过为 Python 脚本添加 HTTP 外部调用来达到这一目的，笔者这里是使用 Flask 第三方包实现这一效果的，最终 Flask 的相关代码如代码清单 3-18 所示。

代码清单 3-18　invoke.py

```python
from flask import Flask, request
import json
app = Flask(__name__)

@app.route('/encrypt', methods=['POST']) # URL 加密
def encrypt_class():
    data = request.get_data()
    json_data = json.loads(data.decode("utf-8"))
    postdata = json_data.get("data")
    res = script.exports.method01(postdata)
    return res


@app.route('/decrypt', methods=['POST']) # Data 解密
def decrypt_class():
    data = request.get_data()
```

```
        json_data = json.loads(data.decode("utf-8"))
        postdata = json_data.get("data")
        res = script.exports.method02(postdata)
        return res
if __name__ == '__main__':
    app.run()
```

在确定 Flask 服务成功启动后，就可以通过访问网址获取加密结果，这里为了方便，直接使用 curl 命令完成对加密解密 URL 的访问，获取加密结果的 curl 命令如下，其结果如图 3-11 所示。

```
curl -X POST http://127.0.0.1:5000/encrypt -H "{Content-Type: application/json}" -d '{"data": "rOysue"}'
```

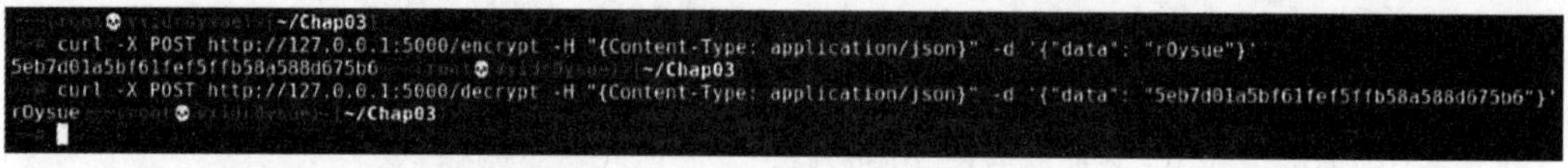

图 3-11 curl 的调用结果

如果想要进一步将这样的 RPC 变成批量化的集群调用，可以通过将本地端口通过 FRP/NPS 等内网映射到公网供外部调用，或者直接将手机所在端口映射到公网，当使用 Python 进行 RPC 远程调用时，直接选择连接网络设备的 API 进行访问即可。

当然，将设备映射到公网进行 RPC 批量集群调用的前提是这样的访问性能足够强劲，而性能则取决于多方面因素，包括手机性能、Frida 版本的稳定性、网络状况等都需要纳入考虑范围，这里在使用 Siege 高性能压力测试工具通过如下命令进行测试时，其结果并不总是尽如人意，当并发数量（-c 参数指定）达到 10，运行测试次数（-r 参数控制）达到 100 时，其响应效率仅能达到每秒 100 次左右，并且极其不稳定，其中两次的测试结果如图 3-12 所示。当然，这样的结果不排除是笔者所选的设备性能不够卓越以及相应 Frida 版本不太稳定导致的，因此仅供参考。

```
siege -c1 -r1 "http://127.0.0.1:5000/encrypt POST < iloveroyse.json"
```

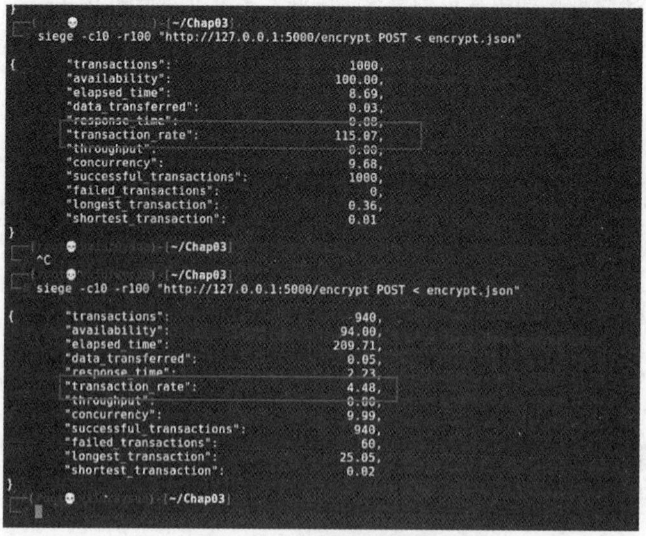

图 3-12 Siege 测试结果

另外，在测试过程中发现，相比 method01()函数的 RPC 调用速率，method02()函数的调用速率总是比较慢，这是因为 Java.choose()这个函数本身非常耗时，每次调用函数 method02()都会在内存中重新搜索实例，这样的操作需要尽可能避免。由于这里样本 App 的特殊性，只要 App 不退出，MainActivity 对象就会始终存在于内存中，因此这里将 Java.choose()搜索实例的部分抽取到外部，并将搜索到的实例保存为外部全局变量，以便后续进行 RPC 调用，最终修改后的代码如代码清单 3-19 所示。

代码清单 3-19　invoke.js

```
var MainActivityObj = null;
Java.perform(function(){
    Java.choose("com.example.demoso1.MainActivity",{
        onMatch:function(instance){
            MainActivityObj = instance;
        },onComplete(){}
    })
    console.log("MainActivityObj is => ",MainActivityObj)
})
function invokeMethod02(ciphertext){
    var result;
    Java.perform(function(){
        var javaString = Java.use("java.lang.String")
        result = MainActivityObj.method02(javaString.$new(ciphertext))
    })
    return result;
}
```

经过这样的修改，最终调用解密函数的性能得到了很大的改善。事实上，这里选取了一种取巧的方法，如果在其他的 App 中，一旦事先保存的对象被系统进行垃圾回收，后续的 RPC 调用就完全得不到想要的结果。那么碰到这种情况怎么办呢？遇到这种情况，可使用下一节介绍的另一种主动调用方案来解决。

3.3　Frida Native 层函数主动调用

在上一节的最后，笔者提出了一种解决由于 Java.choose()这个 API 导致解密方法 method02 函数调用效率过低问题的方案，但是这种解决方案实际上是投机取巧的：测试的样本 App 中相应对象一定不会被释放。在其他 App 中，类对象的回收是非常正常且频繁的，一旦目标类对象被堆进行垃圾回收，那么相应的动态函数解密方式就会完全失效。

这里要注意的是，两个目标函数 method01()和 method02()其实都是 native 函数，如果将函数的主动调用放到 Native 层呢？事实上，如果是 native 函数的主动调用，那么完全不会存在动态实例释放的问题。在 Native 层中，无论是动态的实例函数 method02()还是静态函数 method01()，其实都会被当成普通函数处理。接下来将介绍 native 函数的主动调用。

要完成 native 函数的主动调用，笔者同样坚持 Frida 三板斧的思想。

要 Hook 相应的函数，首先要找到 Java 函数在 Native 层对应的函数符号。在 Native 层要找到相应的函数符号，最终通过函数符号找到对应的函数地址。这时主要存在两种情况：一种情况是，如果是静态注册的 JNI 函数，其对应的 Native 层函数符号只需要在原本的 Java 函数名前加上 Java_<

完整类名>_即可,比如在样本 App 中的 stringFromJNI 函数是静态注册的,而该函数所在完整类名为 com.example.demoso1.MainActivity,因此其对应的 Native 层函数签名即为 Java_com_example_demoso1_MainActivity_stringFromJNI,最终针对该函数在 Native 层的 Hook 代码如代码清单 3-20 所示。

代码清单 3-20　Hook 静态注册的 JNI 函数

```
function hookmethod(){
    var stringFromJNI= Module.findExportByName('libnative-lib.so',
                    'Java_com_example_demoso1_MainActivity_stringFromJNI')
    Interceptor.attach(stringFromJNI,{
        onEnter:function(args){
            // do something
        },onLeave: function(retval){
            // do something
        }
    })
}
```

当然,如果读者不确定函数的符号,可以通过 Objection 的如下命令直接查看导出的符号列表,最终在列出的函数中根据 stringFromJNI 函数名进行搜索以得到对应的函数符号,如图 3-13 所示。

```
# memory list exports <mmodule_name>
```

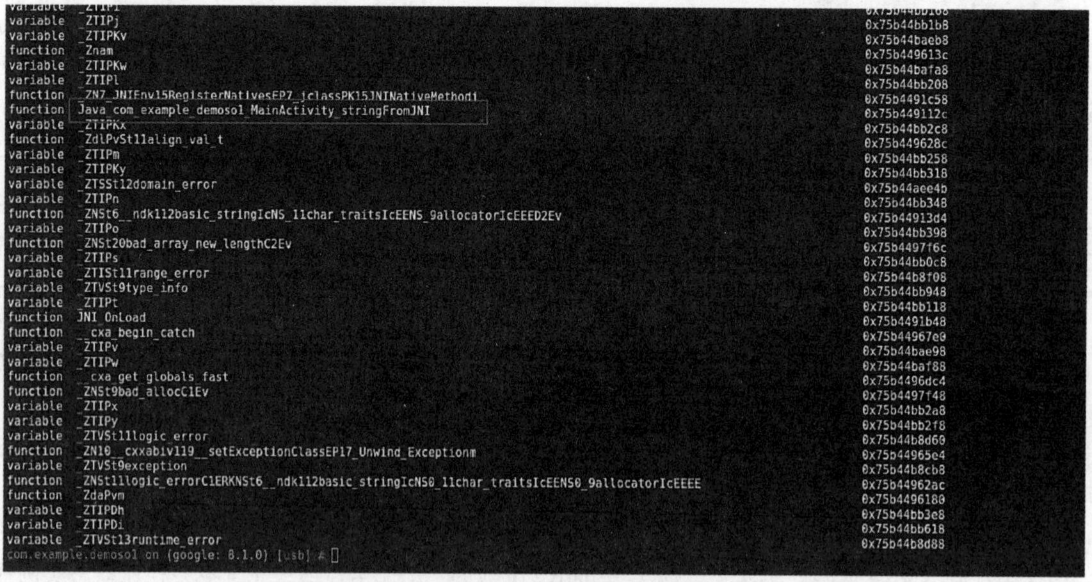

图 3-13　Objection 列出的模块导出函数

另一种情况是,如果函数是动态注册的,可以使用 frida_hook_libart 项目（对应项目地址为 https://github.com/lasting-yang/frida_hook_libart）中的 hook_RegisterNatives.js 脚本获取动态注册后的函数所在的地址,如图 3-14 所示。

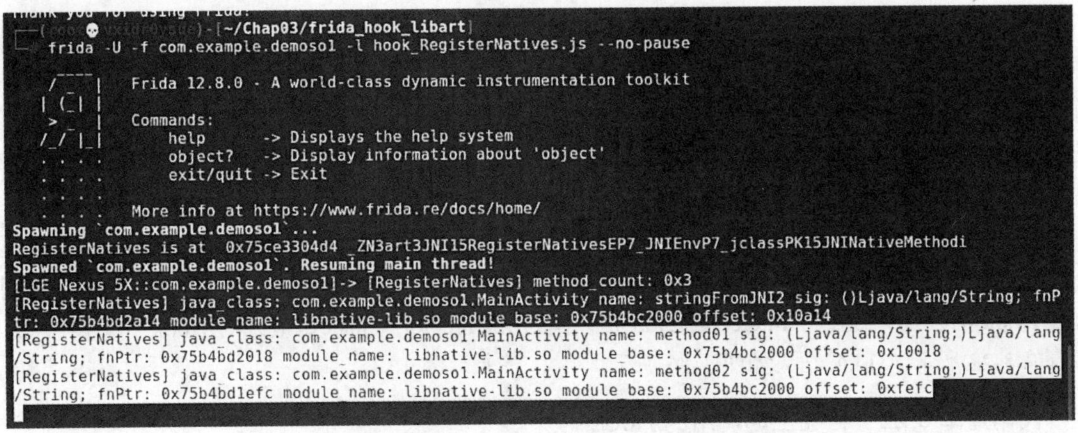

图 3-14 hook_RegisterNatives 确定函数偏移

以 method01()为例，该函数通过该脚本找到的最终的 native 函数地址偏移分别为 0x10018，因此得到最终的 Hook 脚本如代码清单 3-21 所示，Hook 的最终结果如图 3-15 所示。

代码清单 3-21　Hook 函数 method01()

```
function hook_native_method(addr){
    Interceptor.attach(addr,{
        onEnter:function(args){
            console.log("args[0]=>",args[0])  // JNIEnv*
            console.log("args[1]=>",args[1])  // jclass
            console.log("args[2]=>",
                Java.vm.getEnv().getStringUtfChars(args[2], null)
                                .readCString())  // 调用jni函数,参考`frida-java-bridge`
        },onLeave:function(retval){
            console.log('result => ',
                Java.vm.getEnv().getStringUtfChars(retval, null)
                                .readCString())
        }
    })
}
function hookmethod01(){
    var base = Module.findBaseAddress('libnative-lib.so')
    var method01_addr  = base.add(0x10018)
    hook_native_method(method01_addr)
}
```

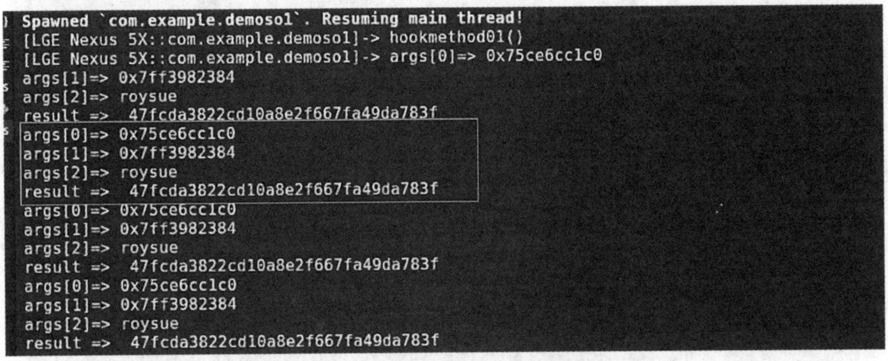

图 3-15　Hook method01()函数

观察代码清单 3-21 和图 3-15，会发现这里并没有直接打印参数和结果，而是通过 Java.vm.getEnv() 获取 JNIEnv* env 参数最终调用 JNI 函数 GetStringUtfChars()，从而得到存储相应字符串的地址，并通过 readCString() 函数获取相应的字符串，这部分其实是因为 Java 中的 String 参数到 Native 层中变成了 JString 对象，因此要获取其实际内容，还得通过开发中的方式进行获取。在 Frida 中，JNI 函数的使用方式参见 https://github.com/frida/frida-java-bridge/blob/master/lib/env.js，这里不再赘述。

另外，对比代码清单 3-21 和 3-12 中 Hook 函数的方式，细心的读者一定会发现，在 Native 层中使用 Interceptor.attach 这个 API 的 Hook 方式并没有涉及函数的主动调用，这里为了与 Java 层中函数 Hook 的方式一致，将 Interceptor.attach 替换为 Interceptor.replace，最终的 Hook 脚本内容如代码清单 3-22 所示，Hook 结果如图 3-16 所示。

代码清单 3-22　存在主动调用的 Hook

```
function replacehook(addr){
    // 根据地址得到
    var addr_func = new NativeFunction(addr,'pointer',['pointer','pointer','pointer']);
    Interceptor.replace(addr,new NativeCallback(function(arg1,arg2,arg3){
        // 确定主动调用可以成功，只要参数合法，地址正确
        var result = addr_func(arg1,arg2,arg3)  // <== 主动调用
        console.log('arg3 =>', Java.vm.getEnv().getStringUtfChars(arg3,null).readCString() )

        console.log("result is ",Java.vm.getEnv().getStringUtfChars(result,null).readCString())
        return result;
    },'pointer',['pointer','pointer','pointer']))
}
function hookmethod01(){
    var base = Module.findBaseAddress('libnative-lib.so')
    var method01_addr = base.add(0x10018)
    replacehook(method01_addr)
}
```

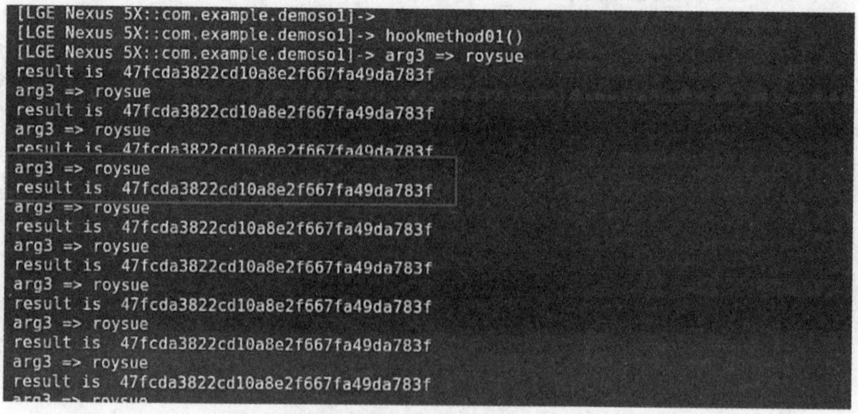

图 3-16　Hook method01() 函数

在确定函数能够被 Hook 后，基于代码清单 3-22 中的主动调用部分，最终写出 method01 函数的主动调用方法如代码清单 3-23 所示。

代码清单 3-23　method01 函数的主动调用

```
function invoke_func(addr,contents){
    var result = null;
    var func = new NativeFunction(addr,'pointer',['pointer','pointer','pointer']); // new 一个 native 函数
    Java.perform(function(){
        var env = Java.vm.getEnv();
        console.log("contents is ",contents);
        var jstring =  env.newStringUtf(contents);
        result = func(env,ptr(1),jstring);
        // console.log("result is =>",result)
        result = env.getStringUtfChars(result, null);
    })
    return result;
}
function invoke_method01(){
    var base = Module.findBaseAddress('libnative-lib.so')
    var method01_addr  = base.add(0x10018)
    var result  = invoke_func(method01_addr,"r0ysue")
    console.log("result is ",result.readCString())
}
```

在这个主动调用的脚本中，有以下几个需要注意的地方：

（1）在 JNI 函数中，第一个参数一定是 JNIEnv 的指针，第二个参数取决于对应 JNI 函数在 Java 层中是静态还是动态函数，分别对应 jclass 类型和 jobject 类型，用于指示函数在 Java 层中的类或者实例对象。这两个参数在主动调用时都需要进行构造，其中 JNIEnv 的指针可以通过 Java.vm.getEnv() 进行构造，而第二个参数由于在函数中并没有使用到，因此可以任意传递相同类型的数据，这里使用 ptr(1) 构造了一个指针。而如果第二个参数在 JNI 函数中被使用，就需要通过 env 对象进行构造，至于如何构造，读者可以自行研究实现。

（2）由于函数在主动调用时使用了 Java.vm.getEnv() 这个 API，因此需要包裹在 Java.perform() 中。最终主动调用 method01() 函数的结果如图 3-17 所示。

图 3-17　method01 函数的主动调用结果

在确认能够主动调用后，便可以按照 Java 函数主动调用的方式对 native 函数进行导出，并配置最终的 RPC 和批量调用，这里不再赘述。

最后，笔者还要介绍一种脱离特定 APK 加载对应模块并调用 native 函数的方式。同样，以样本 APK 中的 method01() 函数为例进行介绍。

要做到这一点,首先需要解压相应 APK 将目标函数所在模块导出,再通过 ADB 工具推送到 /data/app 目录下,并以 Root 用户身份赋予相应模块所有权限,最终效果如图 3-18 所示。

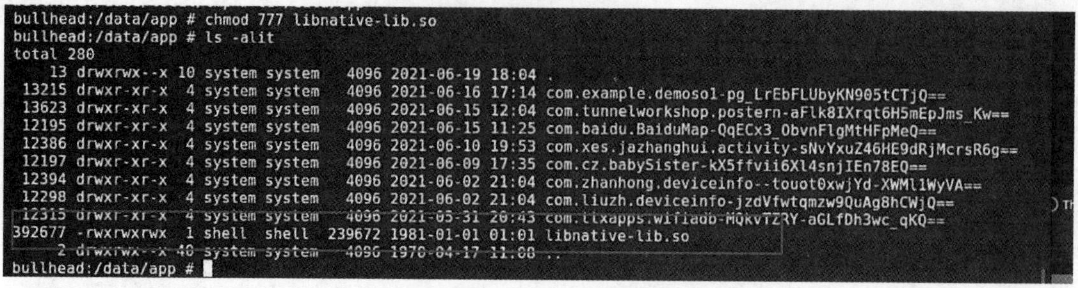

图 3-18　libnative-lib.so 模块权限

在确认相应模块的权限后,便可以通过 Frida 所提供的 Module.load() 函数对该模块进行加载并执行其中的函数,最终主动调用 method01() 函数的代码如代码清单 3-24 所示。

代码清单 3-24　主动加载模块并调用其中的函数

```
function invoke_method01_1(){
    var base = Module.load('/data/app/libnative-lib.so').base
    var method01_addr = base.add(0x10018)
    var result = invoke_func(method01_addr,"r0ysue")
    console.log("result is ",result.readCString())
}
```

此时无论注入任何应用,method01 函数都可以成功被调用,比如这里注入"设置"应用,主动调用 method01() 函数的结果如图 3-19 所示。

图 3-19　注入"设置"应用主动调用 method01() 函数的结果

当然,这里介绍的是一种简单的模块脱离具体 App 进行调用,真实的情况是在脱离具体 App 进行模块函数调用时往往会发生各种问题,比如签名校验、Native 层调用 Java 函数等,而这些就需要逆向工程师进一步研究和绕过了。

3.4　本章小结

本章主要介绍了利用 Frida 进行函数主动调用以及 RPC 的方式,在笔者始终坚持的 Frida 三板斧的理念中,这两个部分的存在至关重要。Frida 提供的主动调用方式给使用者复现固定参数下的函数执行流程提供了一种方式,这为可能耗时漫长的逆向调试分析排除了因为不同参数导致的不同执行流程对算法还原造成的阻碍,而 RPC 和主动调用的结合一方面能够多次调用以验证算法还原的正确性,另一方面还避免了项目在规定时间内无法完成逆向要求的尴尬。另外,在这一章中还介绍了一些 Frida 的 API 使用方式,相信借助这一章的学习,读者能够进一步认识到 Frida 的强大之处。

第 4 章

Frida 逆向之违法 App 协议分析与取证实战

在之前的章节中，介绍了 Frida 的使用方法以及在实践中的应用，还介绍了两种使用 Frida 快速定位关键类的方式。本章将以两个违法的样本为例，通过对两个 App 某些关键协议的分析过程，带领读者更加深入地了解 Frida 工具的使用与 Hook 三板斧的思想。

4.1 加固 App 协议分析

本节将以样本"移动 TV"为例，通过登录协议的分析介绍分析人员在逆向过程中从最初的数据抓取到最后脱离 App 进行利用的全过程。

4.1.1 抓包

在 Android App 的逆向分析中，抓包通常是指通过一些手段获取 App 与服务器之间传输的明文网络数据信息，这些网络数据信息往往是分析的切入点，通过抓包得到的信息往往可以快速定位关键接口函数的位置，为从浩如烟海的代码中找到关键的算法逻辑提供便利。甚至可以说如果连包都抓不到，那么后续的逆向分析也就无从谈起了。

一般来说，要抓取 Android App 的数据包，通常采取中间人抓包的形式。分析人员通过在手机上设置代理，将手机上的流量数据转发到计算机上的代理软件后再完成上网，这样就可以实现在计算机上监听手机上流量数据的效果。因为中间人抓包的方式无法应对 App 采用加密协议（比如 HTTPS 等）进行通信的情况，因此逆向人员还需将代理软件自身的证书导入手机系统并加入证书信任列表中；同时，如果 App 连用户添加到系统中的证书都不信任，那么分析人员还需要通过一些手段将添加的证书从用户信任区移动到系统信任列表中。

通常在使用中间人的方式进行抓包时，有些分析人员可能会采用如图 4-1 所示的在"设置"应用中设置 WiFi 代理的方式完成数据的转发。但是这种配置代理的方式，一方面无法处理非 HTTP(S) 数据通信（比如 WebSocket 等协议）的数据转发；另一方面 WiFi 代理方式经常被 App 代码检测或绕过，比如代码清单 4-1 中这样的 API 会直接获取当前网络代理状况，进而导致最终抓不到数据包。因此，这里推荐使用 VPN 代理方式。

代码清单 4-1 对抗抓包

```
System.getProperty("http.proxyHost");
System.getProperty("http.proxyPort");
```

相对于 WLAN 直接从应用层设置代理的方式，VPN 代理则是通过虚拟出一个新的网卡并修改手机路由表的方式完成网络通信的。这样做不仅可以绕过如代码清单 4-1 这种方式的检测，而且 VPN 代理的方式能够抓取的数据包更加全面和完整。虽然也存在一些对抗 VPN 代理的方式，但是这样的方式相对较少，也比较容易绕过。

在选择 VPN 代理工具时，笔者推荐 Postern，通过 Postern 可以自定义设置服务器地址与端口，同时还支持选择代理类型，如图 4-2 所示。

图 4-1　WiFi 代理　　　　　　图 4-2　VPN 代理

要注意的是，在选择图 4-2 中的代理类型时，建议使用 SOCKS5 而不是 HTTP/HTTPS，这是因为相对于使用 HTTP/HTTPS 代理类型，SOCKS5 代理工作于网络 7 层模型的传输层，它比工作在应用层的 HTTP/HTTPS 代理能够观察到更多的协议信息。

另外，与之对应的，在计算机上的代理工具这里选择的是 Charles 软件，其代理模式也要选择为 SOCKS 模式，如图 4-3 所示。

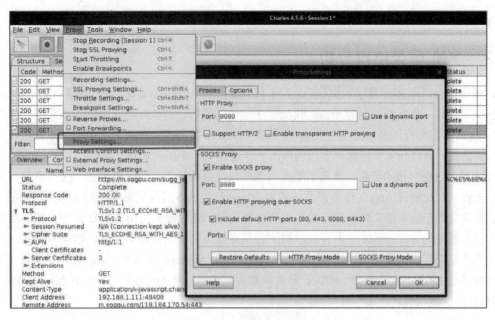

图 4-3　Charles 设置为 SOCKS 模式

当手机上的 Postern 代理及抓包软件 Charles 正确配置后，如果手机和运行 Charles 的计算机能够顺利 Ping 通（用于确认手机和计算机能够相互连通），那么 Android 手机上的网络通信数据包就会成功地被 Charles 拦截。最终配置完成后的样本"移动 TV"的登录数据包如图 4-4 所示。

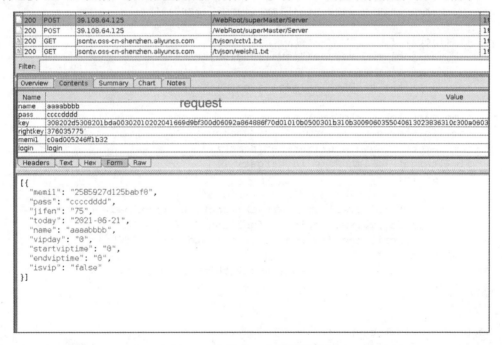

图 4-4　"移动 TV"登录数据包

本小节并未仔细介绍添加代理软件证书到系统信任区以及 Postern 和 Charles 的使用方式。读者若想了解其中的细节，可参考笔者的另一本书《安卓 Frida 逆向与抓包实战》，其中关于抓包的配置单独列出了一章进行讲述，这里限于篇幅以及本书的定位，不再详细描述。

4.1.2 注册/登录协议分析

在多次成功抓取 App 登录数据包后，为了达到最终脱机利用的目的，观察图 4-4 的 request 请求数据包中的参数，会发现其中的 name 和 pass 字段就是我们在测试时输入的用户名和密码的明文组合，而 login 字段对应的名称固定为 login 字符串。其他参数的含义如果只是抓取到数据包，是无法百分百确定的，因此还需要对这些字段的形成方式进行进一步的分析。

要完成对这些字段的分析，通常需要先找到字段形成的地方。如果读者在学习本章前一直是通过静态分析工具反编译 App 文件进而通过搜索特征字符串的方式找到形成相应字段的代码的，那么一定会经常被多个搜索结果所干扰。为了避免这种情况，建议读者使用在第 2 章中介绍的其中一种快速定位关键类的方式——基于内存枚举的关键类定位方案以加快逆向速度。这里基于用户登录一定要单击"登录"按钮这一特性，而按钮控件 Button 在 Android 中属于 View 类的继承类，因此理论上可以通过 Hook View 类的 onClick 函数快速得到当前控件 onClick 函数所在类，代码清单 4-2 hookEvent.js 就是这种理论的一种实现。

代码清单 4-2　hookEvent.js

```
var jclazz = null;
var jobj = null;
function getObjClassName(obj) {
    if (!jclazz) {
        var jclazz = Java.use("java.lang.Class");
    }
    if (!jobj) {
        var jobj = Java.use("java.lang.Object");
    }
    return jclazz.getName.call(jobj.getClass.call(obj));
}
function watch(obj, mtdName) {
    var listener_name = getObjClassName(obj);
    var target = Java.use(listener_name);
    if (!target || !mtdName in target) {
        return;
    }
    target[mtdName].overloads.forEach(function (overload) {
        overload.implementation = function () {
            console.log("[WatchEvent] " + mtdName + ": " + getObjClassName(this))
            return this[mtdName].apply(this, arguments);
        };
    })
}
function OnClickListener() {
    Java.perform(function () {
        //以 spawn 启动进程的模式来注入
        Java.use("android.view.View").setOnClickListener.implementation = function (listener) {
```

```
            if (listener != null) {
                watch(listener, 'onClick');
            }
            return this.setOnClickListener(listener);
        };

        //如果Frida以attach的模式进行注入
        Java.choose("android.view.View$ListenerInfo", {
            onMatch: function (instance) {
                instance = instance.mOnClickListener.value;
                if (instance) {
                    console.log("mOnClickListener name is :" + getObjClassName(instance));
                    watch(instance, 'onClick');
                }
            },
            onComplete: function () {
            }
        })
    })
}
setImmediate(OnClickListener);
```

在使用 Frida 注入样本 App 并单击"登录"按钮后，最终效果如图 4-5 所示，从而得到该控件所在类为 com.cz.babySister.activity.LoginActivity。

图 4-5　单击"登录"按钮得到控件所在类

在得到控件所在的类后，要继续得到具体的业务代码，就需要了解静态分析的流程，通过反编译结果得到具体的代码细节。但不幸的是，笔者在反编译时发现这个样本竟然是加固状态，庆幸的是，现有的很多脱壳工具可以解决这个问题，比如一代脱壳工具 dexdump，二代抽取壳脱壳工具 Frida_fart、FART，等等。

在完成脱壳后，重新使用 Jadx 打开脱壳后的 DEX 文件定位到 LoginActivity 类以及相应的 onClick 函数，代码的大致逻辑如图 4-6 所示，可以发现输入的用户名和密码都被当作参数传递给 b() 函数了。

```
        private SharedPreferences t;

    public void onClick(View view) {
1       if (view.getId() == 2131230865) {
2           this.m.setText("");
        }
3       if (view.getId() == 2131230868) {
4           this.n.setText("");
5       } else if (view.getId() == 2131230863) {
6           this.k.hideSoftInputFromWindow(view.getWindowToken(), 0);
7       } else if (view.getId() == 2131230862) {
8           String trim = this.n.getText().toString().trim();
9           String trim2 = this.m.getText().toString().trim();
10          if ("".equals(trim)) {
11              Toast.makeText(this, "用户名不能为空!", 0).show();
12          } else if ("".equals(trim2)) {
13              Toast.makeText(this, "密码不能为空!", 0).show();
            } else {
14              this.k.hideSoftInputFromWindow(view.getWindowToken(), 0);
15              c("");
16              b(trim, trim2);
            }
17      } else if (view.getId() == 2131230866) {
18          this.k.hideSoftInputFromWindow(view.getWindowToken(), 0);
19          Intent intent = new Intent();
20          intent.setClass(this, RegisterActivity.class);
21          startActivity(intent);
22      } else if (view.getId() != 2131230860) {
        } else {
23          if (this.s) {
24              this.s = false;
25              this.r.setImageResource(R$mipmap.icon_photo_selected2);
27              return;
            }
26          this.s = true;
27          this.r.setImageResource(R$mipmap.icon_photo_selected1);
        }
    }
```

图 4-6　onClick 函数逻辑

为了印证静态分析的正确性，再次使用 Objection 注入应用并使用如下命令针对 b() 函数进行 Hook，最终在再次单击"登录"按钮后，Objection 的 Hook 结果如图 4-7 所示，其中 aaaabbbb 和 ccccdddd 分别是输入的用户名和密码。

```
# android hooking watch class_method com.cz.babySister.activity.Login
Activity.b --dump-args --dump-backtrace --dump-return
```

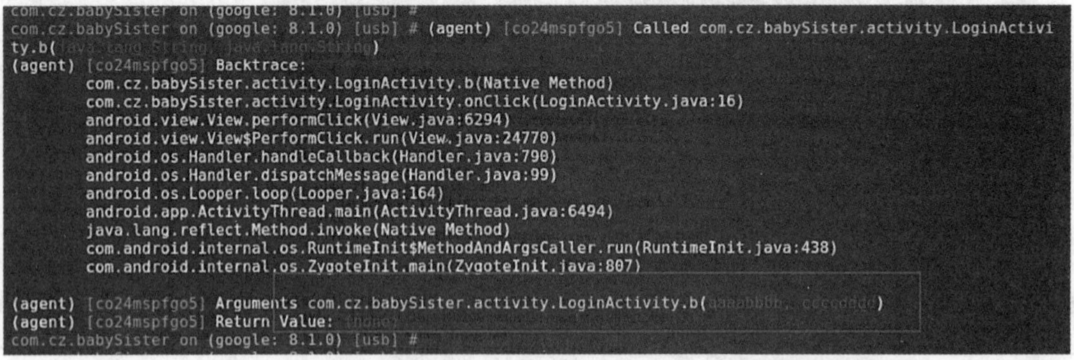

```
com.cz.babySister on (google: 8.1.0) [usb]
com.cz.babySister on (google: 8.1.0) [usb] # (agent) [co24mspfgo5] Called com.cz.babySister.activity.LoginActivi
ty.b(java.lang.String, java.lang.String)
(agent) [co24mspfgo5] Backtrace:
    com.cz.babySister.activity.LoginActivity.b(Native Method)
    com.cz.babySister.activity.LoginActivity.onClick(LoginActivity.java:16)
    android.view.View.performClick(View.java:6294)
    android.view.View$PerformClick.run(View.java:24770)
    android.os.Handler.handleCallback(Handler.java:790)
    android.os.Handler.dispatchMessage(Handler.java:99)
    android.os.Looper.loop(Looper.java:164)
    android.app.ActivityThread.main(ActivityThread.java:6494)
    java.lang.reflect.Method.invoke(Native Method)
    com.android.internal.os.RuntimeInit$MethodAndArgsCaller.run(RuntimeInit.java:438)
    com.android.internal.os.ZygoteInit.main(ZygoteInit.java:807)

(agent) [co24mspfgo5] Arguments com.cz.babySister.activity.LoginActivity.b(aaaabbbb, ccccdddd)
(agent) [co24mspfgo5] Return Value: (none)
com.cz.babySister on (google: 8.1.0) [usb] #
```

图 4-7　b() 函数的 Hook 结果

在确定是 b() 函数传递用户名和密码后，通过静态分析跟踪其实现，并通过 Hook 一一验证，最终确定参数形成的具体位置（如代码清单 4-3 所示）。其中变量 StringResource.URL 为 http://39.108.64.125/WebRoot/superMaster/Server，对比图 4-4 会发现其实就是登录网址。

代码清单 4-3　登录签名形成关键函数

```java
class q implements Runnable{
    ...
    public void run(){
        String e = LoginActivity.e(this.c);
        String b2 = this.c.b();
        String a2 = BaseActivity.a((Context) this.c);
        String a3 = a.a(StringResource.URL, "name=" + this.name + "&pass=" + this.pass + "&key=" + b2 + "&rightkey=" + a2 + "&memi1=" + e + "&login=login");
        if (a3 == null || "".equals(a3)) {
            LoginActivity.a(this.c, "登录失败!");
            return;
        }
        ...
    }
}
// b2 key 的实现
public String b() {
    try {
        Signature[] signatureArr = getPackageManager().getPackageInfo(getPackageName(), 64).signatures;
        StringBuilder sb = new StringBuilder();
        for (Signature signature : signatureArr) {
            sb.append(signature.toCharsString());
        }
        return sb.toString();
    } catch (PackageManager.NameNotFoundException e2) {
        e2.printStackTrace();
        return "";
    }
}
// a2 rightkey 形成方式
public static String a(Context context) {
    for (PackageInfo packageInfo : context.getPackageManager().getInstalledPackages(64)) {
        if (packageInfo.packageName.equals(context.getPackageName())) {
            try {
                CertificateFactory instance = CertificateFactory.getInstance("X.509");
                ByteArrayInputStream byteArrayInputStream = new ByteArrayInputStream(packageInfo.signatures[0].toByteArray());
                byteArrayInputStream.close();
                return ((X509Certificate) instance.generateCertificate(byteArrayInputStream)).getSerialNumber().toString().trim();
            } catch (Exception e2) {
                e2.printStackTrace();
            }
        }
    }
    return "123";
}
// e memi1 形成函数
public String d() {
    try {
```

```
            String string = Settings.Secure.getString(getContentResolver(),
"android_id");
            if (string == null || "".equals(string)) {
                return "0";
            }
            return string;
        } catch (Exception e) {
            e.printStackTrace();
            return "0";
        }
    }
```

继续跟踪代码就会发现，实际上变量 b2 即 key 字段，对应的是 App 的签名，变量 a2 即 rightkey 字段，对应的是 App 部分签名数据，而变量 e 即 memi1 字段，对应的是 android_id。最终发现实际上除了用户名和密码外，其他参数都是固定值，因此如果想要脱离 App 完成用户的登录行为十分简单，只需要输入正确的用户名和密码再传入固定的 memi1、rightkey 和 key 参数即可。

同样，读者可以按照上述分析的逻辑继续分析样本 App 的注册等业务，最终笔者编写了一段 Python 代码用于脱机实现注册与登录操作，其代码内容如代码清单 4-4 所示。图 4-8 是注册一个新账号及登录获取到个人信息的结果。

代码清单 4-4　invoke.py

```python
import base64
import time

import requests
requests.packages.urllib3.disable_warnings()

class tv:
    def __init__(self):
        self.root = 'http://39.108.64.125/WebRoot/superMaster/Server'
        self.memi1 = "0ae7635c6a9a0942"
        # APK 签名：可写可不写，签名的头部都是 3082
        self.rightkey = "376035775"

        self.key = "..." # key 太长了，这里省略，可直接参考附件代码

    def post(self, data=None):
        if data is None:
            data = {}
        return requests.post(url=self.root, data=data)

    def query(self, name, password):
        ret = self.post({'name': name, 'pass': password})
        print("query result is : ")
        print(ret.content.decode('utf-8'))

    def register(self, name, password):
        ret = self.post({'name': name, 'pass': password, 'memi1': self.memi1,
                         'key': self.key, 'rightkey': self.rightkey, 'register':
'register'})
        print("Register response data: ")
        print(ret.content.decode('utf-8'))
```

```python
    def login(self, name, password):
        ret = self.post({'name': name, 'pass': password, 'memi1': self.memi1,
                        'key': self.key, 'rightkey': self.rightkey, 'login': 'login'})
        print("Login response data: ")
        print(ret.content.decode('utf-8'))

    def updateSocre(self, name, password, jifen):
        t = int(round(time.time() * 1000))
        sign = base64.b64encode(str(5 * t).encode('utf-8')).decode('utf-8')
        ret = self.post({'name': name, 'pass': password,
                        'jifen': jifen, 'time': t, 'sign': sign})
        print("UpdataScore response data: ")
        print(ret.content.decode('utf-8'))


if __name__ == "__main__":
    tv = tv()

    # 注册账号

    print(tv.register("aaaabbbb4", "ccccdddd4"))

    # time.sleep(3)

    # 登录账号
    print(tv.login("aaaabbbb4", "ccccdddd4"))
```

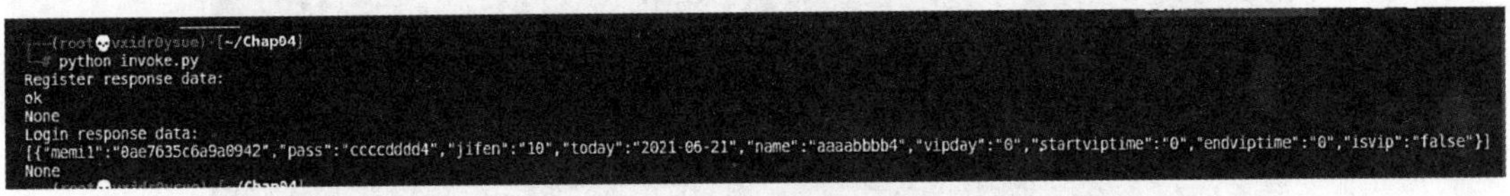

图 4-8　脱机运行结果

4.2　违法应用取证分析与 VIP 破解

本节将通过介绍另一个违法样本 App 的逆向分析过程继续深入 Frida 的学习。

4.2.1　VIP 清晰度破解

如图 4-9 所示，已知样本 App 在观看视频时如果想切换清晰度，就需要购买 VIP。想让我们为违法应用付费？这完全就是异想天开，让我们一步一步来破解这个功能。

图 4-9 视频清晰度切换

面对这种破解性的难题，一般来说可以跳过抓包的步骤，直接进入定位关键类的逻辑。那么如何快速定位清晰度切换的逻辑呢？相信看过上一节的读者都知道，由于清晰度切换是一个按钮控件，因此只需要再次使用代码清单 4-2 中的 watchEvent.js 脚本即可。最终得到切换清晰度的 View 控件所在类名为 com.ilulutv.fulao2.film.l$t，如图 4-10 所示。

图 4-10 Hook 结果

在定位到相应的类名后，由于这个样本并未加固处理，因此可以直接使用 Jadx 等静态分析工具打开 APK 文件并搜索定位到类名。这里要注意的是，在 Frida 中打印出来的美元符 "$" 代表子类，而在 Jadx 中子类的连接方式还是通过 "." 符号，因此搜索时需将 "$" 符号替换为 "." 符号。最终定位到关键的类代码如代码清单 4-5 所示。

代码清单 4-5　关键代码

```
public void i() {
    if (h() != null) {
        androidx.fragment.app.d h2 = h();
        if (h2 != null) {
            ((PlayerActivity) h2).a(true, "playpage_dialog");
            return;
        }
        throw new TypeCastException("null cannot be cast to non-null type com.ilulutv.fulao2.film.PlayerActivity");
    }
}
static final class t implements View.OnClickListener {
    /* renamed from: d  reason: collision with root package name */
    final /* synthetic */ l f11236d;

    t(l lVar) {
        this.f11236d = lVar;
    }

    public final void onClick(View view) {
        if (!this.f11236d.q0) {
            this.f11236d.i();
        } else if (!l.a(this.f11236d).d()) {
            this.f11236d.a(true, 8, 0, false, true);
        } else if (this.f11236d.m0) {
            this.f11236d.a(true, 8, 0, false, true);
        } else {
            this.f11236d.a(false, 8, 8, false, false);
        }
    }
}
```

观察代码清单 4-5 中 onClick 函数会发现有一些判断语句。如果第一个 if 语句中 this.f11236d.q0 变量的值为 false，则会调用 i() 函数，而 i() 函数正是一个弹窗的 Dialog，对应图 4-9 中弹出的 "VIP 限定功能" 窗口。

为了印证静态分析的结果，可以使用 WallBreaker 在内存中搜索 l 类的实例并打印对象内容。如图 4-11 所示，最终会发现唯一存在的 l 对象实例中的 q0 变量的值的确为 false。

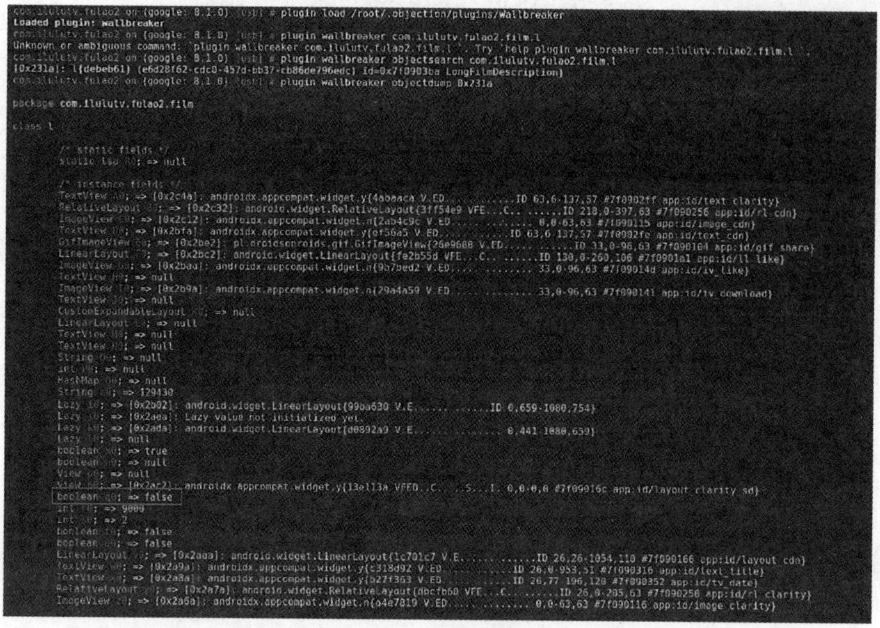

图 4-11 使用 WallBreaker 查看实例中的 q0 值

如果这个 q0 的值为 true,那么会不会绕过清晰度限制呢?可以使用 Frida 脚本通过内存搜索 l 类的实例并修改其中 q0 变量的值进行验证。最终 Frida 脚本的内容如代码清单 4-6 所示。

代码清单 4-6　hookq0.js

```
function hookq0(){
    Java.perform(function(){
        Java.choose("com.ilulutv.fulao2.film.l",{
            onMatch:function(ins){
                console.log("found ins:=>",ins)
                ins.q0.value = true;

            },onComplete:function(){
                console.log("search completed!")
            }
        })
    })
}
```

最终,在使用 Frida 重新注入应用并执行 hookq0()函数后,再次单击切换画质的按钮发现并未弹出窗口并且成功修改了视频清晰度,因此最终确认代码清单 4-5 中 i()函数确实是 VIP 限制的弹窗。

4.2.2　图片取证分析

在完成 VIP 权限的破解后,让我们来分析样本 App 的协议内容。正如 4.1 节所介绍的那样,协议分析的第一步一定是针对样本流量的抓取与关键字段的定位。

本节将介绍另一种抓包的方式——Hook 抓包。之所以出现 Hook 抓包的方式,是因为相比于使用中间人抓包的方式,利用 Hook 抓包所抓取的流量数据更加"专一",不会受到手机上其他 App 数据流量的影响;同时,利用 Hook 抓包可以避免 App 本身各种对抗抓包的姿势,比如服务器校验客户端、SSL Pinning 等手段。但相对的，如果 App 有着对抗 Frida 等 Hook 工具的手段，那么这种方式就需要其他 Bypass Hook 检测的辅助。

除此之外，Hook 抓包的效果取决于找到的 Hook 点，我们知道 Android 上封装的网络通信第三方库种类丰富，比如 OkHttp3、Retrofit 等，如果选取的 Hook 点只是针对某一个通信库，那么在实战过程中就会面临无法抓取其他类型的网络通信数据的尴尬境地；另一方面，由于通信协议类型的多样性，仅仅找到 HTTP(S)协议的 Hook 点是不够全面的。因此，就有了笔者在《安卓 Frida 逆向与抓包实战》一书中开发的安卓应用层抓包通杀脚本：r0capture。该项目贯彻从网络模型下层观测上层数据的理念，选取系统中在 Socket 层发送和接收数据包的关键函数作为 Hook 点，完美通杀 TCP/IP 四层模型中的最上层应用层中的全部协议，包括 HTTP、WebSocket、FTP、XMPP 等明文协议以及这些明文协议对应的 SSL 通信加密版本。不仅如此，r0capture 还通杀所有 Android 应用层框架，包括 HttpUrlConnection、OkHttp1/3/4、Retrofit/Volley 等。可以说只要 App 最终通过系统 API 完成通信数据的发送与接收，就无法逃过 r0capture 的掌心。

在这个样本中，我们使用 r0capture 脚本的雏形 hookSocket.js 进行抓包工作，并通过 Frida 命令行提供的-o 参数将抓取到的数据保存到 hookCapture.log 文件中。在得到数据包后，笔者发现样本 App 可以说是武装到牙齿，甚至每一个图片的数据包都是密文状态的（如图 4-12 所示，通过将每一个图片的数据包起始字节与标准的 JPEG 格式的图片文件头的 hex 值相比进行判定，标准 JPEG 起始字节 hex 为 0a 45 70）。

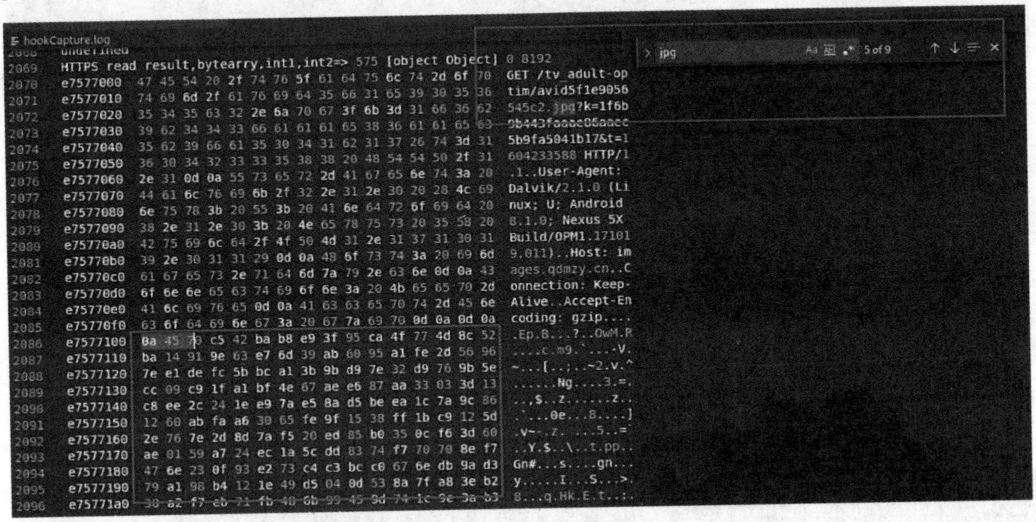

图 4-12　图片数据包

虽然图片在传输过程中进行加密了，但是最终呈现在用户眼中的图片一定是处于解密状态的，那么 App 是如何对图片进行解密的呢？这里就以图片的数据解密为切入点对 App 的协议进行分析。

Hook 抓包的另一个好处是，可以通过打印调用栈的方式确定发包函数执行前所经过的函数，其中可能就有关键的数据加密的部分。但是这里基于离数据越近就越有效的原则，由于图片数据在收发包函数的时候仍旧处于加密状态，因此收发包函数的地方并不是离真实图片数据最近的地方，那么什么时候离数据最近呢？

图片要加载的时候是离数据最近的时候。

为了进一步了解在 Android 中如何加载图片，笔者特地去查了开发相关资料发现：在 Android 中，通常使用 BitmapFactory 类中的函数去加载 Bitmap 对象，最终通过控件 ImageView 去加载 Bitmap 对象类型的图片，从而呈现出一个用户可见的图片。

通过开发的内容发现，加载图片的重要的类是 Bitmap 类、BitmapFactory 类以及 ImageView 控件类。其中，由于 ImageView 是 View 控件类型，只是相当于一个放置东西的位置，而这里更关注填充在位置中的内容，因此这里更关注 Bitmap 内容本身以及用于创建 Bitmap 内容的 BitmapFactory 类。

为了印证资料的正确性，这里首先使用 WallBreaker 在内存中搜索 Bitmap 对象，并在手动触发图片的加载后再次搜索 Bitmap 对象。如图 4-13 所示是最终两次搜索 Bitmap 对象后在内存中的对象数量比较，可以确认在案例 App 中是使用 Bitmap 对象来保存图片的。

图 4-13 搜索 Bitmap 对象

在确认 Bitmap 对象是案例 App 所使用的图片格式后，还需要进一步对图片创建的方式进行探索。笔者在查询资料后发现在 Android 开发的过程中，正常使用 BitmapFactory 类提供的 4 个静态方法：decodeFile()、decodeResource()、decodeStream()和 decodeByteArray()，分别用于从文件系统、资源、输入流以及字节数组中加载出一个 Bitmap 对象。为了确认在这个 App 中使用的具体函数，这里直接使用如下命令对 BitmapFactory 类中的所有函数进行 Hook，如图 4-14 所示是在完成对这个类中所有函数 Hook 后手动触发加载图片逻辑所调用的函数列表。

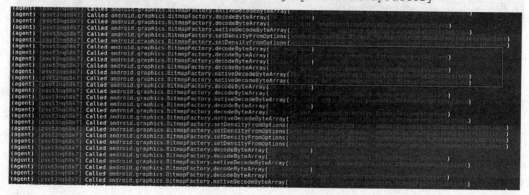

图 4-14 BitmapFactory 类中的函数调用

观察图 4-14，发现实际上在案例 App 中所加载的函数为 decodeByteArray()。查看这个函数的具体使用方式，会发现这个函数的第一个参数就是存储的原始图片的字节信息。可以肯定的是，App 在这一步已经要加载和呈现图片，此时 decodeByteArray() 函数的第一个参数所存储的图片信息一定是解密状态，那么作为图片取证的第一步：找到图片的字节信息就已经成功完成。

为了进一步确认所获得的图片信息是明文状态，这里使用 Frida 脚本的方式进一步获取 decodeByteArray() 函数的第一个参数信息并保存为图片文件进行确认，其中 Hook 的目标函数可以是图 4-14 中出现的任意函数名为 decodeByteArray 的重载函数，这里选择 decodeByteArray(byte[] data, int offset, int length, Options opts) 重载。最终 Frida 脚本内容如代码清单 4-7 所示。

代码清单 4-7　saveBitmap.js

```javascript
function guid() {
    return 'xxxxxxxx-xxxx-4xxx-yxxx-xxxxxxxxxxxx'.replace(/[xy]/g, function (c) {
        var r = Math.random() * 16 | 0,
            v = c == 'x' ? r : (r & 0x3 | 0x8);
        return v.toString(16);
    });
}
function saveBitmap_1(){
    Java.perform(function(){
        // public static Bitmap decodeByteArray(byte[] data, int offset, int length, Options opts)
        Java.use('android.graphics.BitmapFactory').decodeByteArray.overload('[B', 'int', 'int', 'android.graphics.BitmapFactory$Options').implementation = function(data,offset,length,opts){
            var result = this.decodeByteArray(data,offset,length,opts)
            /*
            var ByteString = Java.use("com.android.okhttp.okio.ByteString");
            console.log("data is =>",ByteString.of(data).hex())
            */
            console.log("data is coming!")

            /*
            File f1 = new File("d:\\ff\\test.txt");
            fos = new FileOutputStream(f1);
            byte bytes[] = new byte[1024];
            fos.write(s.getBytes());
            fos.close();
            */
            var path = '/sdcard/Download/tmp/'+guid()+'.jpg'
            console.log("path is =>",path);
            var f = Java.use("java.io.File").$new(path)
            var fos = Java.use("java.io.FileOutputStream").$new(f)
            fos.write(data);
            fos.close();

            return result
        }
    })
}
```

```
setImmediate(saveBitmap_1)
```

在代码清单 4-7 中，要注意 guid()函数是为了生成一个随机的字符串作为保存的图片名称，最终图片保存的目录是手机的/sdcard/Download/tmp/文件夹下。另外，这里使用 Java 的 File 类完成图片文件的读写（注意，tmp 文件夹需要手动创建，同时要保证 App 具有存储权限）。

在使用 Frida 以 attach 模式注入 App 后，手动刷新触发图片的加载，最终会发现手机的/sdcard/Download/tmp/目录下确实出现了很多图片文件，从而确定了我们的分析思路无误。

在完成对关键函数的 Hook 后，如果只是简单地想要对 App 进行图片取证工作，那么到这里就可以考虑最终的 RPC 工作，将图片数据直接保存到计算机上用于后续取证。代码清单 4-8 和 4-9 分别是最后修改的 JavaScript 脚本和实现 RPC 调用的 Python 脚本内容。

代码清单 4-8　hookBitmap.js

```
function saveBitmap_4(){
    Java.perform(function(){
        // public static Bitmap decodeByteArray(byte[] data, int offset, int length, Options opts)
        Java.use('android.graphics.BitmapFactory').decodeByteArray.overload('[B', 'int', 'int', 'android.graphics.BitmapFactory$Options').implementation = function(data,offset,length,opts){
            var result = this.decodeByteArray(data,offset,length,opts)
            send(data)
            return result
        }
    })
}
```

代码清单 4-9　saveBitmap.py

```
import frida
import json
import time
import uuid

def my_message_handler(message, payload):
    if message["type"] == "send":
        image = message["payload"]

        intArr = []
        for m in image:
            ival = int(m)
            if ival < 0:
                ival += 256
            intArr.append(ival)
        bs = bytes(intArr)

        fileName = "/root/Chap10/tmp/"+str(uuid.uuid1()) + ".jpg"
        print('path is ',fileName)
        f = open(fileName, 'wb')
        f.write(bs)
        f.close()
```

```python
device = frida.get_usb_device()
target = device.get_frontmost_application()
session = device.attach(target.pid)
# 加载脚本
with open("hookBitmap.js") as f:
    script = session.create_script(f.read())
script.on("message", my_message_handler)    # 调用错误处理

script.load()

# 脚本会持续运行等待输入
input()
```

修改完毕后,运行 saveBitmap.py 这个 Python 脚本文件并再次在手机上对图片进行刷新,就能在/root/Chap04/tmp 目录下看到最终生成的图片。

但是我们的目的实际上是对图片解密的协议进行分析。要做到这一点,需要重新回到 hook BitmapFactory 类的那一步。

为了获得 App 的业务层相关逻辑,相信读者一定会想到使用 Objection 去 Hook 在图 4-14 中出现的 decodeByteArray 函数并打印调用栈。如图 4-15 所示,最终在 Hook decodeByteArray 函数并手动触发加载图片后,发现 com.ilulutv.fulao2.other.helper.glide.b.a 函数是关键的业务层代码(这里更下层的 com.bumptech.glide 相关函数是 Android 中用于动态加载图片的第三方库)。

图 4-15 定位业务层代码

在定位到用于加载图片的关键业务层位置后,使用 Jadx 打开案例 App 并检索对应函数,最终得到关键的函数内容如代码清单 4-10 所示。

代码清单 4-10 业务层关键函数

```java
public v<Bitmap> a(Object obj, int i2, int i3, i iVar) {
    // 密文状态
    String encodeToString =
Base64.encodeToString(com.ilulutv.fulao2.other.i.b.a((ByteBuffer) obj), 0);
    String decodeImgKey = CipherClient.decodeImgKey();
    Intrinsics.checkExpressionValueIsNotNull(decodeImgKey,
"CipherClient.decodeImgKey()");
```

```
            Charset charset = Charsets.UTF_8;
            if (decodeImgKey != null) {
                byte[] bytes = decodeImgKey.getBytes(charset);
                Intrinsics.checkExpressionValueIsNotNull(bytes, "(this as
java.lang.String).getBytes(charset)");
                byte[] decode = Base64.decode(bytes, 0);
                String decodeImgIv = CipherClient.decodeImgIv();
                Intrinsics.checkExpressionValueIsNotNull(decodeImgIv,
"CipherClient.decodeImgIv()");
                Charset charset2 = Charsets.UTF_8;
                if (decodeImgIv != null) {
                    byte[] bytes2 = decodeImgIv.getBytes(charset2);
                    Intrinsics.checkExpressionValueIsNotNull(bytes2, "(this as
java.lang.String).getBytes(charset)");
                    // 下一行代码执行完后，图片字节信息已经处于解密状态
                    byte[] c2 = com.ilulutv.fulao2.other.i.b.c(decode,
Base64.decode(bytes2, 0), encodeToString);
                    if (c2 == null) {
                        Intrinsics.throwNpe();
                    }
                    // 这里加载 BitmapFactory.decodeByteArray
                    return
com.bumptech.glide.load.q.d.e.a(BitmapFactory.decodeByteArray(c2, 0, c2.length),
this.f12023a);
                }
                throw new TypeCastException("null cannot be cast to non-null type
java.lang.String");
            }
            throw new TypeCastException("null cannot be cast to non-null type
java.lang.String");
        }
```

通读代码清单 4-10 中的函数，会发现实际上在 com.ilulutv.fulao2.other.i.b.c 函数执行完毕后加载的图片字节信息就已经处于明文状态，而 com.ilulutv.fulao2.other.i.b.c 函数内容如代码清单 4-11 所示。实际上 c 函数是一个 CBC 模式的 AES 解密函数，其中第一个参数是 AES 解密使用的密钥 key，第二个参数是 AES 解密使用的向量 IV，而第三个参数就是图片的密文字节数组进行 Base64 编码后的字符串。

代码清单 4-11　解密函数

```
    public static final byte[] c(byte[] bArr, byte[] bArr2, String str) throws
NoSuchAlgorithmException, NoSuchPaddingException, IllegalBlockSizeException,
BadPaddingException, InvalidAlgorithmParameterException, InvalidKeyException {
            Cipher instance = Cipher.getInstance("AES/CBC/PKCS5Padding");
            instance.init(2, new SecretKeySpec(bArr, "AES"), new
IvParameterSpec(bArr2));
            byte[] doFinal = instance.doFinal(Base64.decode(str, 2));
            Intrinsics.checkExpressionValueIsNotNull(doFinal,
"cipher.doFinal(Base64.de…de(text, Base64.NO_WRAP))");
            return doFinal;
    }
```

结合对 c 函数的分析，再次回头看代码清单 4-10 中函数的内容，会发现变量 encodeToString 就

是用于存储图片密文数据进行 Base64 编码后的字符串，变量 decodeImgKey 就是进行 Base64 编码后的密钥 key，变量 decodeImgIv 就是 Base64 编码后的向量 IV。

为了获得密钥和向量的值，这里可以采取 Hook 的方式进行获取，但是在观察代码清单 4-10 中对 decodeImgIv 和 decodeImgKey 变量的获取方式后，会发现实际上这两个变量分别是 CipherClient 类的两个静态函数的返回值，因此可以直接通过主动调用的方式对 AES 解密的 key 和 IV 进行获取，最终主动调用获取 key 和 IV 具体代码如代码清单 4-12 所示。

代码清单 4-12　getKey 函数

```
function getKey(){
    Java.perform(function(){
        var CipherClient = Java.use('net.idik.lib.cipher.so.CipherClient')
        var key = CipherClient.decodeImgKey()
        var iv = CipherClient.decodeImgIv()
        console.log(key,iv)

    })
}
```

最终得到 key 和 IV 进行 base64 编码后的内容分别为 svOEKGb5WD0ezmHE4FXCVQ==和 4B7eYzHTevzHvgVZfWVNIg==。据此可以根据抓包得到的数据得到最终的明文图片数据。

考虑到要获取图片还需要获取特定的图片名称，这里还是采取 RPC 的方式来模拟实现最终的脱机抓取图片数据。根据上述针对代码清单 4-10 业务层关键函数的分析，可以判定在 com.ilulutv.fulao2.other.i.b.a 函数执行后的返回数据就是在抓包时的数据包内容。最终模拟实现的抓包脚本如代码清单 4-13 所示，用于解密数据包的 Python 脚本内容如代码清单 4-14 所示。

代码清单 4-13　hookBitmap.js

```
function hookEncodedBuffer() {

    Java.perform(function () {
        var base64 = Java.use("android.util.Base64")
        // com.ilulutv.fulao2.other.i.b.a((ByteBuffer) obj)
        Java.use("com.ilulutv.fulao2.other.i.b").a.overload('java.nio.ByteBuffer').implementation = function (obj) {
            var result = this.a(obj);
            //var ByteString = Java.use("com.android.okhttp.okio.ByteString");
            //console.log("data is =>",ByteString.of(result).hex())
            send(result)
            return result
        }
    })
}
```

代码清单 4-14　saveBitmap.py

```
import frida
import json
import time
import uuid
import base64
from Crypto.Cipher import AES
```

```python
def decrypt():
    key = 'svOEKGb5WD0ezmHE4FXCVQ=='
    iv =  '4B7eYzHTevzHvgVZfWVNIg=='

def IMGdecrypt(bytearray):
    imgkey = base64.decodebytes(
        bytes("svOEKGb5WD0ezmHE4FXCVQ==", encoding='utf8'))

    imgiv = base64.decodebytes(
        bytes("4B7eYzHTevzHvgVZfWVNIg==", encoding='utf8'))

    cipher = AES.new(imgkey, AES.MODE_CBC, imgiv)
    # enStr += (len(enStr) % 4)*"="
    # decryptByts = base64.urlsafe_b64decode(enStr)
    msg = cipher.decrypt(bytearray)
    def unpad(s): return s[0:-s[-1]]
    return unpad(msg)

def my_message_handler(message, payload):
    if message["type"] == "send":
        image = message["payload"]

        intArr = []
        for m in image:
            ival = int(m)
            if ival < 0:
                ival += 256
            intArr.append(ival)
        bs = bytes(intArr)

        bs = IMGdecrypt(bs)

        fileName = "/root/Chap04/tmp/"+str(uuid.uuid1()) + ".jpg"
        print('path is ',fileName)
        f = open(fileName, 'wb')
        f.write(bs)
        f.close()

device = frida.get_usb_device()
target = device.get_frontmost_application()
session = device.attach(target.pid)
# 加载脚本
with open("hookBitmap.js") as f:
    script = session.create_script(f.read())
script.on("message", my_message_handler)  # 调用错误处理

script.load()
# 脚本会持续运行等待输入
input()
```

在运行 saveBitmap.py 脚本后,就能够在计算机中得到明文的图片数据。

4.3 本章小结

本章通过对两个样本协议分析的过程将前两章介绍的一些关于 Frida 和 Objection 的理论知识应用在实际的逆向分析过程中。可以发现，Frida 在逆向分析中的角色可以认为接近中心位置，而这也正是笔者十分推崇 Frida 的原因。另外，本章还介绍了一些抓包的姿势，作为协议分析的第一步，它往往是指引我们找到目标的"寻龙尺"，当然本章并未详细讲述其中的细节，读者如果感兴趣，可以参考《安卓 Frida 逆向与抓包实战》中的内容。读者还要注意的是，在破解应用时，只要其中的逻辑是基于本地判断的，我们都可以破解；如果目标逻辑是基于服务器判断的就很难破解，此时如果想要实现绕过，就需要寻找其中的业务逻辑漏洞。由于笔者对这方面的内容不甚了解，在这里就不再班门弄斧了，读者如果对这方面感兴趣，可以自行研究。

第 5 章

Xposed Hook 及主动调用与 RPC 实现

前面的章节从 Hook、主动调用以及 RPC 三个方面介绍了 Frida 的使用方式及其在逆向工程中的作用，并通过对 App 的实战带领读者深入理解了 Frida 三板斧的实际利用价值。本章将介绍另一款 Hook 工具——Xposed。与新兴势力 Frida 相比，Xposed 作为 Android Hook 界的前辈，虽然在 Android 7.1 后再也没有新的正式版本发布，但是其作为系统框架类型的 Hook 思想还是在 Android 安全界留下了浓墨重彩的印记，甚至时至今日，仍旧存在着很大一部分 Android 安全研究员使用 Xposed 作为 Hook 主力进行安全研究。除此之外，EdXposed 等基于 Xposed 后续开发的工具和产品也延续着 Xposed 的生命。因此，作为逆向研究人员，了解 Xposed 很有必要。本章主要介绍 Xposed 的基本使用并将其与 Frida 进行对比，以供读者参考。

5.1 Xposed 应用 Hook

5.1.1 Xposed 安装与 Hook 插件开发入门

与 Frida 直接将对应版本的 Server push 到手机上的/data/local/tmp 目录后以 Root 用户身份执行即可对目标进程进行 Hook 相比，要使用 Xposed 实现 App 的 Hook，首先需要在 Root 环境下通过 XposedInstaller App（Xposed 的插件管理和功能控制 App）安装对应系统的 Xposed 的框架；同时在 Xposed 框架安装成功后，还需要安装相应的 Hook 插件并重启，从而完成对目标进程的 Hook。

这里要注意的是，由于 Xposed 本质上是通过替换 Android 系统中的 zygote 以及 libart.so 库，从而将 XposedBridge.jar 注入应用中，最终实现针对应用进程的 Hook 的，因此 Xposed 框架与系统版本高度相关，但时至 2021 年，Xposed 的正式版最高只支持到 Android 7.1 版本。

要安装 Xposed 框架，满足以下两个条件：

（1）Android 系统版本小于或等于 Android 7.1（虽然 Android 8.1 上仍旧有 Xposed 版本，但是非正式版本）。

（2）系统已 Root。

第 5 章　Xposed Hook 及主动调用与 RPC 实现 | 89

这里选用 Android 7.1.2_r8 版本（之所以选择这个版本，是因为这个版本支持的设备最多），并通过 TWRP 将 SuperSU 刷入系统进行 Root。具体如何刷机与 Root 在第 1 章中已经详细介绍过了，这里不再赘述。

在系统 Root 并安装上 XposedInstaller.apk 后，XposedInstaller 的主界面如图 5-1 所示。

此时只需通过单击页面中的 Version 89 按钮并在弹出的提示框中单击 Install 按钮并授予 Root 权限，即可在等待 Xposed 框架下载完毕后重启完成安装，在安装成功后 XposedInstaller 的主界面如图 5-2 所示。

图 5-1　未安装 Xposed 框架前 XposedInstaller 的主界面　　图 5-2　安装 Xposed 框架后 XposedInstaller 的主界面

在 Xposed 框架安装完毕后，便可以正式开始学习如何开发一个 Xposed 插件。

事实上，Xposed 插件也是以 App 的形式安装在系统中的，只是区别于普通 App 的开发，Xposed 插件的开发还需要一些特别的配置。

（1）在 AndroidManifest.xml 中的 application 节点中增加如下 3 个 meta-data 属性，分别用于表示是不是 Xposed 模块、Xposed 模块的介绍以及支持最低的 Xposed 版本。

```
<meta-data
    android:name="xposedmodule"
    android:value="true" /> <!-- 是不是 Xposed 模块-->
<meta-data
    android:name="xposeddescription" <!-- Xposed 模块的介绍-->
    android:value="这是一个 Xposed 例程" />
<meta-data
    android:name="xposedminversion" <!-- 最低的 Xposed 版本-->
    android:value="53" />
```

（2）在 app/src/main/assets 目录下新建一个 xposed_init 文件用于指定 Xposed 模块入口类的完

整类名，这里 Xposed 插件的入口类为 com.roysue.xposed1.HookTest，如图 5-3 所示。

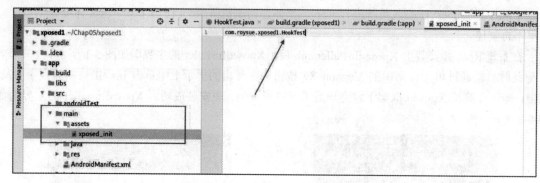

图 5-3　xposed_init 文件的内容

（3）在 App 工程的 app/build.gradle 文件中的 dependencies 节点中加上以下依赖，并同步用于编写 Xposed 相关代码和执行 Hook 操作。

```
dependencies {
    compileOnly 'de.robv.android.xposed:api:82'
    compileOnly 'de.robv.android.xposed:api:82:sources'
    ...
}
```

至此，将一个配置好的 App 安装到手机上，如图 5-4 所示，XposedInstaller 即可将相应的 App 识别为一个 Xposed 模块。此时将图 5-4 中的复选框勾选上并重启手机，即可使得 xposed_init 文件中指定的 Hook 入口类生效。

当然，由于此时入口类中无实际代码，因此即使重启后也不会出现任何效果。接下来将正式开始介绍 Xposed 模块开发的一些 API 使用与 Hook 实现。

以 Xposed1 为例，App 的主要业务代码如代码清单 5-1 所示。

代码清单 5-1　MainActivity.java

```java
package com.roysue.xposed1;
...
public class MainActivity extends AppCompatActivity {
    private Button button;
    @Override
    protected void onCreate(Bundle savedInstanceState) {

        super.onCreate(savedInstanceState);
        setContentView(R.layout.activity_main);
        button = findViewById(R.id.button);
        button.setOnClickListener(new View.OnClickListener() {
            public void onClick(View v) {
                Toast.makeText(MainActivity.this, toastMessage("我未被劫持")
                        ,Toast.LENGTH_SHORT).show();
            }

        });
    }
```

```
    public String toastMessage(String message) {
        return message;
    }
}
```

相信有一定开发基础的读者都知道如果没有 Hook 代码的存在,该 Demo 在进入主页面后,待用户点击按钮,一定会弹出字符串"我未被劫持"的 Toast 信息,如图 5-5 所示。

图 5-4　Xposed 模块

图 5-5　未 Hook 前

本次 Hook 的目标就是将代码清单 5-1 中 toastMessage()函数的参数打印出来,并且修改该函数的返回值为"你已被劫持"。

要实现这一点,首先要将 xposed_init 文件中指定的类(也就是 HookTest 类)实现 IXposedHookLoadPackage 接口,用于引入在安装 Xposed 框架的系统中,每个 Zygote 孵化出来的 App 进程在启动时都会调用函数 handleLoadPackage(),在实现 IXposedHookLoadPackage 接口后,HookTest 类的代码内容如代码清单 5-2 所示。

代码清单 5-2　HookTest 类

```
package com.roysue.xposed1;
...
import de.robv.android.xposed.IXposedHookLoadPackage;
import de.robv.android.xposed.callbacks.XC_LoadPackage;

public class HookTest implements IXposedHookLoadPackage {
    public void handleLoadPackage(XC_LoadPackage.LoadPackageParam
loadPackageParam) throws Throwable {
        ...
    }
}
```

由于 handleLoadPackage() 函数在 App 启动时会被调用，此时如果想要 Hook 指定进程，就需要通过 handleLoadPackage() 函数的参数 loadPackageParam 进行过滤。loadPackageParam 参数是一个 XC_LoadPackage.LoadPackageParam 类型的参数，它提供了一些有用的成员变量，用于表示应用进程的一些信息，其中主要成员类型信息如表 5-1 所示。

表5-1 LoadPackageParam类中的成员含义表

编 号	成员变量类型	成员变量名	含 义
1	String	packageName	进程包名
2	String	processName	进程名
3	ClassLoader	classLoader	进程类加载器
4	ApplicationInfo	appInfo	应用的更多信息

在过滤目标进程时，由于应用包名是唯一标志 App 的方式，因此通常是通过 processName 成员进行过滤的。实现过滤后，就可以通过一些真实实现 Hook 的函数对目标进程中的函数进行 Hook 实现，而这就涉及 Xposed 中实现 Hook 最关键的类 XposedHelpers。

XposedHelpers 类中提供了无数关于 Java 类、类成员以及函数的接口函数，这里如果要实现对 toastMessage 函数的 Hook，只需要利用其中一个类函数 findAndHookMethod() 即可。

顾名思义，findAndHookMethod() 函数，就是用于寻找函数并 Hook 指定函数的函数。在使用该函数时，只需传入对应函数所在类的 handle（可以通过表 5-1 中的 classLoader 获取）、相应函数名和参数列表以及最重要的 Hook 回调类 XC_MethodHook 即可。这里 XC_MethodHook 是一个抽象函数，在具体传入 findAndHookMethod() 函数作为参数时，需要实现其中两个抽象回调函数：beforeHookedMethod() 和 afterHookedMethod()，用于在目标函数调用前后进行调用。其中 beforeHookedMethod() 函数通常用于获取和修改目标函数的参数类型，afterHookedMethod() 函数通常用于获取和修改目标函数的返回值。这里由于 toatMessage() 函数的参数即返回值，因此若要修改返回值，可采取两种方式，最终对于 Demo 中该函数的 Hook 实现如代码清单 5-3 所示。

代码清单 5-3　Hook 实现

```
if (loadPackageParam.packageName.equals("com.roysue.xposed1")) {
    XposedBridge.log("inner => " + loadPackageParam.processName);
    Class clazz = loadPackageParam.classLoader
                        .loadClass("com.roysue.xposed1.MainActivity"); // 获取 toastMessage 函数所在类的 handle
    XposedHelpers.findAndHookMethod(clazz, "toastMessage", String.class,new XC_MethodHook() {

        protected void beforeHookedMethod(MethodHookParam param) throws Throwable {

            String oldText = (String) param.args[0];
            Log.d("din not hijacked=>", oldText);
            param.args[0] = "你已被劫持"; // Hook 实现方式1
        }
        protected void afterHookedMethod(MethodHookParam param) throws Throwable {

            Log.d("getResult is => ",(String) param.getResult());
            param.setResult("你已被劫持2");   // Hook 实现方式2
```

```
            }
        });
    }
```

在编译并安装 Xposed 模块到手机上后，激活模块并重启系统。此时再次打开目标 App，会发现 App 的 toast 已成功更改，这也正是 Xposed 模块基础的开发方式，最终被 Hook 应用弹出的 toast 效果以及相应日志内容分别如图 5-6 和图 5-7 所示。

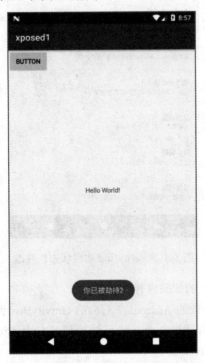

图 5-6 Hook 后的效果

图 5-7 Hook 后的日志

5.1.2 Hook API 详解

在 5.1.1 节中，通过对 Demo App 的 Hook 讲解了通过 Xposed 提供的 API 实现简单的关于应用函数的 Hook 工作。本节将介绍一个真实的被大量使用的 Xposed 模块——GravityBox，并通过 GravityBox 源码对 Xposed 的 Hook 相关 API 做进一步的详细介绍。

首先，简单地介绍一下 GravityBox。它可以做很多事情，包括状态栏调整、锁屏调整、电源调整等，如图 5-8 所示是 GravityBox 在修改状态栏之后的系统页面。

图 5-8 GravityBox 实现状态栏修改

接下来正式介绍 GravityBox 的代码内容。

在使用 Android Studio 将下载的 Android 7 对应的 GravityBox 源码打开后，按照前面的介绍，首先打开的文件是 xposed_init，通过这个文件可以找到 GravityBox 作为 Hook 模块的入口类为 com.ceco.nougat.gravitybox.GravityBox。

在找到入口类后，除去一些无关 Hook 的代码，首先关注的第一个关键函数为 initZygote，该函数是 IXposedHookZygoteInit 接口中定义的函数，用于在 Zygote 进程启动时执行，也就是说每次系统开机时都会执行一次，在实际使用过程中通常用于初始化工具类，在 GravityBox 中用于初始化一些配置文件（通过 XSharedPreferences 这一包装的 SharedPrefrences 类实现）和在 Xposed 日志中打印系统关键信息（通过 XposedBridge.log()函数实现），具体代码如代码清单 5-4 所示。

代码清单 5-4　initZygote 函数

```
@Override
// 开机执行
public void initZygote(StartupParam startupParam) throws Throwable {
    MODULE_PATH = startupParam.modulePath;
    if (Utils.USE_DEVICE_PROTECTED_STORAGE) {
        prefs = new XSharedPreferences(prefsFileProt);
        ...
    }
    ...

    ...
    XposedBridge.log("GB:ROM: " + Build.DISPLAY);
    XposedBridge.log("GB:Error logging: " + LOG_ERRORS);
```

```
    ...
}
```

在 initZygote 函数之后的是 handleInitPackageResources()函数,该函数是 IXposedHookInitPackageResources 接口中定义的函数,是进程资源初始化后调用的回调函数,可以用于替换进程资源。

接下来是在实现 Java Hook 中最重要的 handleLoadPackage()函数,正如 5.1.1 节中所说的,该函数也是进程启动时被调用的函数,其时机比 Application.onCreate()函数还早,通常用于完成 Java 函数的 Hook 工作,而这个函数中的内容正是本节重点关注的部分。

在 handleLoadPackage()函数中,如代码清单 5-5 所示,仔细阅读源码后,可以发现很多 if 判断语句用于区分启动的 App,并且根据目标进程的不同执行不同的 Hook 分支,从而最终实现在一个 Xposed 模块中 Hook 多个应用。

代码清单 5-5　handleLoadPackage()函数中的 Hook 相关分支

```java
public void handleLoadPackage(LoadPackageParam lpparam) throws Throwable {
    ...
    if (lpparam.packageName.equals(SystemPropertyProvider.PACKAGE_NAME)) {
        SystemPropertyProvider.init(prefs, qhPrefs, tunerPrefs, lpparam.classLoader);
    }
    // Common
    if (lpparam.packageName.equals(ModLowBatteryWarning.PACKAGE_NAME)) {
        ModLowBatteryWarning.init(prefs, qhPrefs, lpparam.classLoader);
    }

    if (lpparam.packageName.equals(ModClearAllRecents.PACKAGE_NAME)) {
        ModClearAllRecents.init(prefs, lpparam.classLoader);
    }
    ...
    // anaylsis
    if (lpparam.packageName.equals(ModStatusbarColor.PACKAGE_NAME)) {
        ModStatusbarColor.init(prefs, lpparam.classLoader);
    }
}
```

接下来以控制系统状态栏颜色的 App:ModStatusbarColor 为例进行介绍。

在跟踪 ModStatusbarColor.init(prefs, lpparam.classLoader)函数的实现后会发现与 5.1.1 节中的代码类似,关键是对函数的 Hook 方式实际上都是 XposedHelpers 类在进行处理,即通过 XposedHelpers 类中的 findAndHookMethod()函数对目标函数进行 Hook。如代码清单 5-6 所示,与 5.1.1 节不同的是,在 init 函数中存在着另一个 findAndHookMethod()函数的重载,这个重载的第一个参数不是目标函数的 handle,而是目标函数的类名。但是相对应的其第二个参数的类型也变成了 ClassLoader 类加载器。事实上,这两个函数的本质内容是一致的,其内部实现都是通过指定类加载器获取相应函数的句柄,从而完成对目标函数的 Hook 工作。

代码清单 5-6　ModStatusBarColor.java

```java
// 第一种:findAndHookMethod
final Class<?> phoneStatusbarClass = XposedHelpers.findClass(CLASS_PHONE_STATUSBAR, classLoader);
```

```java
    XposedHelpers.findAndHookMethod(phoneStatusbarClass,
            "makeStatusBarView", new XC_MethodHook(XCallback.PRIORITY_LOWEST)  //
优先级{
        @Override
        protected void afterHookedMethod(final MethodHookParam param) throws
Throwable {
            mPhoneStatusBar = param.thisObject;
            Context context = (Context)
XposedHelpers.getObjectField(param.thisObject, "mContext"); //获取对象中实例

            if (SysUiManagers.IconManager != null) {
                SysUiManagers.IconManager.registerListener(mIconManagerListener
);
            }

            Intent i = new Intent(ACTION_PHONE_STATUSBAR_VIEW_MADE);
            context.sendBroadcast(i);
        }
    });

    // 第二种:findAndHookMethod
    private static final String CLASS_SB_ICON_CTRL =
"com.android.systemui.statusbar.phone.StatusBarIconController";
    XposedHelpers.findAndHookMethod(CLASS_SB_ICON_CTRL, classLoader,
"applyIconTint", new XC_MethodHook() {
        @Override
        protected void afterHookedMethod(MethodHookParam param) throws Throwable
{
            if (SysUiManagers.IconManager != null) {
                SysUiManagers.IconManager.setIconTint(
                        XposedHelpers.getIntField(param.thisObject,
"mIconTint")); // 获取成员值
            }
        }
    });
```

事实上,在代码清单 5-6 中,除了外面包装的两种 findAndHookMethod() 函数的实现外,还有以下几点需要注意的地方:

(1) 在第一种实现函数 Hook 的方法中,最后一个 XC_MethodHook 接口类的实现方式不同:存在一个参数 XCallback.PRIORITY_LOWEST。事实上,在查询官方 API 介绍后,笔者发现 XCallback 这个类中存在着 3 个变量:PRIORITY_LOWEST、PRIORITY_DEFAULT 和 PRIORITY_HIGHEST,它们都用于表示变量 Hook 的优先级,其中 PRIORITY_LOWEST 声明的函数 Hook 执行最晚,PRIORITY_HIGHEST 声明的函数 Hook 执行优先级最高,PRIORITY_DEFAULT 声明的函数 Hook 是默认的优先级顺序。

(2) 在 Xposed 中获取实例对象的方式十分简单,通过 param.thisObject 即可拿到对应 Hook 的函数所在实例的对象。

(3) 在 Frida 中,如果要获取实例对象中的成员值,只需要通过实例对象加上成员名称再加上 .value 即可,Xposed 同样通过 XposedHelpers 类中的函数 get<type>Field 获取(这里 type 可替换为基础类型或者 Object),比如在代码清单 5-6 中获取 context 对象,就是通过

XposedHelpers.getObjectField()这个 API 实现的。事实上，XposedHelpers 类中还存在着与 get<type>Field 方式对应的 set 类型方法，用于设置对象中的成员值。

（4）由代码清单 5-6 中获取 context 数据可以发现，因为 Xposed 开发本身就是基于 Java 函数的，在获取到特定类型的数据后，只需要通过 Java 转换类型的方式进行强行转换即可，而 Frida 必须通过 Java.cast 完成类型的转换。

多看 GravityBox 中其他函数的 Hook 会发现，Xposed 还提供了 findAndHookConstructor()函数用于 Hook 类的构造函数。区别于 findAndHookMethod()函数，Hook 类的构造函数参数中无须传递函数名称，具体展示如代码清单 5-7 所示。

代码清单 5-7　ModAudio.java

```
...
XposedHelpers.findAndHookConstructor("android.media.AudioManager",
classLoader, Context.class,
        new XC_MethodHook() {
    @Override
    protected void afterHookedMethod(MethodHookParam param) throws Throwable {
        Object objService = XposedHelpers.callMethod(param.thisObject,
"getService");
        Context mApplicationContext = (Context)
XposedHelpers.getObjectField(param.thisObject,
            "mApplicationContext");
        if (objService != null && mApplicationContext != null) {
            XposedHelpers.callMethod(param.thisObject,
"disableSafeMediaVolume");
        }
    }
});
...
```

从上述代码的分析中可以发现，几乎所有针对 App 中的类、函数、变量的处理都是通过 XposedHelpers 类中提供的函数完成的，而进一步观察其中函数的实现会发现内部都是利用 Java 本身提供的反射相关 API 实现的，代码清单 5-8 是 getBooleanField()函数的具体实现。

代码清单 5-8　XposedHelpers.java 中 getBooleanField()函数实现

```
public static boolean getBooleanField(Object obj, String fieldName) {
    try {
        return findField(obj.getClass(), fieldName).getBoolean(obj); // 反射
    } catch (IllegalAccessException e) {
        // should not happen
        XposedBridge.log(e);
        throw new IllegalAccessError(e.getMessage());
    } catch (IllegalArgumentException e) {
        throw e;
    }
}

public static Field findField(Class<?> clazz, String fieldName) {
    ...
```

```
try {
    Field field = findFieldRecursiveImpl(clazz, fieldName);
    field.setAccessible(true);
    fieldCache.put(fullFieldName, field);
    return field;
} catch (NoSuchFieldException e) {
    fieldCache.put(fullFieldName, null);
    throw new NoSuchFieldError(fullFieldName);
}
```

关于 Xposed 中实现函数 Hook 相关的 API 暂时就介绍到这里。可以发现在 Hook 方面，Frida 与 Xposed 相比，Xposed 在函数 Hook 上的优势在于在一个函数中完成针对所有进程的 Hook，在 Zygote 启动后即可生效；而 Xposed 则是单进程级别的 Hook 框架。Xposed 可以理解为系统框架，作为系统本身来考虑；Frida 则更加类似于调试器，只能在被 Hook 的进程内生效。另外，Frida 是一个类似于热加载的框架，能够随时附加到进程中进行 Hook；而 Xposed 在每次 Hook 生效前都需要重启。

5.1.3 Xposed Hook 加固应用

相信用过 Xposed 的读者都会发现一个问题，在对加固应用进行 Hook 时，如果直接对应用中的函数进行 Hook，则会提示如图 5-9 所示的 ClassNotFoundException 错误。而在使用 Frida 时，以 spawn 模式对加固 App 进行 Hook 时也会提示同样的错误。那么为什么在对未加固应用进行 Hook 时不会出现这样的问题呢？或者说为什么 Frida 在以 attach 模式对加固 App 进行 Hook 时不会出现找不到类的情况呢？

图 5-9 ClassNotFoundException 错误

没错，就是时机问题。以更加专业、准确的方式来表述，其实就是类加载器 ClassLoader 在加固应用启动时切换导致的问题。比较熟悉 Android 虚拟机机制或者熟悉 JVM 的读者应该知道，App

中的所有类其实都是由对应的 ClassLoader 加载到 ART 虚拟机中的。如果 ClassLoader 不正确，那么一定无法找到相应的类，最终造成图 5-9 中的错误。之所以当使用 Frida 以 attach 模式对加固应用进行 Hook 时，进行函数 Hook 不会出现图 5-9 这种情况，是因为以 attach 模式注入应用时，App 的当前 ClassLoader 已经被切换到加载相应类的 loader，这也就是所谓的时机问题。

Frida 可以通过切换为 attach 模式的方式解决加固应用 Hook 的问题，那么 Xposed 能够实现 attach 模式注入进程吗？

答案是不可以，由于 Xposed 本身可以近似于系统框架类型的性质，Xposed 注入进程的时机不可更改，而 Xposed 注入进程时 App 的 Application 类并未完成加载，这也就导致真实用于加载 App 业务相关类的 ClassLoader 并未出现，导致最终无法实现 App 业务函数的 Hook 工作。

那么有办法解决这样的问题吗？

答案是有。我们可以通过手动切换 ClassLoader 的方式完成对应用函数的 Hook。具体来说，当我们静态分析加固 App 时会发现，壳程序总是通过在应用进程中最先获得执行权限的 Application 类中的 attachBaseContext 和 onCreate 函数完成对真实 DEX 的释放以及 ClassLoader 的切换，因此就有研究人员提出通过 Hook 对应壳程序的 Application 类中的 attachBaseContext 或者 onCreate 函数得到真实 App 的上下文，再通过上下文获取真实代码释放后的 ClassLoader，用于后续的函数 Hook。比如针对某加固 App，要完成对 App 业务函数的 Hook 的方式如代码清单 5-9 所示。

代码清单 5-9　某加固 App Hook 方式

```
XposedHelpers.findAndHookMethod("com.xxx.StubApp",
loadPackageParam.classLoader, "attachBaseContext", Context.class, new
XC_MethodHook() {
        @Override
        protected void afterHookedMethod(MethodHookParam param) throws Throwable {
            super.afterHookedMethod(param);
            Context context = (Context) param.args[0];
            // 获取真实业务代码的 classLoader
            ClassLoader finalClassLoader =context.getClassLoader();
            //下面就是强 classloader 修改成 360 的 classloader 就可以成功的 hook 了
            XposedHelpers.findAndHookMethod(clzz, finalClassLoader, "method", ...,
new XC_MethodHook() {
                ...
            });
        }
});
```

虽然这样的方式可以解决特定加固 App 的真实业务函数的 Hook 工作，但是这样的方式不具有通用性，一旦加固厂商改变相应继承 Application 类的类名，这样的方式就失效了。那么有没有一种通用的可以解决任意加固应用函数 Hook 问题的方式呢？

答案是肯定的，这也正是这里想要介绍的方式。

如果读者对 App 启动的流程十分了解，那么一定知道 App 被 Zygote 进程孵化后，会通过 ActivityThread.main() 函数进入 App 的世界，在该函数中创建一个 ActivityThread 实例以及 App 进程的一些初始化工作。

事实上，ActivityThread 这个类在应用中至关重要，它根据 ActivityManager 发送的请求对

activities、broadcast Receviers 等操作进行调度和执行。其中 performLaunchActivity()函数用于响应 Activity 相关的操作。另外，ActivityThread 类中还存在着一个 Application 类型的 mInitialApplication 成员，应用程序中有且仅有一个 Application 组件，而 Application 对象就存储着应用当前的 ClassLoader，考虑到在应用响应 Activity 活动消息时，真实 App 的代码已经被释放到内存中，如果此时通过 mInitialApplication 成员获取应用当前 ClassLoader，即可完成真实 App 业务代码的 Hook 工作。这里以移动 TV 样本的 MainActivity 为例，具体实现 Hook 的代码如代码清单 5-10 所示，模块生效后，最终 Hook 效果如图 5-10 所示。

代码清单 5-10 Hook 代码

```
if (loadPackageParam.packageName.equals("com.cz.babySister")) {

    XposedBridge.log(" has Hooked!");
    XposedBridge.log("inner  => " + loadPackageParam.processName);

    Class ActivityThread = XposedHelpers.findClass("android.app.ActivityThread", loadPackageParam.classLoader);
    XposedBridge.hookAllMethods(ActivityThread, "performLaunchActivity", new XC_MethodHook() {
        @Override
        protected void afterHookedMethod(MethodHookParam param) throws Throwable {
            super.afterHookedMethod(param);
            Application mInitialApplication = (Application) XposedHelpers.getObjectField(param.thisObject, "mInitialApplication");

            ClassLoader finalLoader = mInitialApplication.getClassLoader();
            XposedBridge.log("found classloader is => " + finalLoader.toString());

            Class BabyMain = finalLoader.loadClass("com.cz.babySister.activity.MainActivity");
            XposedBridge.hookAllMethods(BabyMain,"onCreate", new XC_MethodHook() {
                @Override
                protected void beforeHookedMethod(MethodHookParam param) throws Throwable {
                    super.beforeHookedMethod(param);

                    XposedBridge.log("MainActivity onCreate called");
                }
            });
        }
    });
}
```

图 5-10　Hook 效果

至此，无论任何加固类型的 App，只要其存在一个 Activity，按照代码清单 5-10 的方式进行 Xposed Hook 理论上都可以完美解决。在真实世界中，不存在 Activity 活动的用户安装的应用几乎是不可能的，因此可以说这里的 Xposed Hook 方式几近通杀了。

5.1.4　使用 Frida 一探 Xposed Hook

之前介绍了关于 Xposed Hook 的一些 API 以及相应的使用方式，本小节将通过 Frida Hook 的方式来介绍 Xposed Hook 的一些技术细节，从而帮助读者进一步理解 Xposed Hook 的原理。

这里以在本章中编写的简单的 Xposed Demo 为例，首先使用 Objection 注入目标进程，搜索 xposed_init 文件中声明的入口类 com.roysue.xposed1.HookTest，会发现出现两个搜索结果（见图 5-11），但是进一步想要使用 list class_methods 命令列出类中的函数或使用 watch class 命令对类中的函数进行 Hook 时，就会发现始终会报错；ClassNotFoundException，如图 5-12 所示。

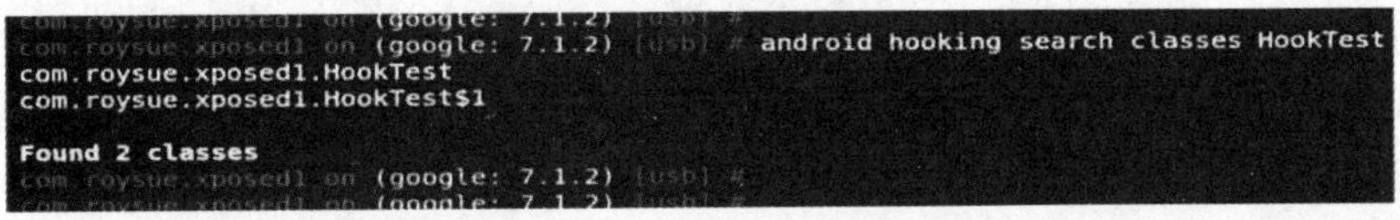

图 5-11　HookTest 相关类

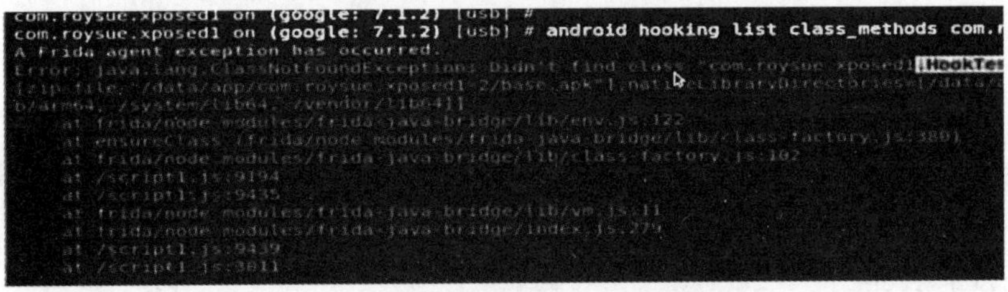

图 5-12　找不到 HookTest 类中的函数报错

既然 Xposed Hook 的效果已经实现，那么按道理实现 Hook 的类和函数就应该已经加载到内存中了，但是为什么 Objection 在 Hook 时会报错呢？

实际上按照上一小节的介绍，与 Xposed 无法直接应对加固 App 的 Hook 问题类似，这里之所以无法 Hook，是因为 ClassLoader 不对，而 Objection 工具并未结合 Frida 中切换 ClassLoader 的功能，因此这里如果想要针对这些实现 Hook 的类和函数进行 Hook，则需要自己编写脚本完成这部分内容，以实现 ClassLoader 切换的功能。这里最终实现 ClassLoader 的遍历和切换是利用 Frida 提供的 enumerateClassLoader API 函数完成的，关键代码如代码清单 5-11 所示。

代码清单 5-11　traceXposed.js

```
Java.enumerateClassLoaders({
    onMatch: function (loader) {
        try {
            if(loader.findClass("com.roysue.xposed1.HookTest")){
                console.log("Successfully found loader")
                console.log(loader);
                // 切换 classLoader
                Java.classFactory.loader = loader;
            }
        }
        catch(error){
            // console.log("find error:" + error)
        }
    },
    onComplete: function () {
        console.log("end")
    }
})
```

最终在重新使用 Frida 将切换 ClassLoader 的代码注入进程中时，发现其所在类加载器为进程的 PathClassLoader 中，如图 5-13 所示。

图 5-13　目标类加载器

在完成类加载器的切换后，再次对目标类中的函数进行打印或者 Hook 会发现此时不会再报错，且 Hook 打印一切正常，这里针对 HookTest 类中的 PrintStack 函数进行 Hook，其结果如图 5-14 所示，相应的 Hook 脚本如代码清单 5-12 所示。

代码清单 5-12　traceXposed.js

```
Java.enumerateClassLoaders({
    ...
})
// 注意 Hook 脚本一定是在切换 classloader 工作完成后执行的
Java.use("com.roysue.xposed1.HookTest").PrintStack.implementation = function () {
    console.log("entering PrintStack!")
    return true
}
```

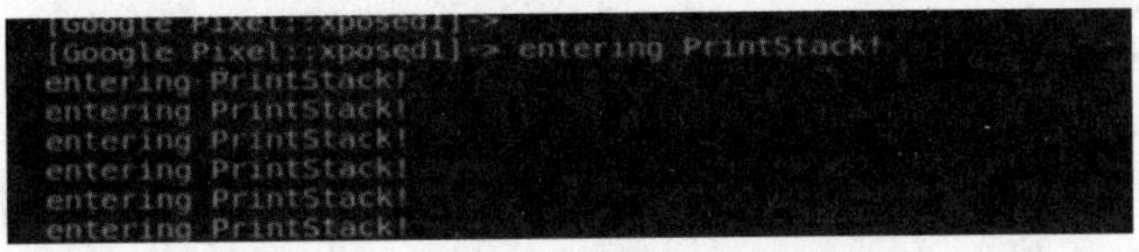

图 5-14 切换类加载器后的 Hook 结果

笔者在后续陆续研究的过程中发现，如果在切换完 ClassLoader 后直接 Hook Xposed 框架提供的 API 函数，比如 XposedBridge.log()、XposedHelpers.findAndHookMethod()等，同样会出现无法找到类 ClassNotFoundException 的报错，修改切换 ClassLoader 代码后发现，实际上这部分代码在另一个 ClassLoader 中（XposedBridge.jar 文件的 ClassLoader 中），其搜索结果如图 5-15 所示。

图 5-15 Xposed 框架中的函数所在 loader

那么为什么同样是基于 Xposed 框架的类，对应的 ClassLoader 还不同呢？

如图 5-16 所示，对比 HookTest 这里自实现的类和 Xposed 框架本身代码时会发现，HookTest 类实际上实现的是 Xposed 框架中的 IXposedHookLoadPackage 接口，而 XposedBridge 等框架类则是直接调用 XposedBridge.jar 文件中的自带函数，也正因此，两个类所在的 loader 不同。

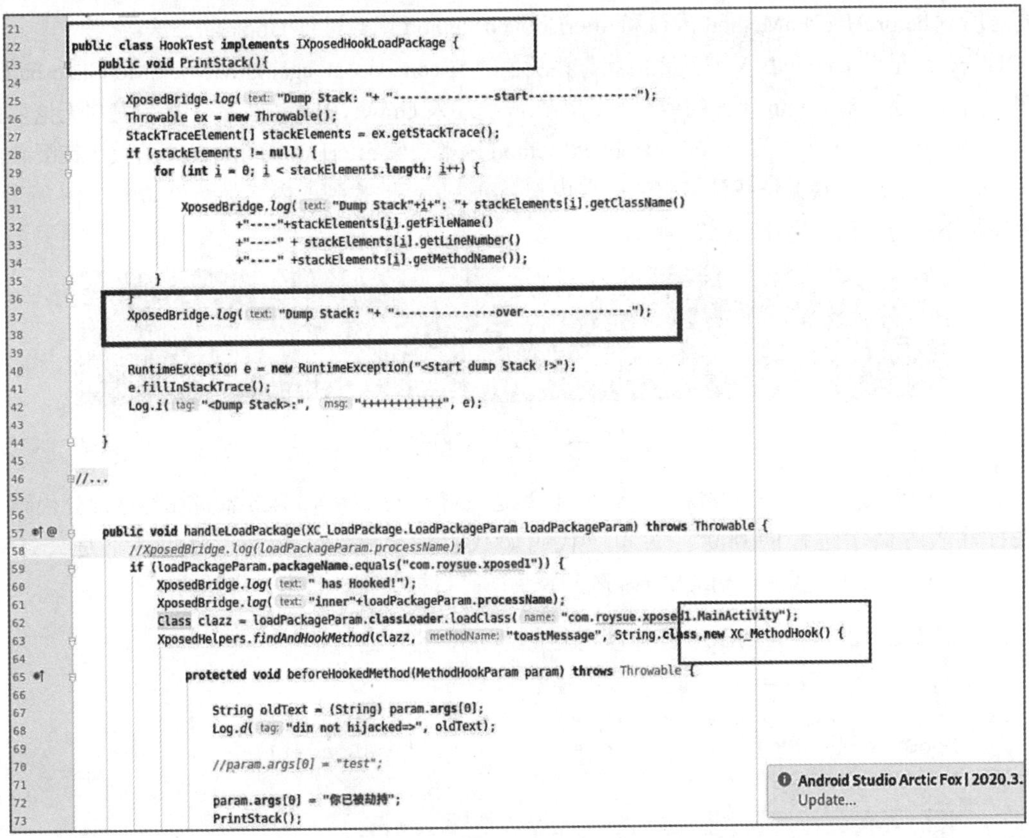

图 5-16 代码对比

在弄明白上述问题后，我们再针对真实执行 Hook 的 Xposed 插件代码：beforeHookedMethod 函数和 afterHookedMethod 函数进行 Frida Hook 工作。

事实上，beforeHookedMethod 函数和 afterHookedMethod 函数由图 5-16 可以发现，其所在类其实是在 HookTest 类中通过 new XC_MethodHook()方式构建的匿名内部类 HookTest$1 中，因此其最终的 Hook 代码需要先将 ClassLoader 切换为 HookTest$1 所在的 loader，才可以执行对目标函数的 Hook，最终针对两个函数的 Hook 结果如图 5-17 所示。

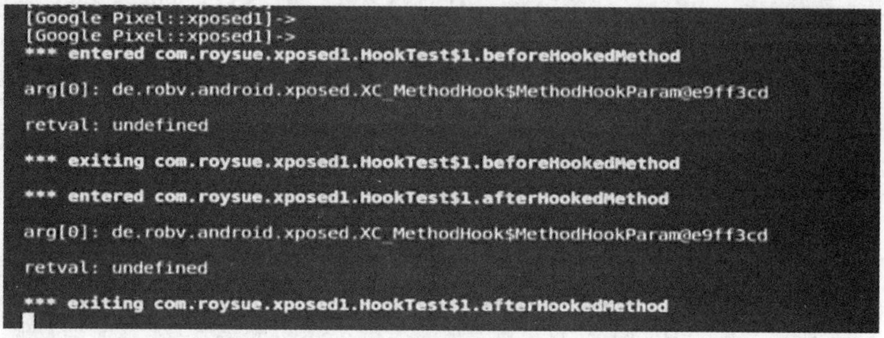

```
[Google Pixel::xposed1]->
[Google Pixel::xposed1]->
*** entered com.roysue.xposed1.HookTest$1.beforeHookedMethod
arg[0]: de.robv.android.xposed.XC_MethodHook$MethodHookParam@e9ff3cd
retval: undefined
*** exiting com.roysue.xposed1.HookTest$1.beforeHookedMethod
*** entered com.roysue.xposed1.HookTest$1.afterHookedMethod
arg[0]: de.robv.android.xposed.XC_MethodHook$MethodHookParam@e9ff3cd
retval: undefined
*** exiting com.roysue.xposed1.HookTest$1.afterHookedMethod
```

图 5-17　Hook 结果

在完成针对简单 Xposed Hook 插件的研究工作后，我们继续来研究在一个成熟的 Hook 插件中想要对所有 beforeHookedMethod 函数和 afterHookedMethod 函数进行 Hook 的方法。

首先，这里以 GravityBox 修改系统状态栏颜色的类 com.ceco.nougat.gravitybox.ModStatusbarColor 为例，测试上述针对 Demo 研究的成果验证，在成功注入 GravityBox 进程后，笔者发现无论如何切换 ModStatusbarColor 类中关于 beforeHookedMethod 函数或者 afterHookedMethod 函数所在匿名内部类的 ClassLoader，始终无法找到完整的匿名内部类列表，能够找到的内部类结果如图 5-18 所示，而这明显是不对的。这是为什么呢？

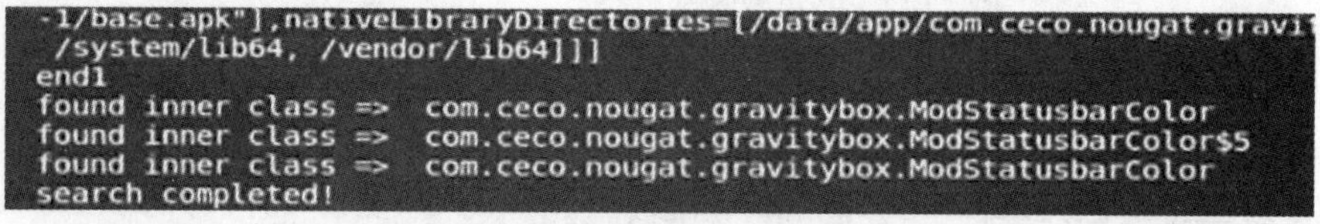

```
-1/base.apk"],nativeLibraryDirectories=[/data/app/com.ceco.nougat.gravi
/system/lib64, /vendor/lib64]]]
end1
found inner class => com.ceco.nougat.gravitybox.ModStatusbarColor
found inner class => com.ceco.nougat.gravitybox.ModStatusbarColor$5
found inner class => com.ceco.nougat.gravitybox.ModStatusbarColor
search completed!
```

图 5-18　搜索匿名内部类

笔者在后续的研究过程中发现，由于 Frida 是进程级别的，而 Xposed 本身在将这部分代码对进程进行注入时做了进程的判断，其相应代码如代码清单 5-13 所示，因此是不是只有针对 com.android.systemui 进程进行 Hook 才能顺利找到所有目标类呢？答案是"是的"。

代码清单 5-13　GravityBox 针对状态栏颜色修改的入口代码

```java
// GravityBox.java
if (lpparam.packageName.equals(ModStatusbarColor.PACKAGE_NAME)) {
    ModStatusbarColor.init(prefs, lpparam.classLoader);
}
// ModStatusbarColor.java
public class ModStatusbarColor {
    private static final String TAG = "GB:ModStatusbarColor";
    public static final String PACKAGE_NAME = "com.android.systemui";
```

```
        // ...
    }
```

笔者在使用 Frida 再次对 systemui 进程进行注入后，搜索到的类结果如图 5-19 所示，最终发现这部分执行 Hook 的代码确实总是在 Hook 的目标进程中生效，而之所以在测试 Demo 时并未出现这样的问题，是因为被 Hook 的进程和 Xposed 插件进程两者是同一个进程——xposed1 中。

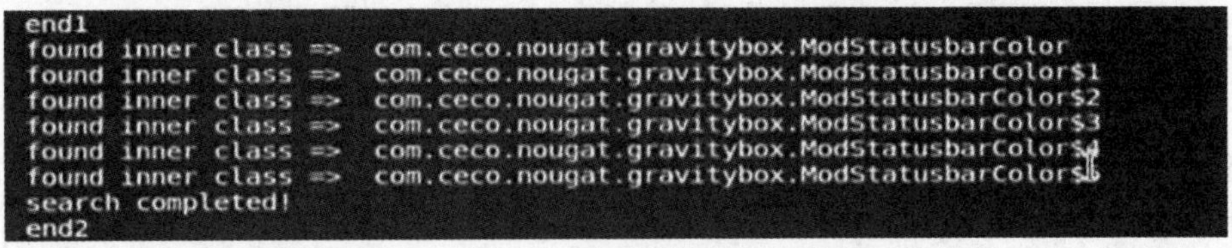

图 5-19　注入 systemui 进程后搜索匿名内部类

此时再次对搜索到的目标类进行 Hook，最终成功地对所有目标类的所有函数进行了 Trace，其 Hook 成功的截图如图 5-20 所示，其中对类中的所有函数进行 Hook 的部分代码如代码清单 5-14 所示（事实上这部分代码摘自 ZenTracer 中的代码）。

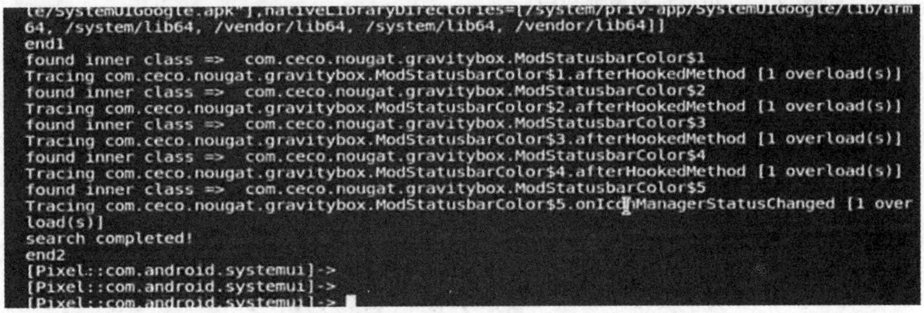

图 5-20　添加 trace 函数内容

代码清单 5-14　traceClass 函数的主要内容

```
// trace a specific Java Method
function traceMethod(targetClassMethod) {
    var delim = targetClassMethod.lastIndexOf(".");
    if (delim === -1) return;

    var targetClass = targetClassMethod.slice(0, delim)
    var targetMethod = targetClassMethod.slice(delim + 1, targetClassMethod.length)

    var hook = Java.use(targetClass);
    var overloadCount = hook[targetMethod].overloads.length;

    console.log("Tracing " + targetClassMethod + " [" + overloadCount + " overload(s)]");
    for (var i = 0; i < overloadCount; i++) {

        hook[targetMethod].overloads[i].implementation = function () {
            console.warn("\n*** entered " + targetClassMethod);
            // print args
            if (arguments.length) console.log();
```

```
                for (var j = 0; j < arguments.length; j++) {
                    console.log("arg[" + j + "]: " + arguments[j]);
                }
                // print retval
                var retval = this[targetMethod].apply(this, arguments); // rare crash (Frida bug?)
                console.log("\nretval: " + retval);
                console.log(Java.use("android.util.Log").getStackTraceString(Java.use("java.lang.Throwable").$new()));
                console.warn("\n*** exiting " + targetClassMethod);
                return retval;
            }
        }
    }
    function traceClass(targetClass) {
        //Java.use 是新建的一个对象
        var hook = Java.use(targetClass);
        //利用反射的方式拿到当前类的所有方法
        var methods = hook.class.getDeclaredMethods();
        //建完对象之后,记得将对象释放掉
        hook.$dispose;
        //将方法名保存到数组中
        var parsedMethods = [];
        methods.forEach(function (method) {
            parsedMethods.push(method.toString().replace(targetClass + ".", "TOKEN").match(/\sTOKEN(.*)\(/)[1]);
        });
        //去掉一些重复的值
        var targets = uniqBy(parsedMethods, JSON.stringify);
        //对数组中所有的方法进行 Hook, traceMethod 函数为对所有函数重载进行 Hook 的脚本
        targets.forEach(function (targetMethod) {
            traceMethod(targetClass + "." + targetMethod);
        });
    }
```

上述 Trace 过程是基于已知实现 Xposed Hook 实现类的类名的前提下完成的,但是如果想要在不知道类名的前提下完成对所有 beforeHookedMethod 函数和 afterHookedMethod 函数的 Trace 工作,应该如何实现呢?

观察图 5-16 中 Xposed Hook Demo 中的 beforeHookedMethod 函数所在类在 Java 代码中的实现,此时会发现是通过 new XC_MethodHook 类的形式完成的,跟踪该类的声明会发现,该类是一个 abstract 抽象类,那么对应在内存中所观察到的 HookTest$1 匿名内部类就是该抽象类的继承类。因此,如果对内存中的 HookTest$1 类通过反射进而通过 getSuperClass() 函数获取对应父类,就应该能够得到 XC_MethodHook 类。因此,最终获取所有父类为 XC_MethodHook 类的代码如代码清单 5-15 所示,在被 GravityBox Hook 的 systemui 进程中针对所有父类为 XC_MethodHook 类的类名进行搜索,其结果如图 5-21 所示。

代码清单 5-15 获取父类为 XC_MethodHook 类的关键代码

```
Java.enumerateLoadedClasses({
    onMatch: function (className) {
        // console.log("found => ", className)
```

```
          // 如果存在父类
          if (Java.use(className).class.getSuperclass()) {
              // 获取父类名
              var superClass =
Java.use(className).class.getSuperclass().getName();
              // console.log("superClass is => ",superClass);
              // 父类包含 XC_MethodHook 关键词
              if (superClass.indexOf("XC_MethodHook") > 0) {
                  console.log("found XC_methodHook Child => ",
className.toString())
              }
          }
      },
      onComplete: function () {
          console.log("search completed!")
      }
   })
```

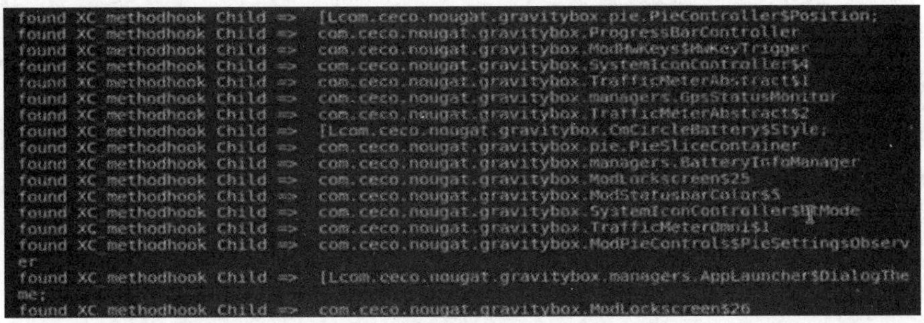

图 5-21 搜索所有继承 XC_MethodHook 类的子类

最终添加 trace 函数的部分 Hook 结果如图 5-22 所示。

图 5-22 添加 trace 函数的部分 Hook 结果

关于 Frida 对 Xposed Hook 的分析到此为止。纵观上述分析过程会发现 Xposed Hook 过程中，实际上是通过新建一个专门用于实现 Hook 的 PathClassLoader 注入目标进程中完成对目标函数的插桩工作，该 PathClassLoader 所加载的类列表中包含着对目标进程 Hook 的代码逻辑，而原生的 Xposed API 则处于另一个指向 XposedBridge.jar 文件的 ClassLoader。这实际上与 App 加固原理的本质类似，希望读者能够通过这一小节对 Xposed Hook 的细节有进一步的理解。

5.2 Xposed 主动调用与 RPC 实现

与 Frida 主动调用类似，Xposed 框架同样支持针对函数的主动调用及 RPC 实现，本节将介绍其实现方法。

5.2.1 Xposed 主动调用函数

本小节将通过一个样本案例介绍 Xposed 主动调用的一些细节。

如图 5-23 所示，样本 App 的功能十分简单，只是一个 Crackme 程序，我们的目标非常明确：获取正确的 PIN 值。

图 5-23 样本 App 界面

如图 5-24 所示，为了快速定位验证 PIN 函数的关键代码，样本 App 的逻辑十分简单：只有一个 MainActivity 类。因此这里直接使用 Objection Hook MainActivity 类中的所有函数，从而帮助快速定位到验证函数入口：org.teamsik.ahe17.qualification.MainActivity.verifyPasswordClick 函数。

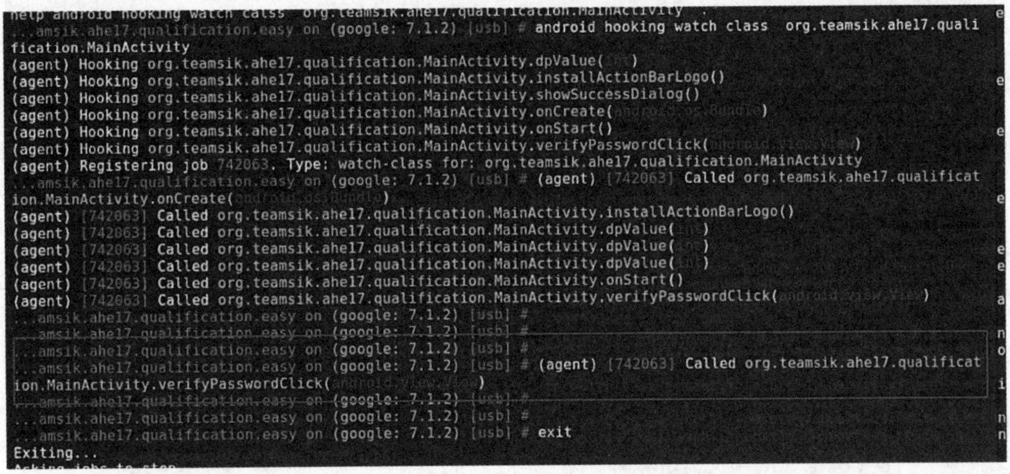

图 5-24　定位关键函数

在 Jadx 的静态分析辅助下，如代码清单 5-16 所示，最终定位到真实用于验证 PIN 码正确与否的函数实际上是 Verifier 类的静态函数 verifyPassword，其中函数的第二个参数为用户的输入。根据函数中的内容可以得到两个关键性条件：第一，用户输入的 PIN 码长度为 4；第二，忽略函数的多层调用逻辑，实际上验证方式是将用户的输入进行标准的 SHA-1[1]加密后与指定密文对比，进而判定 PIN 码是否正确。

代码清单 5-16　验证 PIN 码正确与否的逻辑

```
public void verifyPasswordClick(View view) {
    if(!Verifier.verifyPassword(this,this.txPassword.getText().toString())){
        Toast.makeText(this, (int) R.string.dialog_failure, 1).show();
    } else {
        showSuccessDialog();
    }
}
public static boolean verifyPassword(Context context, String input) {
    if (input.length() != 4) {
        return false;
    }
    byte[] v = encodePassword(input);
    byte[] p = "09042ec2c2c08c4cbece042681caf1d13984f24a".getBytes();
    if (v.length != p.length) {
        return false;
    }
    for (int i = 0; i < v.length; i++) {
        if (v[i] != p[i]) {
            return false;
        }
    }
    return true;
}
```

---

[1] SHA-1（Secure Hash Algorithm，安全散列算法）是一种密码散列函数，由美国国家安全局设计，并由美国国家标准技术研究所（NIST）发布为联邦数据处理标准（FIPS）。SHA-1 可以生成一个被称为消息摘要的 160 位（20 字节）散列值，散列值通常的呈现形式为 40 个十六进制数。

```java
    private static byte[] encodePassword(String input) {
        byte[] SALT = {95, 35, 83, 73, 75, 35, 95};
        try {
            ...
            return SHA1(sb.toString()).getBytes("iso-8859-1"); // sha1 加密
        } catch (UnsupportedEncodingException e) {
            e.printStackTrace();
            return null;
        }
    }
    private static String SHA1(String text) {
        try {
            MessageDigest md = MessageDigest.getInstance("SHA-1");
            byte[] bArr = new byte[40];
            md.update(text.getBytes("iso-8859-1"), 0, text.length());
            return convertToHex(md.digest());
        } catch (NoSuchAlgorithmException e) {
            e.printStackTrace();
        } catch (UnsupportedEncodingException e2) {
            e2.printStackTrace();
        }
        return null;
    }
```

结合以上两条关键信息得出：由于 SHA-1 是一个不可逆的 Hash 函数，要确定正确的明文，一般情况下是无法完成的，但是由于在 verifyPassword 函数中对输入的长度进行了长度为 4 的限定，因此最佳的解决方案是通过暴力穷举得到明文。这里可以使用算法还原的方式在计算机上爆破出正确的 PIN 码，同时提供另一种解决方案——通过 Xposed 主动调用的方式完成 PIN 码的计算。

作为一个优秀的 Hook 框架，Xposed 提供了关于主动调用的 API，其相应函数签名分别为：

- callMethod(Object obj, String methodName, Object... args)。
- callStaticMethod(Class<?> clazz, String methodName, Object... args)。

其中 callMethod 函数用于供实例对象调用相应实例所在类中的动静态函数，而 callStaticMethod 函数则用于调用指定类的静态函数。因此，这两个函数的第一个参数分别为指定对象或者相应类的 class 对象，这里如果要主动调用 encodePassword(String input) 这个静态函数，可以通过 callStaticMethod 函数实现，最终主动调用的关键函数代码如代码清单 5-17 所示。

代码清单 5-17　Xposed API 主动调用

```java
// 静态函数直接 Hook
if (loadPackageParam.packageName.equals("org.teamsik.ahe17.qualification.easy")) {

    XposedBridge.log("inner: "+loadPackageParam.processName);
    // 获取类对象
    Class clazz = XposedHelpers.findClass("org.teamsik.ahe17.qualification.Verifier",loadPackageParam.classLoader);
    // 通过循环暴力穷举
    for(int i = 999;i<10000;i++){
        // 主动调用目标函数
        if((boolean) XposedHelpers.callStaticMethod(clazz,"encodePassword",String.valueOf(i))){
```

```
            XposedBridge.log("1). Current i is => "+ String.valueOf(i));
        }
    }
}
```

事实上，在 Java 中本身就存在函数的主动调用方式——通过 invoke 函数反射调用，在追踪 Xposed 提供的两个主动调用相关的 API 函数具体实现时，会发现该函数不过是封装了 Java 的反射调用代码。如果想要使用 Java 反射的方式进行目标函数的主动调用，则关于 encodePassword(String input)函数的主动调用关键代码如代码清单 5-18 所示。

代码清单 5-18　Java 反射的主动调用

```
if (loadPackageParam.packageName.equals("org.teamsik.ahe17.qualification.easy")) {
    XposedBridge.log("inner: "+loadPackageParam.processName);
    // 反射获取相应类的 Class 对象
    Class clazz = loadPackageParam.classLoader.loadClass("org.teamsik.ahe17.qualification.Verifier");
    // 反射获取 Method 对象
    Method encodePassword = clazz.getDeclaredMethod("encodePassword", String.class);
    //  允许函数通过外部反射调用，这里主要是为了避免目标函数是 private 私有函数
    encodePassword.setAccessible(true);
    byte[] p = "09042ec2c2c08c4cbece042681caf1d13984f24a".getBytes();
    String pStr = new String(p);
    // 循环方式暴力穷举
    for(int i = 999;i<10000;i++){
        // invoke 函数反射调用
        byte[] v = (byte[]) encodePassword.invoke(null,String.valueOf(i));
        if (v.length != p.length) {
            break;
        }
        String vStr = new String(v);
        if( vStr == pStr ){
            XposedBridge.log("2). Current i is => "+ String.valueOf(i));
        }
    }
}
```

另外，与 Frida 主动调用类似，Xposed 的主动调用主要存在两个问题：第一，参数构造问题；第二，如果目标函数是动态函数，如何获取相应的对象实例。

首先来看参数构造的问题。与 Frida 相同，如果想要构造一个与目标函数的参数相同类型的数据，存在两种方式：第一，Hook 获取一个相同类型的数据，这里暂不介绍；第二，主动构造一个实例。但相比于 Frida 而言，由于 Xposed 是使用原生的 Java 进行开发的，因此 Xposed 在参数的构造问题上更有优势。比如这里想要使用 Xposed 主动调用代码清单 5-16 中的 verifyPassword(Context,String)函数，如果是 Frida，想要构造 Context 类型的数据，其相应的代码如代码清单 5-19 所示，通过各种 Java.use()函数封装才能最终获取 Context 对象；而在 Xposed 中，则只需通过 AndroidAppHelper.currentApplication()即可获取相应 Context 对象内容，最终 Xposed 中相应的主动调用函数代码如代码清单 5-20 所示。

代码清单 5-19　Frida 得到 Context 参数

```
var ActivityThread = Java.use('android.app.ActivityThread');
var Context = Java.use('android.content.Context');
var ctx = Java.cast(ActivityThread.currentApplication().getApplicationContext(),
Context);
```

代码清单 5-20　复杂参数的函数主动调用

```
if (loadPackageParam.packageName.equals("org.teamsik.ahe17.qualification.easy")) {

    XposedBridge.log("inner: "+loadPackageParam.processName);
    Class clazz = loadPackageParam.classLoader.loadClass("org.teamsik.ahe17.
qualification.Verifier");
    Method verifyPassword = clazz.getMethod("verifyPassword", Context.class,
String.class);

    // Context 获取的两种情况:
    // - Hook 获取一个
    // - 自己构造一个(假的),这里是第二种方式
    Context context = AndroidAppHelper.currentApplication();
    for(int i = 999;i<10000;i++){
      if((boolean)verifyPassword.invoke(null,context,String.valueOf(i))){
        XposedBridge.log("3). Current i is => "+ String.valueOf(i));
      }
    }
}
```

同样,在主动调用中,另一个问题:获取对象实例的解决方法也有两种:第一,主动构造一个实例对象;第二,Hook 获取一个实例对象。

这里要注意的是,与主动调用函数相同,在主动构造一个实例对象的方法时,Java 原生函数本身就支持通过相应类的 Constructor 对象调用 newInstance()函数的方式构造一个对象,Java 原生函数实现本案例中函数的主动调用方式如代码清单 5-21 所示。而 Xposed 更是在 Java 原生函数的基础上进一步进行封装,从而提供了 XposedHelpers.newInstance()函数用于构造实例对象,相应的主动调用方法如代码清单 5-22 所示。

代码清单 5-21　Java newInstance()

```
if (loadPackageParam.packageName.equals("org.teamsik.ahe17.qualification.easy")) {
    XposedBridge.log("inner" + loadPackageParam.processName);

    Constructor cons = XposedHelpers.findConstructorExact("org.teamsik.ahe17.
qualification.Verifier",loadPackageParam.classLoader);
    Object Verifier = cons.newInstance();

    Context context = AndroidAppHelper.currentApplication();

    for (int i = 999; i < 10000; i++) {
        if ((boolean) XposedHelpers.callMethod(Verifier, "verifyPassword",
context, String.valueOf(i))) {
            XposedBridge.log("5). Current i is => " + String.valueOf(i));
        }
    }
```

}

代码清单 5-22　Xposed newInstance()构造对象

```
if (loadPackageParam.packageName.equals("org.teamsik.ahe17.qualification.easy")) {

    XposedBridge.log("inner" + loadPackageParam.processName);
    Class clazz = XposedHelpers.findClass("org.teamsik.ahe17.qualification.Verifier", loadPackageParam.classLoader);

    Object Verifier = XposedHelpers.newInstance(clazz); // 获取对象

    Context context = AndroidAppHelper.currentApplication();

    for (int i = 999; i < 10000; i++) {
        if ((boolean) XposedHelpers.callMethod(Verifier, "verifyPassword", context, String.valueOf(i))) {
            XposedBridge.log("6). Current i is => " + String.valueOf(i));
        }
    }
}
```

最终分别使用以上几种主动调用函数的方式对答案进行暴力穷举，得到正确的 PIN 码为 9083，相应的 Xposed 日志打印如图 5-25 所示。

图 5-25　PIN 码日志

仔细阅读的读者可能会发现，笔者并未介绍通过 Hook 方式得到实例对象的方法，这是因为在这个样例 App 中，Verifier 这个类中的函数均为静态函数，导致该类始终并未初始化，因此要通过 Hook 得到相应的实例对象是不可能实现的。要介绍通过 Hook 方式得到相应实例的方法，只能退而求其次，通过其他实例方法的主动调用介绍。

这里以输入正确的 PIN 码后展示成功弹窗的 showSuccessDialog 函数为例进行介绍。由于 showSuccessDialog 函数是 MainActivity 类中的一个动态方法，因此要获取相应的实例对象，首先该对象需要被成功创建。这里选择 Hook MainActivity 类的 onCreate()函数作为得到相应实例对象的跳板函数，最终在 afterHookedMethod(param)回调函数被调用后，通过 param.thisObject 得到相应对象实例，从而进一步完成 showSuccessDialog 这个实例函数的调用，最终主动调用 showSuccessDialog 函数的代码如代码清单 5-23 所示。

代码清单 5-23　Hook 方式得到实例

```
// 测试一个新的弹出成功弹窗
if (loadPackageParam.packageName.equals("org.teamsik.ahe17.qualification.easy")) {

    XposedBridge.log("inner" + loadPackageParam.processName);

    Class clazz = loadPackageParam.classLoader.loadClass("org.teamsik.ahe17.qualification.MainActivity");

    XposedBridge.hookAllMethods(clazz, "onCreate",new XC_MethodHook() {
        @Override
        protected void afterHookedMethod(MethodHookParam param) throws Throwable {
            super.afterHookedMethod(param);
            // 获取 MainActivity 对象
            Object mMainAciticity = param.thisObject;
            // 主动调用 showSuccessDialog 函数
            XposedHelpers.callMethod(mMainAciticity,"showSuccessDialog");

        }
    });
}
```

在将模块重新编译安装激活并重启设备后，重新打开样本 App，就会发现页面会立即弹出 Congratulations 成功的提示，最终效果如图 5-26 所示。

图 5-26　Congratulations 成功提示

至此，关于 Xposed 主动调用相关的方法就暂时告一段落。

5.2.2 Xposed 结合 NanoHTTPD 实现 RPC 调用

在前面的章节中，我们学习了 Frida 中 RPC 的方式，那么同样作为 Hook 框架的 Xposed 是否支持 RPC 呢？如果不支持，有什么方法能够使得它支持吗？

事实上，Xposed 框架本身并未提供 RPC 调用方式的支持，但是基于 Xposed 模块在成为 Hook 插件前首先是一个普通的应用 App，因此在其他普通 Android App 上的开发方式可以完美地移植到 Xposed 模块中，这大大拓展了 Xposed 模块的可能性。基于此，这里提供一种 Xposed RPC 的解决方案——结合 NanoHTTPD 将主动调用导出为 Web 服务实现。

NanoHttpD 是一个免费的、轻量级的（甚至只有一个 Java 文件）HTTP 服务器，可以很好地嵌入 Java 程序中。NanoHttpD 支持 GET、POST、PUT、HEAD 和 DELETE 等多种 HTTP 请求方式，除此之外，它还支持文件上传实现，在使用时占用的内存很小。基于以上优点，NanoHttpD 正好符合这里做 RPC 调用的方案。

和第 4 章一样，同样以 demoso1 为例介绍如何使用 NanoHTTPD 实现对 Hook 函数的远程过程调用。

与 Frida 实现 RPC 调用的过程类似，首先需要测试该函数的主动调用无误，这里使用上述介绍得到对象实例的两种方法，最终分别实现了 Xposed 主动调用的 method01()函数和 method02()函数，其具体代码如代码清单 5-24 所示。

代码清单 5-24　主动调用测试

```
if (loadPackageParam.packageName.equals("com.example.demoso1")) {
    final Class clazz = loadPackageParam.classLoader.loadClass("com.example.demoso1.MainActivity");

    //得到对象：Hook(想通过 Hook 方式得到一个 obj 的话，得 Hook 一个实例方法)
    XposedBridge.hookAllMethods(clazz, "onCreate", new XC_MethodHook() {
        @Override
        protected void beforeHookedMethod(MethodHookParam param) throws Throwable {
            super.beforeHookedMethod(param);
            Object mMainAciticity = param.thisObject;
            String cipherText = (String) XposedHelpers.callMethod(mMainAciticity, "method01", "roysue");
            String clearText = (String) XposedHelpers.callMethod(mMainAciticity, "method02", "47fcda3822cd10a8e2f667fa49da783f");
            XposedBridge.log("1). Cipher text is => " + cipherText);
            XposedBridge.log("1). Clear text is => " + clearText);
        }
    });

    //xposed.newInstance 获取对象 active call
    Object newMainActivity = XposedHelpers.newInstance(clazz);
    String cipherText = (String) XposedHelpers.callMethod(newMainActivity, "method01", "roysue");
    String clearText = (String) XposedHelpers.callMethod(newMainActivity,
```

```
"method02", "47fcda3822cd10a8e2f667fa49da783f");
        XposedBridge.log("2). Cipher text is => " + cipherText);
        XposedBridge.log("2). Clear text  is => " + clearText);
}
```

要注意的是，笔者这里 Hook onCreate()函数的方式并未使用 XposedHelpers.findAndHookMethod() 函数，而是使用 XposedBridge.hookAllMethods()函数，使用后者的优势在于能够一次性 Hook 指定函数名的所有重载函数，这样就无须考虑函数参数的问题，最终主动调用的结果如图 5-27 所示。

图 5-27　主动调用的结果

在主动调用成功后，我们正式开始进入 Xposed-RPC 的开发工作，实际上就是 NanoHTTPD 的开发。

在使用 NanoHTTPD 之前，首先需要导入 NanoHTTPD 的依赖包，要完成这一点，只需在项目的 app/build.gradle 文件的 dependencies 层级下增加以下一行代码并进行同步，以支持 NanoHTTPD 的 API 的使用。

```
implementation 'org.nanohttpd:nanohttpd:2.3.1'
```

NanoHTTPD 非常简单，只存在一个类 NanoHTTPD，且该类是一个抽象类，主要存在 3 个重要函数：start、stop 和 serve。其中 start 和 stop 函数用于启动和停止 Web 服务器，serve 函数是一个收到 Web 请求后的回调函数，浏览器得到的页面数据都是通过这个函数返回的，其唯一的 IHTTPSession 类型参数可以用于判断浏览器的请求内容，包括请求方法、参数、URL 等。另外，通过 NanoHTTPD 的构造函数可以指定 Web 服务监听的端口。

在同步完成后，只需要继承 NanoHTTPD 类并调用和实现 start 函数和 serve 函数即可为 App 启动一个 Web 服务，这里简单地实现一个 hello world 页面，其具体代码如代码清单 5-25 所示。

代码清单 5-25　NanoHTTPD 服务

```
class App extends NanoHTTPD {
```

```java
        public App() throws IOException {
            // 指定监听端口
            super(8899);
            // start 函数启动 HTTP 服务
            start(NanoHTTPD.SOCKET_READ_TIMEOUT, true);
            XposedBridge.log("\nRunning! Point your browsers to http://localhost:8899/ \n");
        }

        @Override
        // 处理 HTTP 请求的回调函数
        public NanoHTTPD.Response serve(IHTTPSession session) {

            // 获取 HTTP 访问方法 POST、GET 等
            Method method = session.getMethod();
            // 获取 URI
            String uri = session.getUri();
            // 获取访问者的 IP 地址
            String RemoteIP = session.getRemoteIpAddress();
            // 获取访问者的 HostName
            String RemoteHostName = session.getRemoteHostName();
            Log.i("r0ysue nanohttpd ","Method => " + method + " ;Url => " + uri + "' ");
            Log.i("r0ysue nanohttpd ","Remote IP  => " + RemoteIP + " ;RemoteHostName => " + RemoteHostName + "' ");
            // 页面返回值
            String msg = "<html><body><h1>Hello NanoHttpd</h1>\n";
            return newFixedLengthResponse(Response.Status.OK, NanoHTTPD.MIME_PLAINTEXT, msg);
        }
    }
// 调用构造函数启动 NanoHTTPD 服务
new App();
```

最终在插件更新后，相应的 log 日志的打印结果以及使用浏览器访问的结果如图 5-28 所示。

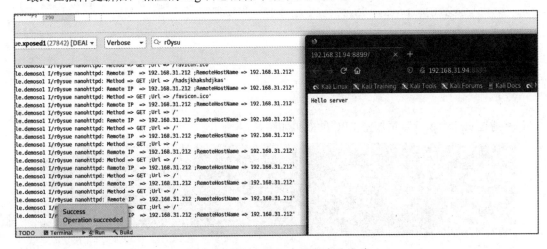

图 5-28　NanoHTTPD 服务启动成功

在测试 NanoHTTPD 服务启动无误后,就可以向 serve 函数增加对函数的主动调用并返回调用结果的内容,最终 RPC 的具体代码如代码清单 5-26 所示。

代码清单 5-26   serve()函数

```java
@Override
public NanoHTTPD.Response serve(IHTTPSession session) {
    String uri = session.getUri(); //获取 uri

    // 解析 POST 方法访问时传递的参数内容
    String paramBody = "";
    Map<String, String> params = new HashMap<>();
    try {
        session.parseBody(params);
        paramBody = session.getQueryParameterString();
    } catch (IOException e) {
        e.printStackTrace();
    } catch (ResponseException e) {
        e.printStackTrace();
    }

    String result = "";
    // 如果请求 URL 中包含 encrypt 关键词,则调用 method01 加密函数
    if(uri.contains("encrypt")){
        result = (String) XposedHelpers.callMethod(getActivity(), "method01", paramBody);
    // 如果请求 URL 中包含 decrypt 关键词,则调用 method02 解密函数
    }else if (uri.contains("decrypt")){
        result = (String) XposedHelpers.callMethod(getActivity(), "method02", paramBody);
    }else{
        result = paramBody;
    }
    // 返回函数执行结果
    return newFixedLengthResponse(Response.Status.OK,
NanoHTTPD.MIME_PLAINTEXT, result + '\n');
}
```

最终通过 curl 命令行测试加密 RPC 的效果如图 5-29 所示。

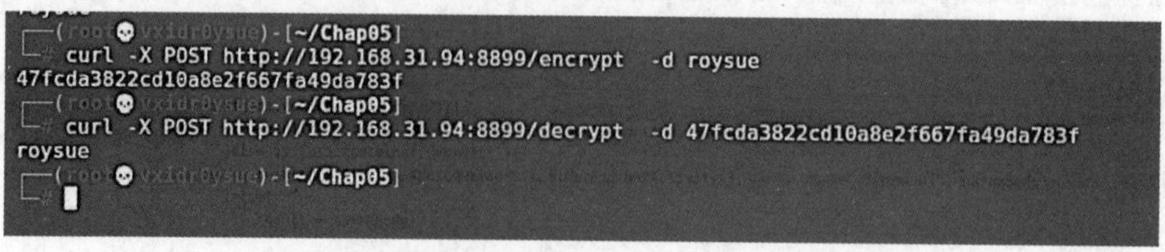

```
(root㉿vxidr0ysue)-[~/Chap05]
 curl -X POST http://192.168.31.94:8899/encrypt  -d roysue
47fcda3822cd10a8e2f667fa49da783f
(root㉿vxidr0ysue)-[~/Chap05]
 curl -X POST http://192.168.31.94:8899/decrypt  -d 47fcda3822cd10a8e2f667fa49da783f
roysue
(root㉿vxidr0ysue)-[~/Chap05]
```

图 5-29   RPC 效果

如果想要通过 Python 实现 RPC 调用，则需要调用 Python requests 包中的函数完成数据的收发包，最终 Python 方式实现的 RPC 调用代码如代码清单 5-27 所示，调用结果如图 5-30 所示。

代码清单 5-27　Python 实现 RPC

```python
import requests

def encrypt(enParam):
    url = "http://192.168.31.94:8899/encrypt"
    param = enParam
    headers = {"Content-Type":"application/x-www-form-urlencoded"}
    r = requests.post(url = url ,data=param,headers = headers)
    print(r.content)

def decrypt(enParam):
    url = "http://192.168.31.94:8899/decrypt"
    param = enParam
    headers = {"Content-Type":"application/x-www-form-urlencoded"}
    r = requests.post(url = url ,data=param,headers = headers)
    print(r.content)

if __name__ == '__main__' :
    encrypt("roysue")
    decrypt("47fcda3822cd10a8e2f667fa49da783f")
```

图 5-30　Python RPC 效果

当然，与 Frida 类似，读者如果感兴趣，还可以与第 3 章一样，使用 Siege 对 Xposed 的 RPC 进行压力测试，也可以将设备端口映射到公网中进行调用，这里限于篇幅，就不再展开讲述了。

5.3　本章小结

本章按照 Frida 三板斧的模式介绍了在 Xposed 中相应的技术方案，并通过几个案例的介绍让 Xposed 的学习显得不那么枯燥乏味。事实上，Xposed 和 Frida 在 Hook 功能上不分伯仲，基本上 Frida 在 Java Hook 上的功能，Xposed 都会有对应的实现，即使没有相应的实现，也可以充分利用其本身就是基于 Java 和 Andorid 平台的优势结合其他方式"曲线救国"。

但是，Xposed 和 Frida 还是存在一些差异性的。从微观上来看，Xposed 支持通过 setAdditionalInstanceField()、setAdditionalStaticField()等函数为实例对象增加动静态成员，Frida 支持

通过 Java.choose()函数从进程堆中搜索目标对象。从宏观上来看，Frida 表现得更加灵活多变，支持热重载，其作用对象是特定进程，Hook 原理更类似于调试器；而 Xposed 则更加稳重老成，Hook 效果针对系统全部进程都会生效，类似于系统框架级服务。

当然，本章只是对 Xposed 框架进行了简要介绍，具体 Xposed 和 Frida 两者谁更适合，还需要读者自己在实践中测试。

第 6 章

Android 源码编译与 Xposed 魔改

市面上大多数加固厂商或者大型 App 都会或多或少地对 Xposed 框架执行基于特征的检测，而突破这些检测的基本思路就是找到检测的地方，无论是在 Java 层还是 Native 层，然后通过 Hook 的方式修改返回结果，或者以硬编码、直接置零返回等方式来绕过检测逻辑。但是，不论直接修改二进制能不能通过完整性校验，大多数逆向工程师或许连 App 具体在哪里完成的 Xposed 检测逻辑都很难找到，更不用提加固厂商再使用 Ollvm、VMP 这样的工具对代码逻辑混淆和加固，进一步隐藏了检测代码的实现方式。

其实，作为个人，与做加固的团队甚至厂商在特征检测层面斗智斗勇是很不明智的。一方面，敌在暗，我在明，寻找检测点宛如大海捞针；另一方面，团队的努力总是赛过个人的。因此，倒不如从源头消灭特征，任你万般检测，我自笑傲江湖。

本章将带领读者从 Android 源码的编译开始一步一步介绍如何编译和魔改 Xposed，最终实现对一个开源的 Xposed 检测工具——Xposed Checker 的绕过效果。

6.1 Android 源码环境搭建

如果读者想要自己编译 Xposed，那么 Android 系统源码的编译工作定然是首当其冲。那么为什么需要编译安卓源码呢？如果读者研究过 Xposed 源码，就会发现 Xposed 源码的编译过程对 Android 系统源码环境的依赖甚大。因此，本节将首先从零到一介绍 Android 源码的下载编译过程，为后续的 Xposed 源码编译打下基础。

6.1.1 编译环境准备

据安卓官网介绍，安卓源码的编译极其消耗内存与空间，因此这里选择打开一个新的虚拟机环境进行后续操作。

在第一次使用虚拟机软件打开虚拟机前，由于默认硬盘空间分配为 80GB，这样的空间对于可能多达 100 多 GB 的 Android 系统源码，甚至在编译完成后几百 GB 的需求来说肯定是不够的，因此在首次打开虚拟机系统前，还需要通过"编辑虚拟机设置"对虚拟机硬盘空间进行扩容。如图 6-1 所示，这里直接分配了 450GB 大小的硬盘空间。

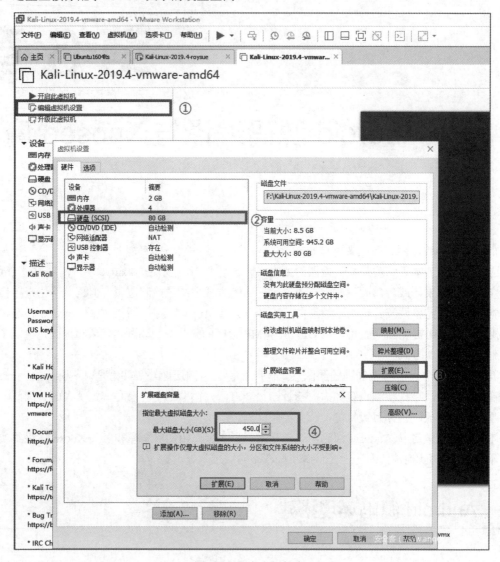

图 6-1 硬盘空间扩容

除此之外，由于编译安卓系统源码十分消耗内存，因此在分配内存时需要尽可能多分配一点，否则在编译时可能会报 out of memory（内存溢出）等错误，这里直接设置为 12GB。

当然，在扩大硬盘空间和增加虚拟机内存时，要注意物理机本身的硬盘空间和内存大小，注意量力而行，这里之所以肆无忌惮地给出如此多的硬盘空间和内存，是因为笔者物理机本身就有 48GB 的内存，同时外接有 1TB 的 SSD 硬盘空间。

在重新设置好硬盘空间和内存空间后，打开虚拟机系统，还需要将扩容的硬盘空间使用 Gparted 等磁盘分区工具进行格式化和分配并再次重启，才能使用后来添加的硬盘空间，在一切准备就绪后，就可以开始下载安卓系统源码以进行后续的编译工作了。

事实上，谷歌官方提供了每个版本的原生系统源码供开发者自取使用，其官方网址为 https://android.googlesource.com/，但是由于谷歌官方的源码服务器搭建在国外，因此国内的开发者在访问官方地址时异常卡顿，甚至无法获取相应源码。但幸运的是，国内有清华源（https://mirrors.tuna.tsinghua.edu.cn/git/AOSP）与中科大源（http://mirrors.ustc.edu.cn/aosp/），存储着与谷歌官方提供的一致的安卓系统源码供国内开发者使用，这里以中科大源为例进行源码的下载工作。

由于 Android 源码引用了很多外部的开源工具，比如 OpenSSL，其每一个子项目都是一个 Git 仓库，为了更方便地管理这些 Git 仓库，Android 官方推出了另一个代码版本管理工具——Repo。Repo 封装了一系列的 Git 命令，可用于方便地对多个 Git 仓库进行管理。因此，要下载 Android 系统源码，首先必须下载 Repo 工具，中科大源的官网推荐使用如下方式下载安装 Repo 工具。

```
# mkdir ~/bin
# PATH=~/bin:$PATH
# curl -sSL 'https://gerrit-googlesource.proxy.ustclug.org/git-repo/+/master/repo?format=TEXT' | base64 -d > ~/bin/repo
# chmod a+x ~/bin/repo
```

在下载并配置 Repo 工具后，还需要进行 Git 的一些相关配置，包括用户名和邮箱的配置，相应的命令如下：

```
# git config --global user.name "Your Name"
# git config --global user.email "you@example.com"
```

在配置完成后，便可以使用 Repo 工具同步安卓源码到本地。需要注意的是，尽管提供了通过代码清单 6-1 的方式直接同步源码，但是由于这里我们并不需要最新的安卓源码，因此建议选择代码清单 6-2 中同步特定源码的方式。其中 repo init 命令中-b 参数后的 android-7.1.2_r8 是指具体的系统版本号，Android 系统版本号、对应 Build ID 和支持设备关系见 https://source.android.com/setup/start/build-numbers#source-code-tags-and-builds，其最终效果如图 6-2 所示。

代码清单 6-1　同步源码方式

```
# repo init -u git://mirrors.ustc.edu.cn/aosp/platform/manifest
# repo sync
```

代码清单 6-2　推荐同步源码方式

```
# mkdir aosp712_r8 && cd aosp712_r8
# repo init -u git://mirrors.ustc.edu.cn/aosp/platform/manifest -b android-7.1.2_r8
# repo sync
```

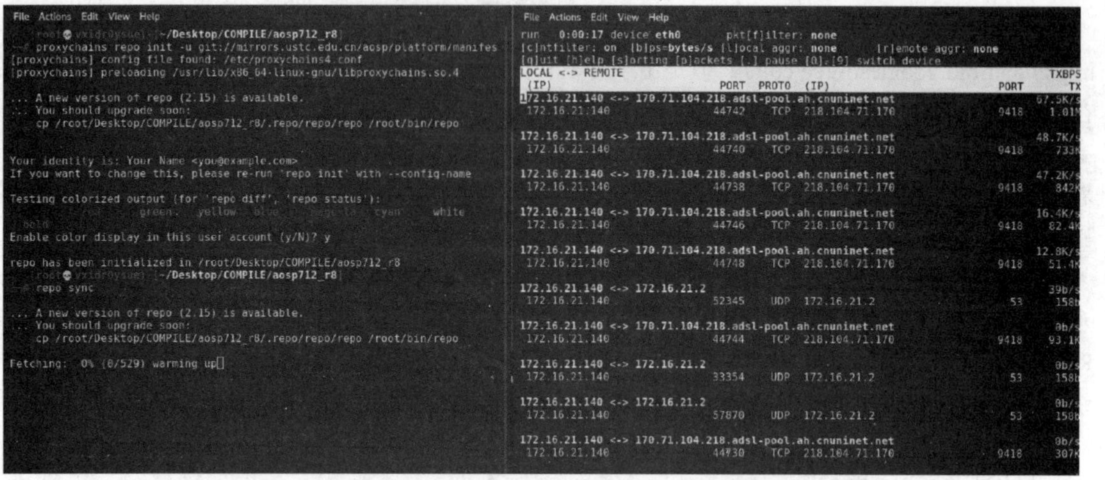

图 6-2 同步源码

在开始同步后，通过 Jnettop 等查看系统网络连接的工具即可发现存在多个网络连接同步下载安卓源码，此时需要做的是让虚拟机处于一个好的网络环境下静待，最终在等待数小时后安卓源码即可下载完毕。

请注意，通过 repo sync 命令同步到本地的代码只是包含了系统运行必不可少的代码，此时如果编译，只能编译出运行 Android Emulator 的虚拟机系统，如果想将自编译的系统运行到特定设备中，还需要完成一个必不可缺的步骤——下载对应设备的驱动，设备驱动的作用在于在一个运行在物理设备的系统上起到协调上层系统与底层硬件的通信与交互的作用。幸运的是，安卓官网同样提供了 Pixel 和 Nexus 系列设备对应相应官方源码的驱动二进制文件。

要下载正确的系统驱动文件，只需要记住两个要点：第一，要与目标设备的型号相对应，比如这里用于刷机的 Pixel 设备，再比如在第 1 章中用于刷入 Kali NetHunter 的设备 Nexus 5X，都是设备型号；第二，所下载源码对应的 Build ID 要一致，比如这里下载的系统源码版本是 android-7.1.2_r8，其对应的 Build ID 为 N2G47O，那么在找相应的设备驱动时，就需要 Build ID 为 N2G47O。具体系统版本和 Build ID 的对应关系可参考官方提供的 Source code tags and builds 对照表（对应网址：https://source.android.com/setup/start/build-numbers#source-code-tags-and-builds）。在确定设备型号以及所下载源码的相应 Build ID 后，便可以在安卓官方提供的 Driver Binaries for Nexus and Pixel Devices 网页 https://developers.google.com/android/drivers）找到相应驱动的二进制文件，最终这里所需的适用于 Pixel 设备的 android-7.1.2_r8 版本的驱动二进制文件如图 6-3 所示。

Pixel binaries for Android 7.1.2 (N2G47O)			
Hardware Component	Company	Download	SHA-256 Checksum
Vendor image	Google	Link	4dacefdd2d13a9b4ea28d3356d71fa34c42942a47f3d21a0fa4cd40919dbb945
GPS, Audio, Camera, Gestures, Graphics, DRM, Video, Sensors	Qualcomm	Link	c27798a7d5e796d055bf819fe026bd21a7e641475cb9878137978475e431e313

图 6-3 Pixel 设备的 android-7.1.2_r8 版本对应的驱动二进制文件

通过图 6-3 中的链接所下载的两个驱动二进制文件是打包好的压缩文件，下载并解压完毕后，会发现实际上是两个 Shell 脚本文件。为了安装设备驱动到编译系统中，要将这两个 Shell 脚本文件移动到上一步下载的源码根目录中，并通过终端执行两个脚本。通过图 6-4 发现，在执行后会出现一个类似于用户协议的声明，此时需要一直按 Enter 键，直到出现需要用户输入"I ACCEPT"的页面来释放二进制驱动文件，在输入"I ACCEPT"后，最终设备驱动相关文件就会下载到 vendor 目录中。

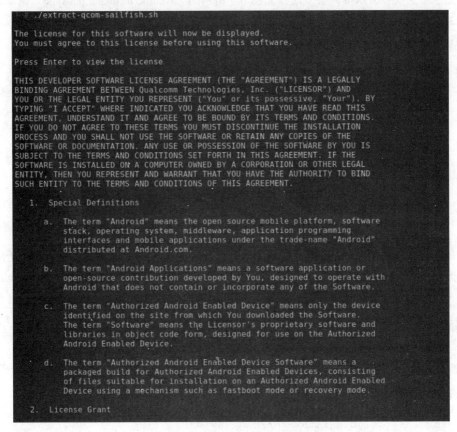

图 6-4　执行释放驱动文件的脚本

最后还要提醒的是，设备驱动文件一定要按照前面介绍的关键点来选择对应版本的驱动，否则如果选择了不相匹配的驱动，在编译完成后，一旦将镜像刷入设备中，就可能会造成系统无法启动、开机动画页面循环等异常情况，甚至最终使得手机变"砖"，请读者务必小心。

6.1.2　源码编译

在完成源码与驱动文件的下载工作之后，在开始安卓系统的编译与刷机之前，还需要为用于编译源码的系统安装一些依赖库，以保障编译过程不会因为缺少依赖文件而失败。这里为 Kali Linux 2021.1 安装的依赖库文件以及相应操作如代码清单 6-3 所示。

代码清单 6-3　安装依赖库

```
# apt update
```

```
# apt install bison tree
# dpkg --add-architecture i386
# apt update
# apt install libc6:i386 libncurses5:i386 libstdc++6:i386 libxml2-utils
```

在安装完毕上述基础的依赖库后，由于 Android 源码的编译依赖于 Java 环境，因此还需要为系统安装源码所需的 JDK 环境，而 Android 7 以上所有的安卓系统所依赖的 JDK 版本都为 JDK 8，这里直接以如下命令安装 JDK 8 时会发现报如图 6-5 所示的 "Unable to locate package" 错误，实际上这是因为 Kali Linux 2021 的系统源中已经不保留 JDK 8 的库文件，甚至系统自带的 JDK 版本已经更新到 11 了。

```
# apt install openjdk-8-jdk
```

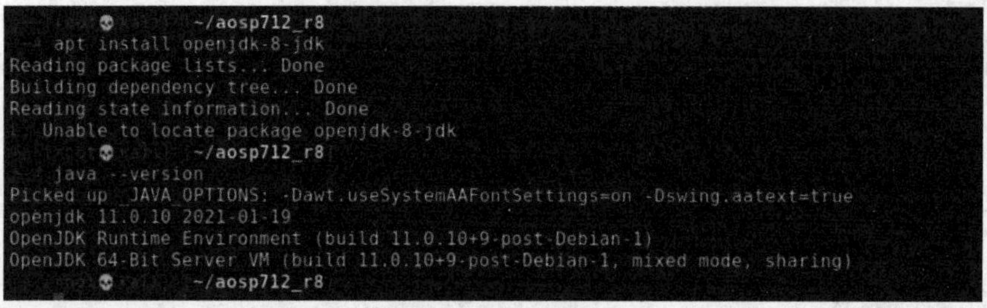

图 6-5　apt 命令安装 JDK 8 报错

幸运的是，在下载的 Android 系统源码中实际上已经内置了 JDK 8 的支持，其相对于所下载源码的目录为 prebuilts/jdk/jdk8，因此原本需要安装 JDK 8 才能解决的问题变成了只需将 Android 系统源码内置的 JDK 8 替换为系统默认的 Java 环境即可。具体替换的操作步骤如代码清单 6-4 所示。

代码清单 6-4　替换系统 OpenJDK 的默认版本

```
# cd  ~/aosp712_r8 // 切换到所下载的 Android 源码根目录
# apt install openjdk-11-jdk // 帮助 Kali 补全 Java 环境，防止后续步骤找不到 javac 命令
# update-alternatives --install /usr/bin/java java $(pwd)/prebuilts/jdk/jdk8/linux-x86/bin/java 1
# update-alternatives --install /usr/bin/javac javac $(pwd)/prebuilts/jdk/jdk8/linux-x86/bin/javac 1
# update-alternatives --set java $(pwd)/prebuilts/jdk/jdk8/linux-x86/bin/java
# update-alternatives --set javac $(pwd)/prebuilts/jdk/jdk8/linux-x86/bin/javac
# echo "export JAVA_HOME=$(pwd)/prebuilts/jdk/jdk8/linux-x86/" >> ~/.bashrc
# source ~/.bashrc
# echo "export PATH=$PATH:$HOME/bin:$JAVA_HOME/bin" >> ~/.bashrc
# source ~/.bashrc
```

在执行完成代码清单 6-4 中的命令后，观察图 6-6，可以发现最后系统默认的 Java 环境变成了 Android 编译的 JDK 8。

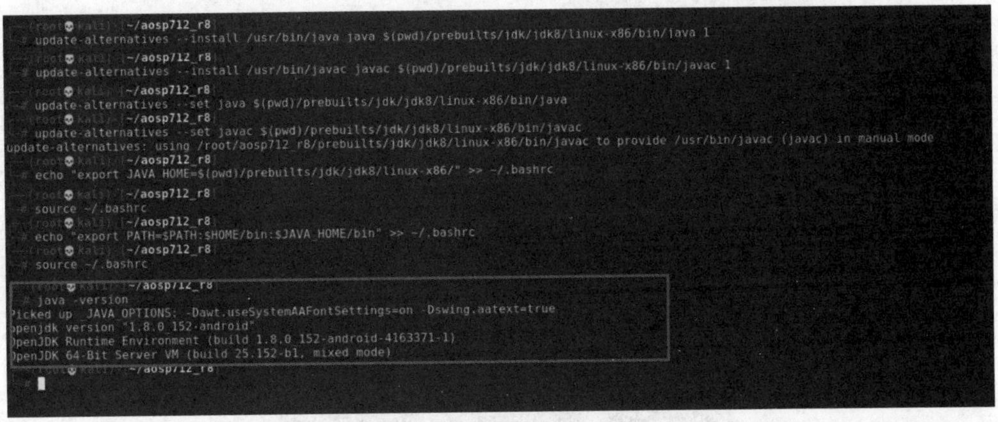

[图片：终端截图，显示 update-alternatives 命令及 java -version 输出]

图 6-6　替换系统 JDK 为 JDK 8

在准备好上述依赖环境后，即可正式开始进行源码的编译。

首先，如图 6-7 所示，切换到系统源码根目录并通过 Android 源码中自带的脚本设置编译所需的环境变量，具体操作如下：

```
# cd ~/aosp712_r8 && source build/envsetup.sh
```

[图片：终端截图，显示 source build/envsetup.sh 输出的 including device/... vendorsetup.sh 列表]

图 6-7　设置环境变量

然后，如图 6-8 所示，设置最终编译出来的系统版本。这里要注意的是，由于在下载驱动时选择的是 Pixel 设备，因此处理模拟器相关编译目标只能选择 Pixel 对应设备的代号 sailfish 对应的选项；另外，在进行这一步时，注意系统的终端必须是 Bash 环境，不可以是 Kali Linux 2021 原生的 Zsh 环境或者其他终端环境，否则可能会出现明明设置的编译目标是 sailfish，但是真正最终编译出来的设备却是 bullhead 等其他设备镜像，或者出现其他不可知的异常。具体选择编译目标的命令如下：

```
# lunch   （这里选择 24，表示编译目标为 sailfish 可调试版本）
```

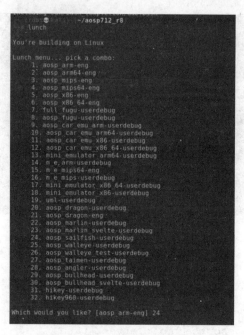

图 6-8 选择编译目标

最终，在一切运行无误的情况下，只需输入如下命令即可开始编译系统的进程。

make

如图 6-9 所示，当输入 make 命令后，终端开始出现百分比的进度条时，基本上编译过程就进入正轨，此时一般不会报错，只需静待即可。当然，编译过程是非常耗费系统内存的，一旦内存分配的不够，就可能会导致出现 out of memory 等内存耗尽错误。如果出现这样的情况，只要给虚拟机加内存就行，这里一开始设置的是 12GB 内存，实测过程中发现基本可以满足源码编译需求。

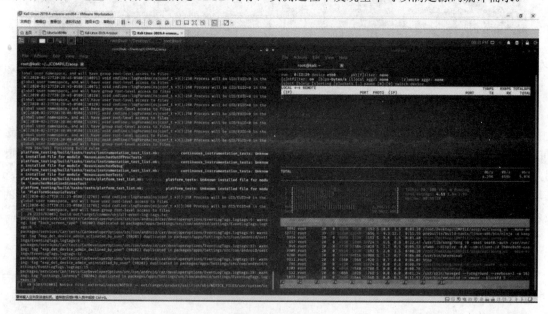

图 6-9 编译过程

不出意外,最终在等待数小时后,如出现图 6-10 中提示的 build completed successfully 即表示系统源码编译成功。

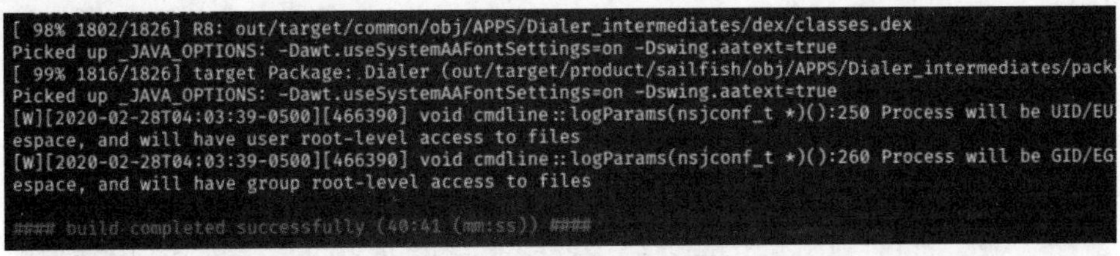

图 6-10 编译成功

6.1.3 自编译系统刷机

上一小节编译得到的系统镜像默认保存在源码根目录下的 out/target/product/<设备代号>/目录下(这里设备代号即为 Pixel 对应的 sailfish 代号),所有编译得到的镜像 IMG 文件如图 6-11 所示。

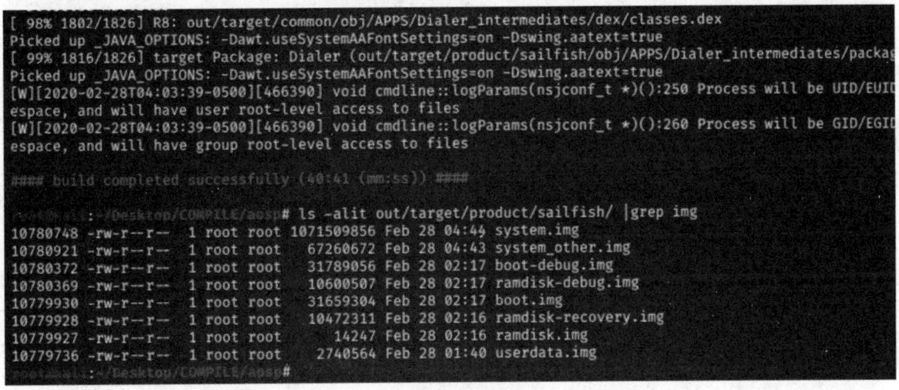

图 6-11 编译结果

此时,如果想要将编译出来的镜像刷入设备,还需要从安卓镜像官网(https://developers.google.com/android/images)下载如图 6-12 所示的对应 Pixel 设备 N2G47O 版本的官方镜像。

图 6-12 系统官方镜像

之所以要下载官方镜像,是因为对比图 6-10 中的 IMG 镜像文件和解压后的官方镜像包(见图

6-13），会发现实际上编译出来的镜像只是官方镜像包内部压缩包的部分镜像文件，关键的 BootLoader 镜像文件以及其他（比如 odem）镜像文件在自编译的系统镜像中都未出现。

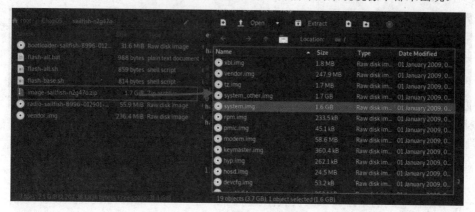

图 6-13　系统官方镜像

因此，如果想刷入自编译的系统，可以先将编译出来的镜像文件替换到官方镜像包中的相应文件并重新压缩，然后将手机以 BootLoader 模式启动，并在保证 Android 设备通过 USB 数据线与虚拟机系统相连的基础上，在虚拟机中运行 flash-all.sh 文件一键刷机，最终刷入自编译的系统效果如图 6-14 所示。

图 6-14　自编译系统版本

至此，一个自定义的 Android 系统就成功编译并刷机成功了。接下来正式开始 Xposed 的编译与定制工作。

6.2 Xposed 定制

6.2.1 Xposed 源码编译

在开始 Xposed 源码的编译之前，我们先来了解一下 Xposed 框架的源码结构。如图 6-15 所示，查看其官方仓库（https://github.com/rovo89），会发现存在 5 个和 Xposed 源码相关的项目，其中每个项目与相应功能的对照关系如表 6-1 所示。

图 6-15 Xposed 框架的相关项目

表6-1 Xposed项目功能对照表

模 块	功 能
XposedInstaller	用于安装到手机上下载和安装 Xposed.zip 刷机包，下载安装和管理模块。注意，这个 App 要正常无误地运行，设备必须拿到 Root 权限
XposedBridge	位于 Java 层的 API 提供者，插件模块调用 Xposed 相关 API 时，首先调用 XposedBridge 中的函数，然后进一步"转发"到 Native 方法
Xposed	位于 Native 层的 Xposed 实际实现，实现了"方法替换"等功能，本质上是对 Zygote 的二次开发
android_art	在原版 art 上进行的二次开发，目录及文件基本上与原版 art 相同，稍加修改以提供对 Xposed 的支持
XposedTools	在编译过程中使用，负责编译和打包刷机用的 ZIP 包

事实上，以上 5 个项目在 Xposed 源码编译时都有其相应的作用，简单来说安装 Xposed 框架的主要逻辑是，在将 XposedInstaller 应用安装到设备上后，XposedInstaller 会下载由 XposedTools 打包的含有 XposedBridge、Xposed 和 android_art 文件的 ZIP 包，并将该 ZIP 包刷入系统，而这里所谓的"刷入"实际上就是利用 Root 权限放置和替换相应的系统文件。

接下来分别对这些模块进行编译。

1. 编译模块管理器（XposedInstaller）

首先，通过 git 命令将系统源码下载到本地：

git clone https://github.com/rovo89/XposedBridge.git

在下载成功后，使用 Android Studio 打开 XposedInstaller 项目，会发现报一个错误：Failed to find target with hash string 'android-27' in: /root/Android/Sdk，如图 6-16 所示。这是因为缺少 android-27 这个版本的 SDK 包，此时只需单击图 6-16 中的提示"Install missing platform(s) and sync project"对相应 SDK 进行安装即可。当然，在解决这个错误后可能还会出现如图 6-17 所示的错误，这时只需继续单击提示链接进行安装即可。

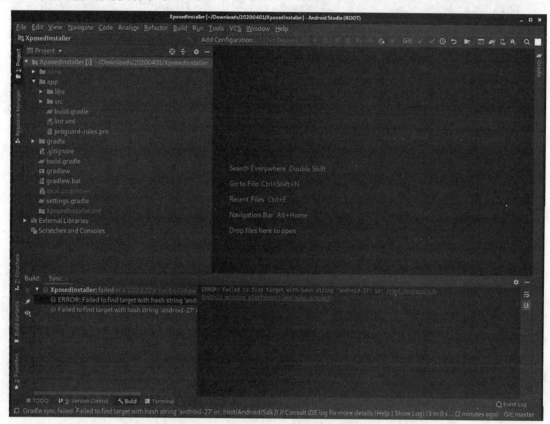

图 6-16　XposedInstaller 同步报错 1

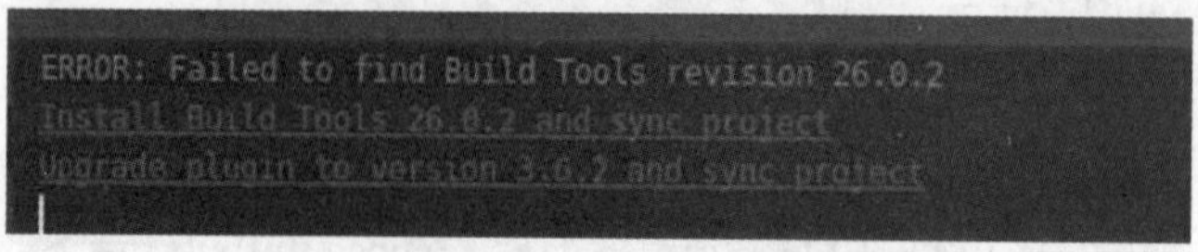

图 6-17　XposedInstaller 同步报错 2

在确认同步完成且无误后，就可以将这个 App 安装在使用 SuperSU 进行 Root 后的 android-7.1.2_r8 官方系统上（之所以还是刷入官方提供的系统中，是因为按照上述步骤编译的系统虽然存在 Root 权限，但是并没有提供对 App 获取 Root 权限的支持，且上一节中编译刷机的系统只是用作验证编译过程是否有误,具体进行刷机和 Root 的操作在第 1 章中已经介绍过了,这里不再赘述),最终手动编译安装的 XposedInstaller 功能如图 6-18 所示。

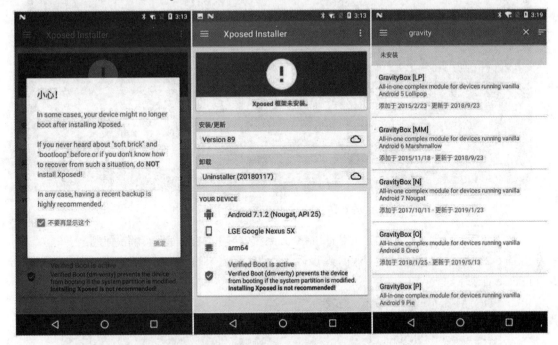

图 6-18　XposedInstaller 安装成功

2. 编译运行时支持库（XposedBridge）

与 XposedInstaller 编译安装过程一致,首先下载项目源码:

git clone https://github.com/rovo89/XposedBridge.git

这里要注意的是,虽然这个项目最终编译的目标文件是一个 JAR 文件,但是同样可以使用 Android Studio 打开项目。当然,编译过程中同样可能会出现错误,这里在打开项目后,经过漫长时间的同步后发现提示如下错误:

```
ERROR: assert sdkSources.exists()
       |                |
       |                false
       /root/Android/Sdk/sources/android-23
```

事实上,这个错误与在编译 XposedInstaller 时出现的缺少特定 SDK 的错误是相同的,只是这里缺失的是 android-23,也就是 Android 6.0 对应的 SDK 包。此时只需依次单击 Android 页面左上角的 File→Settings→Android SDK,勾选 Android 6.0(Marshmallow),再依次单击 Apply→OK 按钮即可开始下载对应的 SDK 包,最终在下载完毕后再次同步项目直至同步成功。

同步成功后,再单击 Android Studio 中的编译按钮,对项目进行编译之后,又会发现出现如图 6-19 所示的错误:while loading shared libraries: libz.so.1。

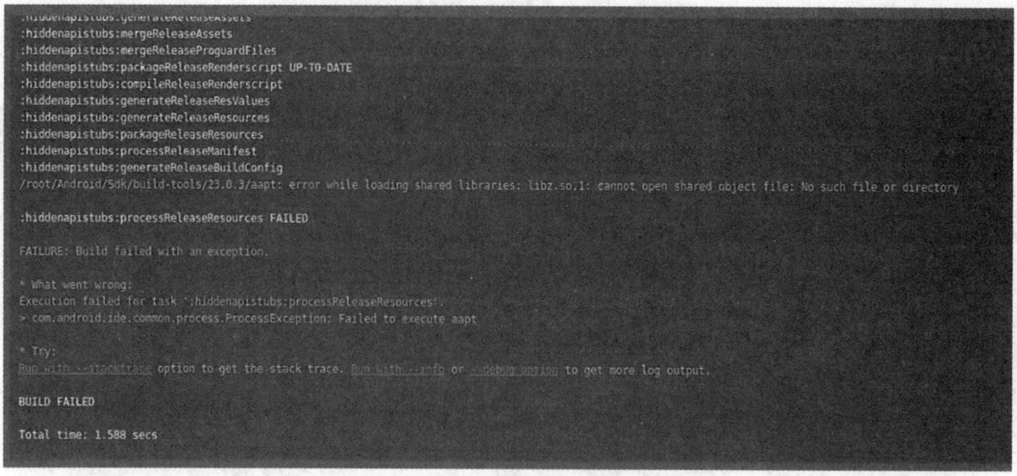

图 6-19 XposedBridge 编译错误

经过笔者研究发现，此时只需使用 apt 命令为系统安装 lib32z1 库即可解决问题。

如图 6-20 所示，在解决上述依赖库错误后，最终编译出来的文件默认保存在 app/build/outputs/apk/release 目录下。

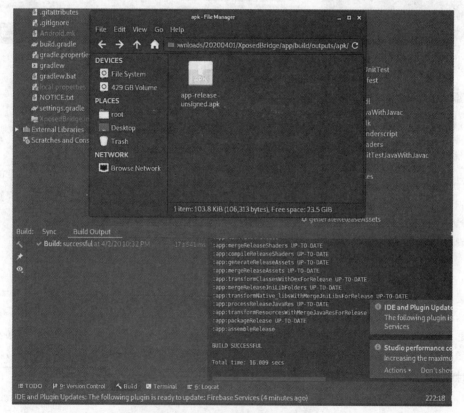

图 6-20 XposedBridge 编译结果

当然，此时生成的文件实际上是一个 APK 文件，但是实际上这里的 JAR 文件和 APK 文件只是后缀不同而已，因此只需将生成的 APK 文件重命名为 XposedBridge.jar 并放置于安卓源码目录中的 out/java 目录下供后续使用即可（java 文件夹若不存在，则可自行新建）。

另外，这里值得一提的是，我们在上一章中介绍的关于 Xposed 模块的编译方式是通过配置 build.gradle 文件完成的，但实际上也可以手动导入相应 JAR 开发包进行 Xposed 模块的开发，而对应的 api.jar 开发包文件实际上也是在这个工程中通过 gradle 命令编译生成的，具体生成方式为：先单击 Android Studio 右侧的 Gradle 展开 Gradle 面板，然后依次展开 XposedBridge→app→Tasks→Other，双击 jarStubs 就会自动开始编译，最终生成开发插件模块用的 JAR 包，如图 6-21 所示。

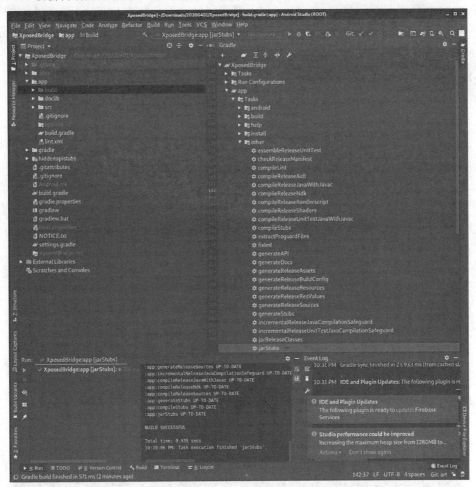

图 6-21　编译 api.jar

另外，jarStubs 下方还存在一个 jarStubsSource，它用于编译 api-sources.jar 文件。最终在 app/build/api/目录下会发现生成的 api.jar 和 api-sources.jar。至此，我们写 Xposed 模块工程时导入的项目包和源码包都已生成，这两个 JAR 文件实际上用于自定义 Xposed 后的插件开发工作，这里暂且不讨论。

3. 编译定制版 art 解释器（android_art）

编译 android_art 相比以上步骤比较简单，可在 Android 系统源码的环境下编译。具体编译步骤如下：

首先，要保证系统源码编译成功过一次并且刷入手机后系统能够正常开机使用，这也正是 6.1 节所做的工作。

然后，按照如下命令移动原版 art 目录到系统源码外部（实际上这一步只是用于备份原版 art 源码），这里保存在系统桌面上。

```
# mv art/ ~/Desktop/art_backup/
```

再次，如代码清单 6-5 所示，在 Android 系统源码目录下下载 android_art 项目到本地并重命名为 art，然后重新编译系统。这个过程中不会出现任何问题，如图 6-22 所示，在等待几十分钟后即可编译成功。

代码清单 6-5　编译 android_art

```
# git clone https://github.com/rovo89/android_art.git art
# source build/envsetup.sh
# lunch 24 // sailfish-userdebug 对应数字
# make
```

图 6-22　android_art 编译成功

4. 编译本体（Xposed）

Xposed 项目的编译同样非常简单，只需要将其放在源码的指定目录 frameworks/base/cmds 中即可，后续直接通过 XposedTools 自动寻找并进行编译工作，具体执行命令如代码清单 6-6 所示。

代码清单 6-6　下载编译 Xposed

```
# cd ~/aosp712_r8    // 切换到Android系统源码根目录
# cd frameworks/base/cmds
# git clone https://github.com/rovo89/Xposed xposed
```

5. 编译刷机包（XposedTools）

最后一步是最难、最复杂的，就是使用 XposedTools 编译出可以刷入手机的 xposed-v89-sdk25-arm64.zip 刷机包，供 XposedInstaller 下载且刷入至手机。

首先，在下载对应 XposedTools 项目源码后，按照如下命令将文件夹内的编译配置模板复制一份做备份用：

```
# cd XposedTools && cp build.conf.sample build.conf
```

复制完成后，如代码清单 6-7 所示，对 build.conf 配置文件进行自定义修改，其中 outdir 对应系统源码输出目录，javadir 对应 XposedBridge.jar 所在目录，version 对应最终生成的版本号，AospDir 属性设置为系统源码对应的 SDK numbers（7.1 对应的 SDK number 为 25）以及对应的源码目录，最后一个属性 BusyBox 中对应的数字也要修改为源码对应的 SDK number。

代码清单 6-7　build.conf

```
[General]
outdir = /root/aosp712_r8/out # 源码输出目录
javadir = /root/aosp712_r8/out/java  # XposedBridge.jar 放置目录

[Build]
# Please keep the base version number and add your custom suffix
version = 89 (custom build by r0ysue / %s)
# makeflags = -j4

[GPG]
sign = release
user = 852109AA!

# Root directories of the AOSP source tree per SDK version
[AospDir]
25 = /root/aosp712_r8 # 25 代表 android 7.1

# SDKs to be used for compiling BusyBox
# Needs https://github.com/rovo89/android_external_busybox
[BusyBox]
arm = 25
x86 = 25
armv5 = 25
```

在设置完 XposedTools 的编译选项后还不能够直接编译。这是因为 XposedTools 的编译依赖于 Perl 语言的开发环境，而 Kali 系统本身并没有这样的环境，所以还需要输入如下命令以安装一系列的 Perl 环境及第三方包。

```
# apt install libconfig-inifiles-perl libauthen-ntlm-perl libclass-load-perl\
  libcrypt-ssleay-perl libdata-uniqid-perl libdigest-hmac-perl \
  libdist-checkconflicts-perl libfile-copy-recursive-perl libfile-tail-perl
```

在安装完 Perl 的开发环境后，还需要为 XposedTools 安装一系列 Perl 的第三方工具包，这里推荐使用 cpan 命令进行安装，具体命令如下：

```
# cpan install Config::IniFiles File::Tail File::ReadBackwards Archive::Zip
```

在所有 Perl 的第三方工具库都安装完毕后，就可以按照如下命令开始 XposedTools 模块的安装。这里 arm64 为目标设备 sailfish 的设备架构，25 代表 Android 7.1 对应的 SDK number。

```
# ./build.pl -t arm64:25
```

最终编译完成的成品如图 6-23 所示。

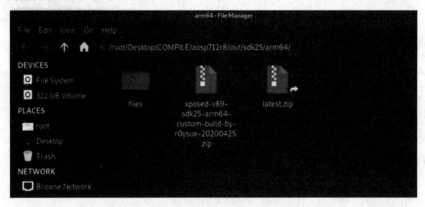

图 6-23　XposedTools 编译成功

6. 验证

上一步最终编译出来的刷机包名为 xposed-v89-sdk25-arm64-custom-build-by-r0ysue-20200425.zip，为了方便后续刷入，这里将其重命名为与官网相同的 xposed-v89-sdk25-arm64.zip。

在通过 XposedInstaller 进行刷机包的刷入步骤中，采用了本地搭建简单服务器并替换 XposedInstaller 项目中设置远程下载地址函数的方式，具体修改的是 XposedInstaller 项目中 DownloadsUtil.java 文件的 setUrl 函数，这里最终修改后的 DownloadsUtil.java 文件内容如代码清单 6-8 所示。

代码清单 6-8　DownloadsUtil.java

```java
package de.robv.android.xposed.installer.util;

import android.app.DownloadManager;
...
import de.robv.android.xposed.installer.repo.ReleaseType;

public class DownloadsUtil {
    public static final String MIME_TYPE_APK =
```

```java
"application/vnd.android.package-archive";
        public static final String MIME_TYPE_ZIP = "application/zip";
        private static final Map<String, DownloadFinishedCallback> mCallbacks = new HashMap<>();
        private static final XposedApp mApp = XposedApp.getInstance();
        private static final SharedPreferences mPref = mApp
                .getSharedPreferences("download_cache", Context.MODE_PRIVATE);

    public static class Builder {
        private final Context mContext;
        private String mTitle = null;
        private String mUrl = null;
        private DownloadFinishedCallback mCallback = null;
        private MIME_TYPES mMimeType = MIME_TYPES.APK;
        private File mDestination = null;
        private boolean mDialog = false;

        public Builder(Context context) {
            mContext = context;
        }

        public Builder setTitle(String title) {
            mTitle = title;
            return this;
        }

        public Builder setUrl(String url) {
            //mUrl = url;
            //将这里改成指向本地服务器的刷机包文件放置于本地搭建的 HTTP 服务器根目录下，
具体本地服务器搭建方式可自行研究
            mUrl = "http://192.168.0.9/xposed-v89-sdk25-arm64.zip";
            return this;
        }
        ...
    }
}
```

在修改完 XposedInsaller 项目源码后，将其重新编译安装到测试手机上，此时按照正常下载安装 Xposed 的步骤即可完成自编译 Xposed 的刷入，最终在激活并重启设备后，XposedInstaller 应用的界面如图 6-24 所示。可以发现笔者自编译的 Xposed 框架 89（custom build by r0ysue）已成功刷入系统且激活，此时如果安装第三方插件程序，就会发现 Hook 效果同样表现正常（事实上这里已经成功安装了 GravityBox 插件并修改了状态栏颜色，但限于印刷效果，可能无法观察到）。

图 6-24　自编译版本 Xposed 激活成功

6.2.2　Xposed 魔改绕过 XposedChecker 检测

在正式开始进行 Xposed 的魔改前，我们使用 XposedChecker 这个检测 Xposed 特征的开源工具对自编译的 Xposed 框架进行检测，最终检测结果如图 6-25 所示。

图 6-25　Xposed 框架检测结果

观察图 6-25 中的检测结果可以发现，共存在 5 个被检测出来的 Xposed 特征。当然，如

XposedChecker 声明的那样，虽然某些检测项目显示"未发现 Xposed"，但并非说明不存在 Xposed，只是可能因为该检测函数并未被 Xposed Hook 或其他原因导致无法满足检测特征。这里为了方便后续有目的性地修改 Xposed 源码，我们先来了解一下 XposedChecker 对 Xposed 的检测方法。

在将 XposedChecker 项目源码从 GitHub 下载到本地并载入 Android Studio 后，会发现所有的检测逻辑都集中在 app\src\main\java\ml\w568w\checkxposed\ui\MainActivity.java 文件中，具体的检测项如代码清单 6-9 所示。

代码清单 6-9　XposedChecker 检测项

```
private static final String[] CHECK_ITEM = {
    "载入 Xposed 工具类",
    "寻找特征动态链接库",
    "代码堆栈寻找调起者",
    "检测 Xposed 安装情况",
    "判定系统方法调用钩子",
    "检测虚拟 Xposed 环境",
    "寻找 Xposed 运行库文件",
    "内核查找 Xposed 链接库",
    "环境变量特征字判断",
};
```

这里介绍几个具体的检测项相应的实现。

（1）如代码清单 6-10 所示，"载入 Xposed 工具类"检测项是通过调用系统类加载器尝试加载 XposedHelpers 类，并通过 try-catch 异常处理机制确认是否存在 XposedHelpers 类，进而判断设备系统中是否存在 Xposed 框架的。

代码清单 6-10　"载入 Xposed 工具类"检测项

```
private boolean testClassLoader() {
    try {
        ClassLoader.getSystemClassLoader()
            .loadClass("de.robv.android.xposed.XposedHelpers");

        return true;
    }
    catch (ClassNotFoundException e) {
        e.printStackTrace();
    }
    return false;
}
```

（2）在"寻找特征动态链接库"检测项对应的实现如代码清单 6-11 所示，可以发现相应检测方法是通过查看 /proc/self/maps 文件，从而判断进程自身内存模块名中是否包含 XposedBridge 字符串的模块的方式进行的。

代码清单 6-11　"寻找特征动态链接库"检测项

```
private int check2() {
    return checkContains("XposedBridge") ? 1 : 0;
```

```java
    }
    public static boolean checkContains(String paramString) {
        try {
            HashSet<String> localObject = new HashSet<>();
            // 读取 maps 文件信息
            BufferedReader localBufferedReader =
        new BufferedReader(new FileReader("/proc/" + Process.myPid() + "/maps"));
            while (true) {
                String str = localBufferedReader.readLine();
                if (str == null) {
                    break;
                }
                localObject.add(str.substring(str.lastIndexOf(" ") + 1));
            }
            //应用程序的链接库不可能是空, 除非高于 7.0
            if (localObject.isEmpty() && Build.VERSION.SDK_INT <=
Build.VERSION_CODES.M) {
                return true;
            }
            localBufferedReader.close();
            for (String aLocalObject : localObject) {
                if (aLocalObject.contains(paramString)) {
                    return true;
                }
            }
        }
        catch (Throwable ignored) {
        }
        return false;
    }
```

（3）如代码清单 6-12 所示，在"检测 Xposed 安装情况"检测项中，实际上就是通过获取系统已安装 App 列表的方式判断其中是否包含特定 Xposed 相关 App 的存在，这里仅关注 XposedInstaller 对应的包名 de.robv.android.xposed.installer。

代码清单 6-12　"检测 Xposed 安装情况"检测项

```java
    private static final String[] XPOSED_APPS_LIST = new
String[]{"de.robv.android.xposed.installer", "io.va.exposed",
"org.meowcat.edxposed.manager", "com.topjohnwu.magisk", "com.doubee.ig",
"com.soft.apk008v", "com.soft.controllers", "biz.bokhorst.xprivacy"};
    private int check4() {
            StringBuilder builder = new
StringBuilder(String.format(getString(R.string.item_4_1), 0));
            try {
                List<PackageInfo> list =
getPackageManager().getInstalledPackages(0);
                builder = new
StringBuilder(String.format(getString(R.string.item_4_1), list.size()));
                for (PackageInfo info : list) {
                    for (String pkg : XPOSED_APPS_LIST) {
                        if (pkg.equals(info.packageName)) {
                            builder.append(getString(R.string.item_4_2)).append(pkg).append("\n");
                            techDetails.add(builder.toString());
```

```
                return 1;
            }
        }
    }
} catch (Throwable ignored) {
}
builder.append("[").append(toStatus(false)).append("]");
techDetails.add(builder.toString());
return 0;
}
```

（4）关于"环境变量特征字判断"的检测方式，如代码清单 6-13 所示，其相应实现是通过获取系统中 CLASSPATH 环境变量的方式进行检测的。同样，这种检测方式也是判断字符串中是否包含 XposedBridge 这个固定文件名。

代码清单 6-13　环境变量检查

```
private int check9() {
    return System.getenv("CLASSPATH").contains("XposedBridge") ? 1 : 0;
}
```

对比上述介绍的检测方式以及其他未介绍的检测方式，会发现除了第 5 项 "判定系统方法调用钩子"检测方式外，其他针对 Xposed 的检测方式都高度依赖字符串的匹配，而这样的检测方式正是笔者进行魔改的突破点。简单来说，就是将全局包含 Xposed 字符串可供检测的点修改为其他字符串，这里的魔改目标就是全局修改 Xposed 字符串为 Xppsed。

接下来让我们正式开始"魔改"的流程。

首先，修改 XposedInstaller 这个 App 的 Xposed 字符串特征，具体测试后，笔者发现实际上要修改的部分非常少：只要修改整体的包名以及 prop 配置文件名相关的字符串即可。这两项的修改方式在 Android Studio 的帮助下异常简单，具体步骤如下：

步骤 01 按照如图 6-26 所示的步骤选择 Project 文件树并取消 Android Studio 目录折叠的默认设置：取消勾选 Compact Middle Packages 选项。

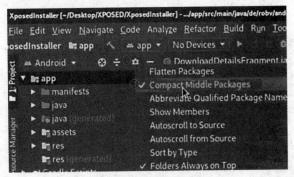

图 6-26　取消目录折叠

步骤 02 按照如图 6-27 所示的方式右击选中 xposed 包名并重命名为 xppsed。

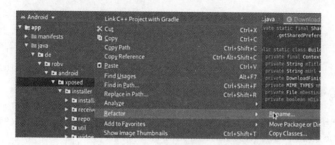

图 6-27 重命名包名

当然,这里 Android Studio 会提示搜索工程中所有出现 xposed 包名的地方,如图 6-28 所示,只需在出现的 Preview 窗口单击 Do Refactor 按钮执行所有修改即可。

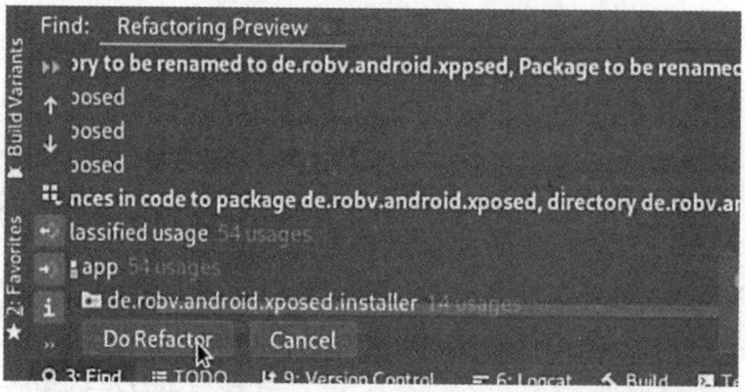

图 6-28 确认修改

步骤 03 确认修改成功。在执行完 Do Refactor 后,如图 6-29 所示,任意打开 Java 工程文件,会发现其包名中的 xposed 都变成了 xppsed。

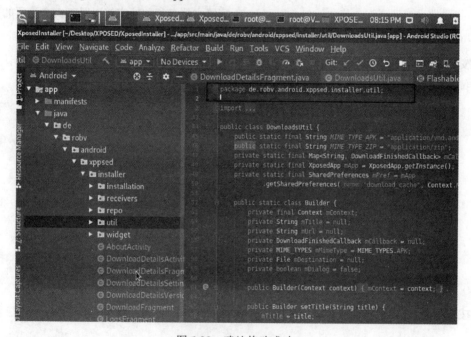

图 6-29 确认修改成功

步骤04 到上一步为止,只是将所有包名中包含 xposed 的代码文件中相关的字符串替换为 xppsed,但是实际上在一个 Android 项目中,除了代码文件外,还存在很多配置文件和字符串硬编码,比如 AndroidManifest.xml 文件,这是 Android Studio 智能修改无法完成的事情。因此,这种可能包含 xposed 的相关包名记录的情况,还需要通过如图 6-30 所示的方式右击选中 app 目录,在项目中全局搜索,替换 de.robv.android.xposed.installer 字符串为 de.robv.android.xppsed.installer(注意这里不能直接全局搜索 xposed)。

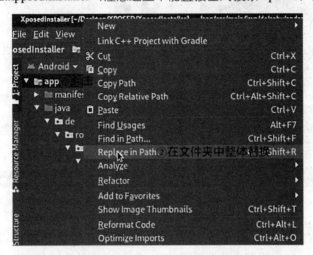

图 6-30 全局搜索 de.robv.android.xposed.installer 字符串

步骤05 在完成修改整体的包名的步骤后,还需要修改 XposedInstaller 项目中硬编码 prop 配置文件名的位置。相应的配置文件名是在 XposedApp.java 中定义的,图 6-31 所示是修改后的 prop 配置文件名。

图 6-31 修改 prop 配置文件名

在完成以上所有修改后,再次将应用编译安装到手机上,以验证以上修改是否成功,这里在单击 Build→Clean 后,再次编译安装到手机上的结果如图 6-32 所示。到这里,XposedInstaller 的魔改也就顺利完成了。

图 6-32　XposedInstaller 安装启动正常

XposedBridge 工程的修改点同样也是包名，只需要按照针对 XposedInstaller 工程的修改方式依葫芦画瓢即可完成修改，在修改完成并重新编译后，无须安装到手机上，而是将编译出来的文件复制并命名为 XppsedBridge.jar 即可。

另外，为了后续的 Xposed 模块编写工作，还需要按照 6.2 节中编译 api.jar 和 api-source.jar 文件的方式再次编译出一份适用于自定义 Xposed 框架的开发包待用。

在自定义 Xposed 框架的过程中，实际上最复杂的是针对 Xposed 项目源码的修改。如图 6-33 所示，虽然这部分的代码不多，在 6.2 节中对其编译的难度也最低，但是这部分在自定义的过程中修改的地方却是最多的。

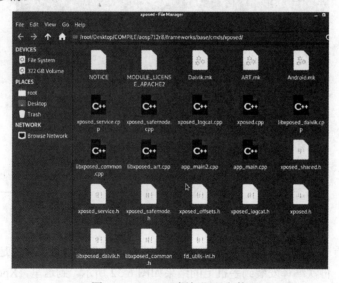

图 6-33　Xposed 框架源码文件

其中具体要修改的部分如下：

（1）替换 libxposed_common.h 文件中包含 xposed 包名的位置为 xppsed，具体修改内容如代码清单 6-14 所示。

代码清单 6-14　libxposed_common.h 修改内容

```
// 修改前
#define CLASS_XPOSED_BRIDGE "de/robv/android/xposed/XposedBridge"
#define CLASS_ZYGOTE_SERVICE "de/robv/android/xposed/services/ZygoteService"
#define CLASS_FILE_RESULT "de/robv/android/xposed/services/FileResult"
// 修改后
#define CLASS_XPOSED_BRIDGE "de/robv/android/xppsed/XposedBridge"
#define CLASS_ZYGOTE_SERVICE "de/robv/android/xppsed/services/ZygoteService"
#define CLASS_FILE_RESULT "de/robv/android/xppsed/services/FileResult"
```

（2）如代码清单 6-15 所示，修改 Xposed.h 文件中包含 xposed 子串的字符串为 xppsed。

代码清单 6-15　Xposed.h 文件修改

```
// 修改前
#define XPOSED_PROP_FILE "/system/xposed.prop"
#define XPOSED_LIB_ART XPOSED_LIB_DIR "libxposed_art.so"
#define XPOSED_JAR "/system/framework/XposedBridge.jar"
#define XPOSED_CLASS_DOTS_ZYGOTE "de.robv.android.xposed.XposedBridge"
#define XPOSED_CLASS_DOTS_TOOLS "de.robv.android.xposed.XposedBridge$ToolEntryPoint"
// 修改后
#define XPOSED_PROP_FILE "/system/xppsed.prop"
#define XPOSED_LIB_ART XPOSED_LIB_DIR "libxppsed_art.so"
#define XPOSED_JAR "/system/framework/XppsedBridge.jar"
#define XPOSED_CLASS_DOTS_ZYGOTE "de.robv.android.xppsed.XposedBridge"
#define XPOSED_CLASS_DOTS_TOOLS "de.robv.android.xppsed.XposedBridge$ToolEntryPoint"
```

（3）如代码清单 6-16 所示，修改 xposed_service.cpp。

代码清单 6-16　xposed_service.cpp 文件修改

```
// 修改前
IMPLEMENT_META_INTERFACE(XposedService, "de.robv.android.xposed.IXposedService");
// 修改后
IMPLEMENT_META_INTERFACE(XposedService, "de.robv.android.xppsed.IXposedService");
```

（4）如代码清单 6-17 所示，还需要修改 xposed_shared.h 文件中包含 xposed 字符串的地方。

代码清单 6-17　xposed_shared.h 文件修改

```
// 修改前
#define XPOSED_DIR "/data/user_de/0/de.robv.android.xposed.installer/"
#define XPOSED_DIR "/data/data/de.robv.android.xposed.installer/"
// 修改后
#define XPOSED_DIR "/data/user_de/0/de.robv.android.xppsed.installer/"
#define XPOSED_DIR "/data/data/de.robv.android.xppsed.installer/"
```

（5）修改编译配置文件 ART.mk，修改处如代码清单 6-18 所示。

代码清单 6-18　ART.mk 文件修改

```
// 修改之前
libxposed_art.cpp
LOCAL_MODULE := libxposed_art
// 修改之后
libxppsed_art.cpp
LOCAL_MODULE := libxppsed_art
```

（6）将 xposed 文件夹下的 libxposed_art.cpp 文件重命名为 libxppsed_art.cpp 即可完成 Xposed 框架源码的修改工作。

最后，修改 XposedTools 编译工具的源码。

事实上，这部分代码与最终生成的 ZIP 包并无直接联系，只是在编译过程中需要通过字符串的方式连接各个模块并编译而已，因此对这部分的修改原则在于：只要编译过程不报错就行。

由于在之前的修改中存在 3 处修改生成文件的地方：xppsed.prop、XppsedBridge.jar 和 libxppsed_art。因此，在修改过程中只要将 build.pl 和 zipstatic/_all/META-INF/com/google/android/flash-script.sh 这两个文件中的上述字符串修改为魔改后的字符串即可。

需要注意的是，在这部分修改的过程中，可充分利用编辑器的查找、替换功能，保证不要有遗漏，如图 6-34 所示。在修改完之后，可以到 XposedTools 根目录下运行 grep 命令，保证找不到相应的字符串，即全部替换完成。

```
# grep -ril "xposed.prop" *
```

到这一步，文件修改的部分就完成了。接下来是通过 XposedTools 对各个模块编译的步骤。注意，在最终编译之前，需要把自定义修改后编译生成的 XppsedBridge.jar 文件放置到$AOSP/out/java/目录中，并删除原有的 XposedBridge.jar 文件。

与 6.2 节中编译的方式一致，按照如下命令进行编译即可：

```
# ./build.pl -t arm64:25
```

在成功编译并刷入手机后，再次使用 XposedChecker 工具进行检测，最终检测效果如图 6-35 所示，可以发现所有检测 Xposed 的部分已经失效，魔改成功。

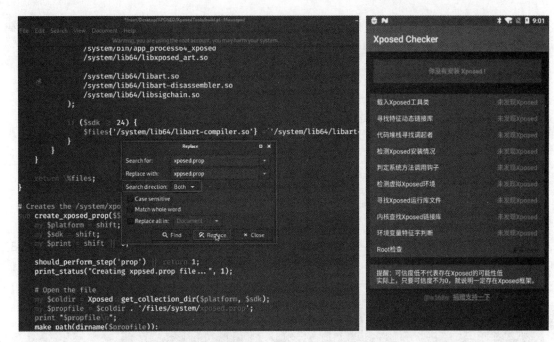

图 6-34　查找、替换功能　　　　　　　图 6-35　XposedChecker 检测结果

在使用魔改完毕的 Xposed 框架时要注意，市面上所有基于原版 Xposed 框架的模块都不会再生效，比如 GravityBox 在安装到安装了自定义修改的 Xposed 框架的手机上后，甚至都无法打开（见图 6-36），究其原因，正是因为 GravityBox 会在后台寻找 de.robv.android.xposed.IXposedHookZygoteInit 这个类，但可惜的是这个类被修改了。

图 6-36　GravityBox 无法打开

最后介绍一下基于自定义修改的 Xposed 框架编写 Xposed 模块的方式，其相应的编写步骤如下：

首先，将在编译 XposedBridge.jar 工程时编译的两个附属品 api.jar 和 api-source.jar 文件放置到 Android 项目的 libs/ 目录中，并在 App 工程的 app/build.gradle 文件的 dependencies 节点中，使用

compileOnly files('libs/api.jar')指定使用刚刚编译出来的库，最终 dependencies 节点的内容如代码清单 6-19 所示。

代码清单 6-19　build.gradle 文件

```
dependencies {
    implementation 'androidx.appcompat:appcompat:1.1.0'
    implementation 'androidx.constraintlayout:constraintlayout:1.1.3'
    testImplementation 'junit:junit:4.12'
    androidTestImplementation 'androidx.test.ext:junit:1.1.1'
    androidTestImplementation 'androidx.test.espresso:espresso-core:3.2.0'
    compileOnly files('libs/api.jar')
    compileOnly files('libs/api-sources.jar')
}
```

此时再次编写 Hook 代码，即可正常使用快捷键将需要的包导入，最终导入的模块名如图 6-37 所示。

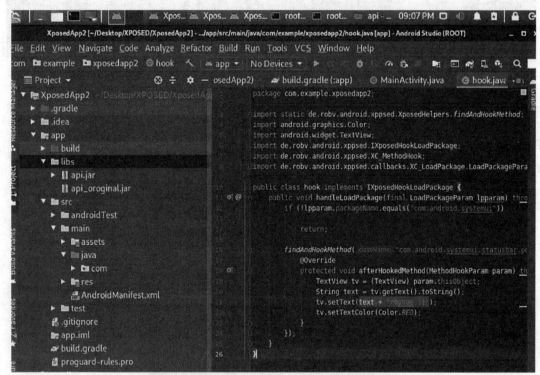

图 6-37　自定义模块编写导入

这里编写了在系统时间栏后面加字符串和颜色更换的 Hook 代码，具体内容如代码清单 6-20 所示。

代码清单 6-20　Hook 代码

```
public class hook implements IXposedHookLoadPackage {
    public void handleLoadPackage(final LoadPackageParam lpparam) throws Throwable {
        if (!lpparam.packageName.equals("com.android.systemui"))
```

```
            return;

        findAndHookMethod("com.android.systemui.statusbar.policy.Clock",
lpparam.classLoader, "updateClock", new XC_MethodHook() {
            @Override
            protected void afterHookedMethod(MethodHookParam param) throws
Throwable {
                TextView tv = (TextView) param.thisObject;
                String text = tv.getText().toString();
                tv.setText(text + "r0ysue :)");
                tv.setTextColor(Color.RED);
            }
        });
    }
}
```

最终编译运行后，Hook 效果以及 XposedChecker 检测结果如图 6-38 所示。

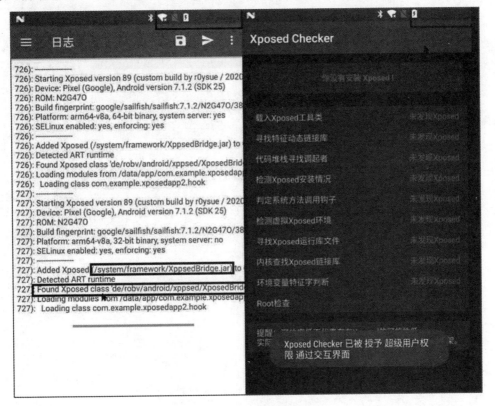

图 6-38　自定义模块运行结果

6.3　本章小结

本章带领读者从简单的安卓源码的编译工作开始一步一步介绍 Xposed 这一框架的编译与自定义修改，并在 XposedChecker 这一开源 Xposed 检测工具的检测下成功隐藏了 Xposed 的特征。但事实上，正如笔者在介绍 XposedChecker 源码时所讲，该工具检测 Xposed 特征的方式大部分只是通过简单的字符串进行检测，而 Xposed 的特征肯定不止有字符串这种方式，比如被 Xposed Hook 的函数其 access_flags 属性变成了 native 这一特征。因此，要做到一个真正可用的、无法被检测出来的自定义 Xposed，在本章中最终得到的"魔改"版 Xppsed 还任重道远。当然，这里仅仅是抛砖引玉，如果读者对这部分内容有兴趣，可以自行深入研究。

第 7 章

Android 沙箱之加解密库"自吐"

相信如果读者对 Android 系统足够了解,那么一定对"沙箱"这个词不陌生:每个安卓应用都运行在独立的沙箱中。但是从这一章开始要介绍的"沙箱"并不是指应用运行时的沙箱,而是指系统级的沙箱。这里所谓的"系统级的沙箱"是指:通过自定义系统源码编译特定系统,使得运行在自定义系统上的 App 行为都暴露在系统的监控下,进而辅助完成后续逆向分析的任务。从本章开始,将从多个角度简单介绍系统级沙箱的开发方式,带领读者领略沙箱的强大之处。

7.1 沙箱介绍

对于系统来说,由于 App 的全部代码都是依赖系统执行的,因此无论是加固 App 在运行时的脱壳,还是 App 发送和接收数据包,对于系统本身来说,App 的行为都是没有隐私的。换句话说,如果在系统层或者更底层对 App 进行行为监控,App 的很多关键信息就会暴露在"阳光"之下,一览无余。

基于这种从高维度对抗进而降维打击应用的思路,DexHunter、Fupk、FART 等脱壳机从 ART 虚拟机层面对运行在应用层的 App 进行内存数据的 dump,进而提出一、二代壳(整体加固和函数抽取壳)的解决方案,甚至 FART 10 基于这种思路解决了部分三代壳的脱壳问题,更有 TinyTool 从内核中调用 JProbe 来监控 syscall 系统调用,这样即使 App 应用使用静态编译的二进制文件或通过 svc 汇编指令在用户态直接进行系统调用,最终导致用户态 Hook 失效且没有意义,还可以从内核中打印出一份日志为分析 App 的行为提供依据。代码清单 7-1 是笔者在测试 TinyTool 时打印的部分日志内容。

代码清单 7-1 TinyTool 部分日志

```
[34728.283575] REHelper device open success!
[34728.285504] Set monitor pid: 3851
[34728.287851] [openat] dirfd: -100, pathname /dev/__properties__, flags: a8000, mode: 0
[34728.289348] [openat] dirfd: -100, pathname /proc/stat, flags:20000,mode: 0
[34728.291325] [openat] dirfd: -100, pathname /proc/self/status, flags: 20000,
```

```
mode: 0
    [34728.292016] [inotify_add_watch]: fd: 4, pathname: /proc/self/mem, mask: 23
    [34729.296569] PTRACE_PEEKDATA: [src]pid = 3851 --> [dst]pid = 3852, addr:
40000000, data: be919e38
```

除了以上这些开源的沙箱外，事实上各大安全或杀毒公司都有自己的沙箱：将 App 安装在沙箱上运行一次，从而快速得到 App 的执行流，最终得到一个成熟的安全分析报告。目前，笔者已知的公开提供这项服务的包括微步在线云沙箱（官网地址：https://s.threatbook.cn/，通过模拟文件执行环境来分析和收集文件的静态和动态行为数据，结合微步威胁情报云，分钟级发现未知威胁）、Cuckoo Sandbox（官网地址： https://cuckoosandbox.org/）等。

除了以上基于系统源码或者内核源码的沙箱外，还有一些其他类型的沙箱。比如基于 Hook 类型的沙箱：r0capture 虽然没有直接修改系统源码，但是其基于 Hook 的思路对系统收发包函数进行二进制插桩，从而提出了应用层抓包的通杀方案；appmon（项目地址：https://github.com/dpnishant/appmon）更是基于 Frida Hook 对系统标准加密库、文件系统函数进行 Hook，从而追踪 App 通过系统提供的 API 执行的痕迹，最终辅助逆向工作人员对 App 进行分析。

但正如上面所说的，App 是因为依赖系统提供 API，进而导致本身行为暴露在系统监控中，那么如果 App 想要对抗沙箱的分析，该怎么做呢？笔者个人认为，首先 App 应当尽可能减少系统 API 的调用，其次关键函数的算法尽量不直接使用系统提供的加密库，而是尽可能自己实现一定量的算法。除此之外，为了保护自实现算法不被破解，可以采取对自实现算法进行强混淆或者增加 VMP 保护等。当然，这里提出的对抗思路仅能对抗部分沙箱，由于 App 开发的目的就是在系统上运行，不可避免地会有运行痕迹的存在，要完全对抗沙箱还需广大读者见仁见智。

基于此，本章将首先基于 appmon 这一 Hook 类型的沙箱提出针对加密库进行分析的脚本，从 Frida Hook 入手开发属于我们自己的加密库"自吐"沙箱。

7.2 哈希算法"自吐"

7.2.1 密码学与哈希算法介绍

在信息安全等级保护工作中，通常根据信息系统的机密性（Confidentiality）、完整性（Integrity）、可用性（Availability）来划分信息系统的安全等级，简称为 CIA。其中机密性这一特性通俗来讲就是指一般人不可知晓。它的另一层意思是，只有被授权的主体才知道信息的内容，要做到这一点就要依靠密码学完成。以数据传输过程为例，在数据从发送方被发送出去之前需要对数据进行加密，以保证在传输过程中不被除接收方之外的第三方获取。当然，仅仅是单一的加解密算法并不能够保证数据在传输过程中的机密性，因此在加密过程中还需要进一步保证只有接收方和发送方能够得到真实数据的密钥的参与，密钥只掌握在发送方和接收方两者手中，从而保障数据的机密性。

从上述介绍中，读者会发现密码学中最重要的概念其实是加解密算法和密钥，加解密算法保证数据在传输过程中是密文状态，仅掌握在通信双方手中的密钥保障了即使第三方得知加解密的算法和密文，也无法得到真实的原始数据。基于此，现代密码学中出现了两种流派，即对称密码和非对称密码。这里的对称和非对称区别在于通信双方的密钥上，对称密码通信双方持有的密钥是一样的，换句话说，同一密钥不仅可以用于加密，还可以用于解密，其中经典的算法有 DES、AES 等；相反，非对称密码通信双方持有的密钥并不相同，分别称为公钥和私钥，其中公钥用于加密，私钥用于解密，主要算法有 RSA、ECC 等。

除了上述介绍的对称密码和非对称密码外，密码学中还存在一类算法——哈希（Hash）算法。与前两者不同的是，哈希算法是一种能够将任意长度的输入转化为固定长度输出，且加密过程不可逆的算法，最终得到的输出称为哈希值，因此哈希算法通常用于保障数据信息不被篡改，又称为消息摘要算法。另外，哈希算法还有另一个重要特征，即任意两个不同的消息，其 Hash 值一定不同，称为哈希算法的抗冲突性。常用的哈希算法有 MD4/MD5 等 MD 系列算法、SHA-1/SHA-256 等 SHA 系列算法等，其中 MD5 算法被广泛使用，可以产生一个 128 位（16 字节，一字节 8 位）的哈希值（常见的哈希值是用 32 位的 16 进制字符串表示的，比如 da00c473044a131e4c58e53b81187e9c）。

尽管密码学本身的算法可能十分复杂，但如果想要使用目前已经公开的密码学算法对数据进行加解密或者获取消息摘要，还是存在很多的库函数可以使用的。比如在 Android 领域，如果想要使用密码学算法，通常只需要调用系统 API，比如 Cipher 类中的函数用于对称/非对称算法，MessageDigest 类中的函数用于哈希函数的计算，安卓中如此便利的加解密库封装给逆向人员带来了一定的帮助：可以直接通过 Hook 关键加解密库函数对明文、密文甚至密钥进行"自吐"操作。在接下来的章节中，将以 MD5 算法为入口从 Hook 到沙箱分别介绍对加解密库函数的"自吐"方法，带领读者切身体会沙箱的威力。

7.2.2 MD5 算法 Hook"自吐"

如图 7-1 所示，以 xianjianbang.apk 这一集合了众多标准加解密库调用的 Demo 为例，针对其 Hash 算法之一 MD5 进行测试研究。

图 7-1　Demo 主页面

在通过使用 Frida 将 hookEvent.js 脚本注入应用并快速定位 JAVAMD5 按钮响应函数的关键类为 com.xiaojianbang.app.MainActivity 后，使用 Jadx 打开 App 并追踪到该类的 onClick 函数，会发现该函数中存在着如图 7-1 所示的众多控件的响应入口，最终定位到实现 JAVAMD5 按钮的关键函数内容如代码清单 7-2 所示。

代码清单 7-2　JAVAMD5 按钮响应函数

```
package com.xiaojianbang.app;
import java.security.MessageDigest;
public class MD5 {
    public static String md5_1(String arg2) throws Exception {
        MessageDigest v0 = MessageDigest.getInstance("MD5", "BC");
        v0.update(arg2.getBytes());
        return Utils.byteToHexString(v0.digest());
    }
}
```

需要注意的是，这个样本中的 JAVAMD5 按钮等利用 Java 标准加密库的功能在高版本中是无法成功执行的，这是因为 MessageDigest 类在加密时，如果指定 BC 模式，在 Android P 以上版本是会抛出 java.security.NoSuchAlgorithmException 异常，导致最终无法执行的，因此建议测试机版本最高选到 Android 9。

对安卓开发相对了解的读者，可能会发现代码清单 7-2 中 md5_1()函数实现的 MD5 函数就是封装的 Android 标准库中的 Hash 加密函数，相应的系统关键类为 java.security.MessageDigest 类，在该类中主要有 3 个函数：MessageDigest.getInstance()函数用于初始化和设置 Hash 算法类型，MessageDigest.update()函数用于传入待加密的明文，MessageDigest.digest()函数用于计算输入明文的 Hash 值。

基于上述分析并考虑到每个函数可能存在多个重载，这里首先编写一个通用的用于 Hook 任意指定函数所有重载的脚本，并针对 MessageDigest.getInstance 函数进行 Hook，具体代码如代码清单 7-3 所示。

代码清单 7-3　hook.js

```
function hookMethod() {
    Java.perform(function () {
        // 指定要 Hook 的函数（包名+类名+函数名）
        var targetClassMethod = "java.security.MessageDigest.getInstance"
        // 获取函数所在类
        var delim = targetClassMethod.lastIndexOf(".");
        if (delim === -1) return;
        var targetClass = targetClassMethod.slice(0, delim)
        // 获取函数名称
        var targetMethod = targetClassMethod.slice(delim + 1, targetClassMethod.length)
        var hook = Java.use(targetClass);
        // 获取函数重载的数量
        var overloadCount = hook[targetMethod].overloads.length;
        for (var i = 0; i < overloadCount; i++) {
            // 对函数的每一个重载进行 Hook
            hook[targetMethod].overloads[i].implementation = function () {
                console.warn("\n*** entered " + targetClassMethod);
```

```
            // 打印参数列表
            if (arguments.length >= 0) {
                // 利用 JS 的特性：隐式参数 arguments 用于存储参数列表
                for (var j = 0; j < arguments.length; j++) {
                    console.log("arg[" + j + "]: " + arguments[j]);
                }
            }
            // 主动调用该函数
            var retval = this[targetMethod].apply(this, arguments);
            // 打印调用栈
            console.log(Java.use("android.util.Log")
                            .getStackTraceString(Java.use("java.lang.Throwable")
                            .$new()));
            // 打印返回值
            console.log("\nretval: " + retval);
            console.warn("\n*** leave " + targetClassMethod);
            return retval;
        }
    })
}
setImmediate(hookMethod)
```

如图 7-2 所示是最终 Hook 的结果，可以发现就如同普通函数的 Hook 一样，Hash 算法的具体类型及相应的 provider 都顺利打印出来了。当然，加解密算法在已知算法的前提下，真实对我们有用的其实只有明文和相应的密文，因此还可以依葫芦画瓢，将目标函数改成 digest 函数或者 update 函数，即可完成对其加密前明文和加密后内容的自吐，这里不再展示。

```
[LGE Nexus 5X::HookTestDemo]->
[LGE Nexus 5X::HookTestDemo]->
*** entered java.security.MessageDigest.getInstance
arg[0]: MD5 => "MD5"
arg[1]: BC => "BC"

retval: MD5 Message Digest from BC, <initialized> => {"$handle":"0x244a","$weakRef":16}
java.lang.Throwable
        at java.security.MessageDigest.getInstance(Native Method)
        at com.xiaojianbang.app.MD5.md5_1(MD5.java:8)
        at com.xiaojianbang.app.MainActivity.onClick(MainActivity.java:81)
        at android.view.View.performClick(View.java:6294)
        at android.view.View$PerformClick.run(View.java:24770)
        at android.os.Handler.handleCallback(Handler.java:790)
        at android.os.Handler.dispatchMessage(Handler.java:99)
        at android.os.Looper.loop(Looper.java:164)
        at android.app.ActivityThread.main(ActivityThread.java:6494)
        at java.lang.reflect.Method.invoke(Native Method)
        at com.android.internal.os.RuntimeInit$MethodAndArgsCaller.run(RuntimeInit.java:438)
        at com.android.internal.os.ZygoteInit.main(ZygoteInit.java:807)

*** leave java.security.MessageDigest.getInstance
```

图 7-2　Hook MessageDigest.getInstance 函数的结果

那么当前已公开的成熟的沙箱是如何做到 Hash 算法的"自吐"的？这里选择 appmon 进行测试。

由于 appmon 沙箱设计复杂，其集成了多个模块，甚至涉及一些 Python 与前端的知识，为了排除无关因素，只专注于功能本身，这里仅仅使用单一的针对 Hash 函数进行 Trace 的脚本（对应文件路径为 scripts/Android/Crypto/Hash.js）进行测试。

在将脚本注入应用后，最终的 Hook 结果如图 7-3 所示。

```
[Nexus 5X::com.xiaojianbang.app]->
[Nexus 5X::com.xiaojianbang.app]-> message: {'type': 'send', 'payload': '{"time":"2021-07-31T14:01:16.657Z","txnType":"Crypto","l
thod":"update","artifact":[{"name":"Raw Data","value":"[object Object]","argSeq":0}]}'} data: None
message: {'type': 'send', 'payload': '{"time":"2021-07-31T14:01:16.660Z","txnType":"Crypto","lib":"java.security.MessageDigest",
"Algorithm","value":"MD5","argSeq":0},{"name":"Digest","value":"[object Object]","argSeq":0}]}'} data: None
message: {'type': 'send', 'payload': '{"time":"2021-07-31T14:01:17.213Z","txnType":"Crypto","lib":"java.security.MessageDigest",
"Raw Data","value":"[object Object]","argSeq":0}]}'} data: None
message: {'type': 'send', 'payload': '{"time":"2021-07-31T14:01:17.216Z","txnType":"Crypto","lib":"java.security.MessageDigest",
"Algorithm","value":"SHA-1","argSeq":0},{"name":"Digest","value":"[object Object]","argSeq":0}]}'} data: None
```

图 7-3 appmon Hook 函数结果

在图 7-3 中，根据日志信息发现，其内容都是关于函数 update 和 digest() 的 Hook 结果。但是进一步观察日志会惊奇地发现，日志信息中依旧存在关于算法种类的信息：MD5 以及 SHA-1 都被完美地识别出来了，但是实际上如代码清单 7-4 中观察 Hash.js 中的代码，会发现并未对上面介绍的 getInstance() 函数进行 Hook 以获取算法信息，而是在 Hook digest 或者 update 函数时通过 getAlgorithm() 函数获取相应算法的种类。

代码清单 7-4　Hash.js

```javascript
Java.perform(function() {
  var MessageDigest = Java.use("java.security.MessageDigest");

  if (MessageDigest.digest) {
    MessageDigest.digest.overloads[0].implementation = function() {
      var digest = this.digest.overloads[0].apply(this, arguments);
      // 获取算法信息
      var algorithm = this.getAlgorithm().toString();

      /*   --- Payload Header --- */
      var send_data = {};
      send_data.time = new Date();
      send_data.txnType = 'Crypto';
      send_data.lib = 'java.security.MessageDigest';
      send_data.method = 'digest';
      send_data.artifact = [];

      /*   --- Payload Body --- */
      var data = {};
      data.name = "Algorithm";
      data.value = algorithm;
      data.argSeq = 0;
      send_data.artifact.push(data);

      /*   --- Payload Body --- */
      var data = {};
      data.name = "Digest";
      data.value = byteArraytoHexString(digest);
      data.argSeq = 0;
      send_data.artifact.push(data);

      send(JSON.stringify(send_data));
      return digest;
    }
```

```javascript
        MessageDigest.digest.overloads[1].implementation = function(input) {
            ...
        }
    }

    if (MessageDigest.update) {
        MessageDigest.update.overloads[0].implementation = function(input) {
            //console.log("MessageDigest.update input: " + updateInput(input));
            /*    --- Payload Header --- */
            var send_data = {};
            send_data.time = new Date();
            send_data.txnType = 'Crypto';
            send_data.lib = 'java.security.MessageDigest';
            send_data.method = 'update';
            send_data.artifact = [];

            /*    --- Payload Body --- */
            var data = {};
            data.name = "Raw Data";
            data.value = updateInput(input);
            data.argSeq = 0;
            send_data.artifact.push(data);

            send(JSON.stringify(send_data));

            return this.update.overloads[0].apply(this, arguments);
        }

        MessageDigest.update.overloads[1].implementation = function(input, offset, len) {
            ...
        }
        MessageDigest.update.overloads[2].implementation = function(input) {
            ...}
        MessageDigest.update.overloads[3].implementation = function(input) {
            //console.log("MessageDigest.update input: " + updateInput(input));
            /*    --- Payload Header --- */
            var send_data = {};
            send_data.time = new Date();
            send_data.txnType = 'Crypto';
            send_data.lib = 'java.security.MessageDigest';
            send_data.method = 'update';
            send_data.artifact = [];

            /*    --- Payload Body --- */
            var data = {};
            data.name = "Raw Data";
            data.value = updateInput(input);
            data.argSeq = 0;
            send_data.artifact.push(data);

            send(JSON.stringify(send_data));
            return this.update.overloads[3].apply(this, arguments);
        }
    }
```

});
```

虽然 appmon 中的脚本通过主动调用 getAlgorithm()函数得到具体算法种类的方式十分精妙,但是在测试过程中如图 7-3 中着重标注的内容所示,其打印日志信息中,表示 data 数据的内容实际上只是[object Object]这种没有真实内容的表示,这里通过重写 byteArraytoHexString()这一方法修复这一问题后,测试结果如图 7-4 所示,修改后的函数内容如代码清单 7-5 所示。

**代码清单 7-5　byteArraytoHexString 函数**

```
var byteArraytoHexString = function(byteArray) {
  if (!byteArray) { return 'null'; }
  if (byteArray.map) {
    return byteArray.map(function(byte) {
      return ('0' + (byte & 0xFF).toString(16)).slice(-2);
    }).join('');
  } else {
    return byteArray + "";
  }
}
```

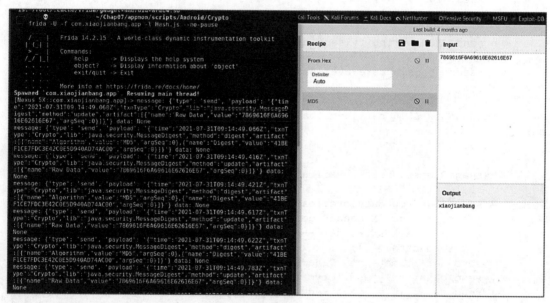

图 7-4　修改后的测试结果

在修复完成 appmon 的小 Bug 后,一个真正可用的 Hook "自吐" Hash 算法的沙箱就暂且完成了。但考虑到 Hook 主要依赖于 Frida、Xposed 等 Hook 工具,要做到任意 Hash 算法 "自吐" 也许会面临需要绕过 Hook 工具在 App 中可能存在的对抗的情况,这种状况的发生反而脱离了 "自吐" 的重点,因此接下来将化繁为简,从系统源码层面直接修改源码,以期达到 Hook "自吐" 的效果。

7.2.3　Hash 算法源码沙箱 "自吐"

虽然 Hook 沙箱和源码沙箱实现方式不同,但从本质上来讲二者实际上都采取的是对源码插桩的方式实现的,只是 Hook 是针对二进制的动态代码插桩,而源码沙箱则是基于源码的插桩方式。
```

另一方面，由于最终目的相同，都是针对特定类和函数进行插桩，因此上述实现 Hook 沙箱的分析过程实际上已经为实现源码沙箱做了一些工作，包括插桩的目的类和函数等，我们要实现源码沙箱，只需要针对目标函数内容进行修改即可。

但是在正式开始对源码进行修改之前，为了方便快捷地对系统源码进行修改，我们还需要做一些准备工作，即将源码导入 Android Studio 等 IDE 工具。之所以要将源码导入 IDE 而不是单纯地找到目标文件直接进行修改，是因为 Android Studio 这些智能编辑器带给我们的良好体验——能够帮助我们在源码修改中避免一些拼写、语法上的错误。

当然，要实现源码导入并不是简单地直接使用 Android Studio 打开源码文件夹即可，但 Android 源码也为源码导入提供了支持，要实现源码导入，依次执行如下步骤即可。

首先，在下载对应源码后（这里笔者使用的 Android 版本为 8.1.0_r1），切换到源码根目录下并依次运行如下命令：

```
# source build/envsetup.sh
# mmm development/tools/idegen/
```

在成功运行上述命令后，如图 7-5 所示，会在 out/host/linux-x86/framework 目录下生成一个 idegen.jar 文件。

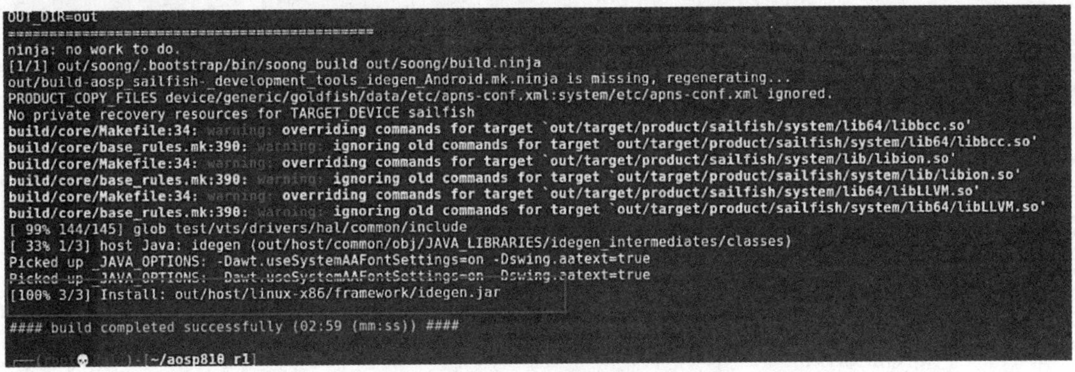

图 7-5　生成 idegen.jar 文件

在生成 idegen.jar 文件后，只需继续在源码根目录下执行 development/tools/idegen/idegen.sh 命令，即可在根目录下生成 android.iml 和 android.ipr 这两个文件，用于导入 Android Studio 的配置文件。其中 android.iml 文件包含源码导入 Android Studio 时会被导入和排除的子目录文件夹，android.ipr 则包含源码工程的具体配置、代码以及依赖的 lib 等信息。在生成上述文件后，直接使用 Android Studio 打开 IPR 文件，即可在等待一段时间后顺利看到导入成功的 Android 源码。

在完成上述准备工作后，我们正式开始开发 MessageDigest 相关算法的沙箱。

有了上述针对 appmon 相关代码的分析，要实现 MessageDigest 相关算法"自吐"已经非常简单，只需在 update 和 digest 的函数中插入"自吐"代码即可。

这里需要注意的是，第一，用什么方式实现"自吐"；第二，以上目的函数在 appmon 中虽然对重载函数进行了处理，但具体在源代码中实现时还需要确定是哪一个重载函数以及是否存在互相调用的情况。

接下来依次解决以上问题。

针对第一个问题，事实上"自吐"方式很多，通常使用日志打印或者文件读写的方式实现。这里使用的是日志打印的方式，即调用 android.util.Log 类中的日志打印函数。

在具体实现时，笔者发现无法在开发 App 时直接使用 import 的方式导入使用的 android.util.Log 类，导致最终在编译时出现如图 7-6 所示的 cannot find symbol 错误，造成最终编译失败。

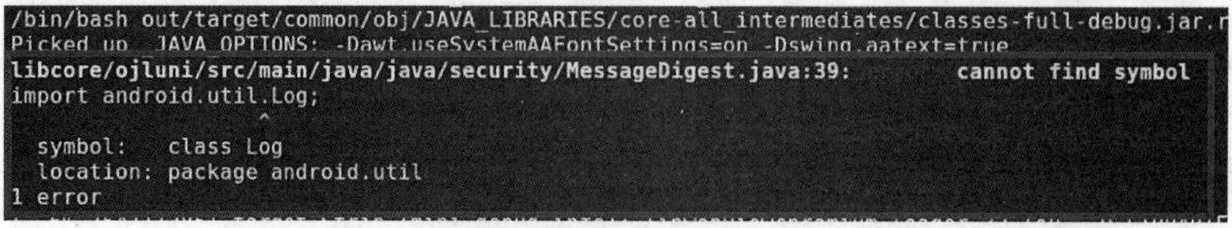

```
/bin/bash out/target/common/obj/JAVA_LIBRARIES/core-all_intermediates/classes-full-debug.jar.r
Picked up _JAVA_OPTIONS: -Dawt.useSystemAAFontSettings=on -Dswing.aatext=true
libcore/ojluni/src/main/java/java/security/MessageDigest.java:39:          cannot find symbol
import android.util.Log;
                  ^
  symbol:   class Log
  location: package android.util
1 error
```

图 7-6　cannot find symbol 错误

为了解决这个错误，这里转而使用反射方式实现调用 Log 类中的函数，且由于反射调用可能会发生异常，因此需要在代码中对可能出现的异常进行处理，而不能简单将异常抛出，最终日志打印函数调用的代码如代码清单 7-6 所示。

代码清单 7-6　反射调用日志打印函数

```
// update 函数
Class logClass = null;
try {
    // 加载类
    logClass = this.getClass().getClassLoader().loadClass("android.util.Log");
} catch (ClassNotFoundException e) {
    e.printStackTrace();
}
Method loge = null;
try {
    // 获取相应函数
    loge = logClass.getMethod("e",String.class,String.class);
} catch (NoSuchMethodException e) {
    e.printStackTrace();
}
try {
    // 调用函数
    loge.invoke(null,"r0ysue","input is => "+inputString);
} catch (IllegalAccessException e) {
    e.printStackTrace();
} catch (InvocationTargetException e) {
    e.printStackTrace();
}
```

针对第二个问题，这里使用 Objection 命令首先确定 MessageDigest 类中存在的目标函数，相应重载如图 7-7 所示。

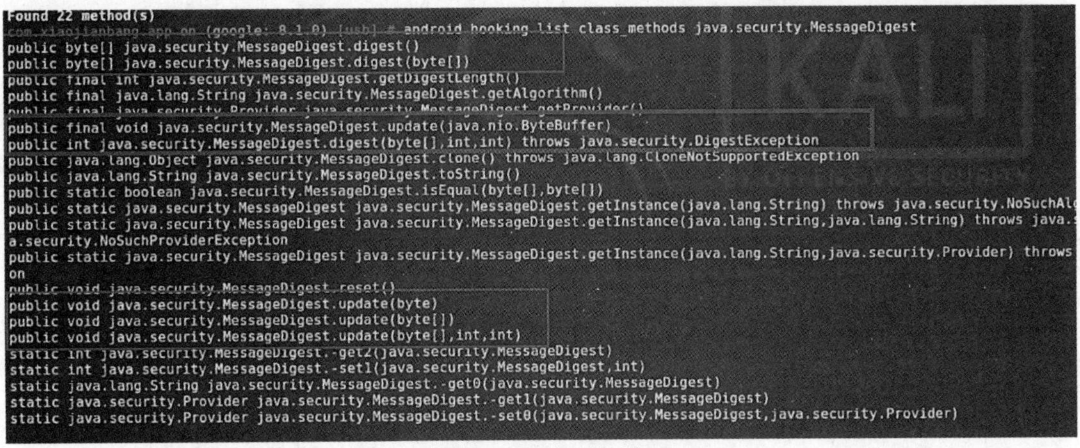

图 7-7　MessageDigest 类中的目标函数

在找到所有重载后，直接使用源码分析每一个重载函数，最终发现只有 digest(byte[] input) 重载中又再次调用了 digest() 函数，其函数内容如代码清单 7-7 所示。

代码清单 7-7　digest(byte[] input) 重载

```
public byte[] digest(byte[] input) {
    update(input);
    return digest();
}
```

最终确认需要插桩的函数列表如下：

```
public byte[] java.security.MessageDigest.digest()
public int java.security.MessageDigest.digest(byte[],int,int) throws java.security.DigestException
public void java.security.MessageDigest.update(byte)
public void java.security.MessageDigest.update(byte[])
public void java.security.MessageDigest.update(byte[],int,int)
public final void java.security.MessageDigest.update(java.nio.ByteBuffer)
```

因此，要实现 Hash 算法"自吐"，只需依次在这些函数中插入"自吐"代码即可。比如最终 digest() 函数在增加"自吐"代码和调用栈打印后的代码如代码清单 7-8 所示，其他部分代码也类似，这里为了节省篇幅，就不再列出了。

代码清单 7-8　digest() 函数自吐

```
public byte[] digest(){
    /* Resetting is the responsibility of implementors. */
    byte[] result = engineDigest();
    state = INITIAL;
    // bytes 转 hex 数组
    String resultString = byteToHex(result);
    // Log.e("r0ysueDigest","result is => "+ resultString);
    Class logClass = null;
```

```java
        try {
            logClass = this.getClass().getClassLoader().loadClass("android.util.Log");
        } catch (ClassNotFoundException e) {
            e.printStackTrace();
        }
        Method loge = null;
        try {
            loge = logClass.getMethod("e",String.class,String.class);
        } catch (NoSuchMethodException e) {
            e.printStackTrace();
        }
        try {
            loge.invoke(null,"r0ysue","result is => "+resultString);
            // 打印调用栈
            Exception e = new Exception("r0ysueRESULT");
            e.printStackTrace();
        } catch (IllegalAccessException e) {
            e.printStackTrace();
        } catch (InvocationTargetException e) {
            e.printStackTrace();
        }

        return result;
    }
```

细心的读者可能会发现，在代码清单 7-8 中，其实还有一个并不存在的 byteToHex() 函数，事实上这个函数是为了处理 byte 数组打印问题而手动添加的一个新函数，其具体内容如代码清单 7-9 所示。

代码清单 7-9　bytes 数组转 hex

```java
// 增加自用的API
/**
 * byte 数组转 hex
 * @param bytes
 * @return
 */
private static String byteToHex(byte[] bytes){
    String strHex = "";
    StringBuilder sb = new StringBuilder("");
    for (int n = 0; n < bytes.length; n++) {
        strHex = Integer.toHexString(bytes[n] & 0xFF);
        sb.append((strHex.length() == 1) ? "0" + strHex : strHex); // 每个字节由两个字符表示，位数不够，高位补 0
    }
```

```
    return sb.toString().trim();
}
```

在源码修改完毕后，就可以正式开始编译工作了。当然，读者看到这里可能有疑惑，为什么第 6 章已经讲解过源码编译，这一章还要介绍。事实上，虽然第 6 章已经介绍过源码编译，但是由于在进行源码编译时增加了一个新函数 byteToHex()，会造成在编译时出现如图 7-8 所示的错误，导致无法编译成功。

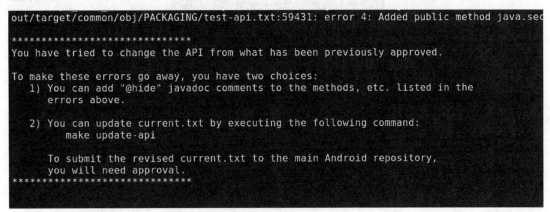

图 7-8　增加新函数导致报错

这里采取提示中的第二个解决方案，即运行 make update-api 解决这个增添新 API 导致的问题。

另一方面，在第 6 章编译的过程中，细心的读者会发现自编译出来的镜像是自带 su 程序的，也就是拥有 Root 权限，而这对于存在 Root 检测的 App 是非常不友好的，因此这里选择编译出一个不带 Root 权限的镜像。要实现这一点，只需在执行 lunch 命令选择编译目标时进行修改即可。

根据官网（https://source.android.com/setup/build/building#choose-a-target）内容，图 7-9 展示了在编译时可以选择的类型分为 user、userdebug 以及 eng，其中 user 类型是一个真正的 production，相应编译出来的镜像是没有 Root 权限的。

combination. BUILDTYPE is one of the following.

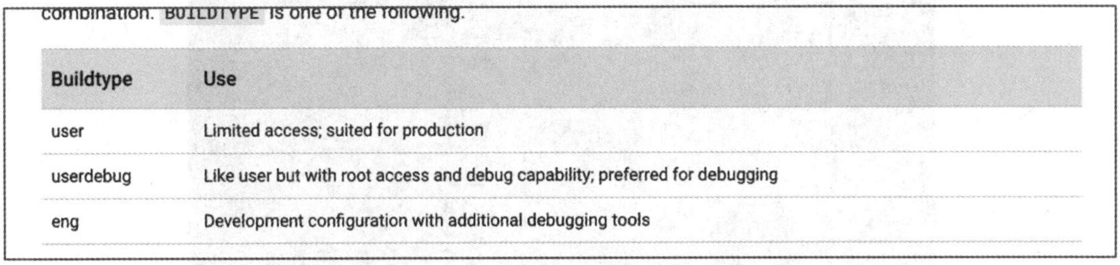

Buildtype	Use
user	Limited access; suited for production
userdebug	Like user but with root access and debug capability; preferred for debugging
eng	Development configuration with additional debugging tools

图 7-9　编译目标

但是，在执行 lunch 命令的时候，我们发现并没有 user 结尾的编译目标存在（见图 7-10），这是否意味着无法编译出一个 user 类型的镜像呢？

图 7-10 lunch 命令执行结果

当然不是，事实上笔者在研究后发现，如果在选择编译目标时将带有 userdebug 字眼的相应目标中的 debug 字符串移除，最终编译出的镜像就是不带 Root 权限的镜像，比如想要编译适用于 sailfish 设备的无 Root 镜像，只需在执行 lunch 命令时输入字符串 aosp_sailfish-user 即可，具体执行命令如图 7-11 所示。

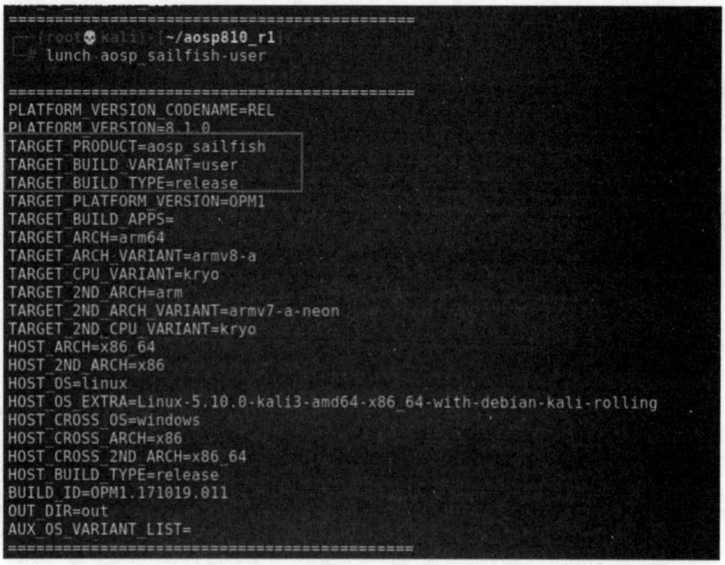

图 7-11 选择 user 模式目标

在解决完上述编译问题后，重新编译并将编译完成的镜像重新刷入相应设备，运行 su 命令，所得到的结果如图 7-12 所示。

图 7-12　无 Root 权限设备

最终样本的"自吐"日志打印效果如图 7-13 所示，这也标志着一个简单的 Hash"自吐"沙箱顺利开发完成。

图 7-13　Hash 日志"自吐"打印

7.3　crypto_filter_aosp 项目移植

在完成 Hash 函数的"自吐"后，我们再来研究一下针对对称和非对称加密的"自吐"方案。

同样以 xianjianbang.apk 为例，这里略过分析过程，直接将 DES、AES 等对称密码和 RSA 等非对称密码的代码从 Jadx-gui 的静态反编译结果中提取出来，相应实现如代码清单 7-10 所示。

代码清单 7-10　标准对称/非对称加密实现

```
import javax.crypto.Cipher;
// AES
public static String aes(String args) throws Exception {
    SecretKeySpec key = new SecretKeySpec("1234567890abcdef1234567890abcdef".getBytes(), "AES");
    AlgorithmParameterSpec iv = new IvParameterSpec("1234567890abcdef".getBytes());
    Cipher aes = Cipher.getInstance("AES/CBC/PKCS5Padding");
    aes.init(1, key, iv);
    return Base64.encodeToString(aes.doFinal(args.getBytes("UTF-8")), 0);
}
// DES
public static String des_1(String args) throws Exception {
```

```java
        SecretKey secretKey = 
SecretKeyFactory.getInstance("DES").generateSecret(new 
DESKeySpec("12345678".getBytes()));
        AlgorithmParameterSpec iv = new IvParameterSpec("87654321".getBytes());
        Cipher cipher = Cipher.getInstance("DES/CBC/PKCS5Padding");
        cipher.init(1, secretKey, iv);
        cipher.update(args.getBytes());
        return Base64.encodeToString(cipher.doFinal(), 0);
    }
    // RSA 加密
    public static byte[] encrypt(byte[] plaintext) throws Exception {
        PublicKey publicKey = getPublicKey(pubKey);
        Cipher cipher = Cipher.getInstance("RSA/None/NoPadding", "BC");
        cipher.init(1, publicKey);
        return cipher.doFinal(plaintext);
    }
    // // RSA 解密
    public static byte[] decrypt(byte[] encrypted) throws Exception {
        PrivateKey privateKey = getPrivateKey(priKey);
        Cipher cipher = Cipher.getInstance("RSA/None/PKCS1Padding", "BC");
        cipher.init(2, privateKey);
        return cipher.doFinal(encrypted);
    }
```

对比这 3 个密码加解密的实现会发现，关键用于控制密码加解密的类是 javax.crypto.Cipher，相应函数分别为：init 函数用于初始化加解密模式并传入加解密密钥和向量，update 函数用于更新加解密输入，doFinal 函数用于进行真正的加解密过程。

据此，读者可以根据上一节中针对 Hash 函数的沙箱开发过程进行类似的分析，最终得到相应的"自吐"沙箱，但是在这一小节中不会讲解这个过程，而是通过移植一个已有的项目（crypto_filter_aosp，项目地址为 https://github.com/icew4y/crypto_filter_aosp）来进行（非）对称密码的开发，并通过这个项目介绍一些关于沙箱开发的注意事项。

crypto_filter_aosp 项目是一个监控 Java 层的加密算法的 ROM，可用于"自吐"标准库的对称或者非对称密码加解密、Hash 算法加密以及 Mac 算法加密。与前述介绍的 Hash 算法"自吐"沙箱采用日志打印的方式不同，这个项目采取的"自吐"方式是向应用私有目录中写文件，相比之下，写文件的方式其实更加方便，不仅能够对抗一些 Hook log 类相关函数导致无日志打印的情况，而且写文件的方式更加持久化。但是相对而言，写文件的方式对手机的存储容量也做出了挑战，因此采取读取配置文件（配置文件为/data/local/tmp/monitor_package）的方式实现只对目标应用进行监控的效果。但可惜的是，基于 Nexus 6p android 6.0.1 进行 ROM 的编译和使用的，因此如果要使用项目提供的 backup 镜像，还需要手中有一个 Nexus 6p 设备，如果想要直接复用其源代码，则需要重新下载 Android 6.0.1 的源代码。因此，为了使得该项目能够在 Android 8.1.0_r1 源码中复用，我们还需要做一些移植和适配的工作。

crypto_filter_aosp 项目的源代码主要包括 6 个文件：MessageDigest.java、Mac.java 和 Cipher.java 三个文件是修改后的加解密相关文件，MyUtil.java、ContextHolder.java 和 AndroidBase64.java 是三个新添加的文件。

由于 crypto_filter_aosp 项目是基于 Android 6.0.1 代码的，因此在移植到 Android 8.1.0 上时，考虑到不同版本间代码的差异性，直接进行文件的覆盖编译是非常危险且特别容易出错的，因此还需要对比修改前后的加解密相关文件到底修改了哪些函数，增加了哪些代码。这里为了方便对比，从源码网站上下载了原版的 AOSP 6.0.1 的相关文件，并通过文件对比工具对相应文件进行了对比，以 MessageDigest.java 文件为例，这里使用 VS Code 进行文件的对比，效果如图 7-14 所示。

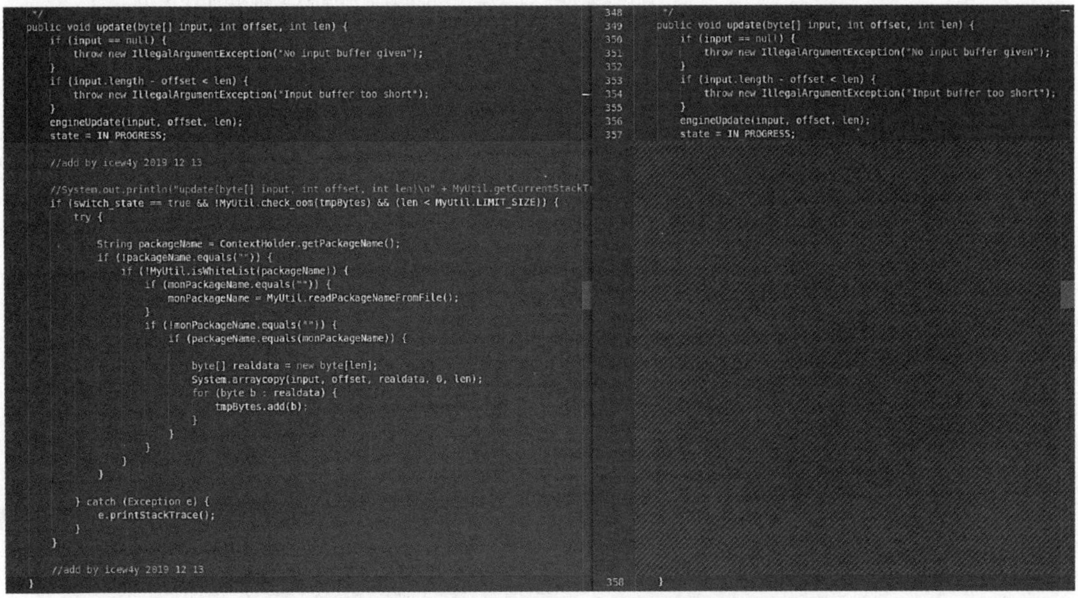

图 7-14　MessageDigest.java 文件对比

通过文件对比可以清楚并快速地定位 crypto_filter_aosp 项目到底修改了哪些函数和代码，从而进行快速的移植工作。

具体的移植过程暂且不谈，这里还需要介绍一下 crypto_filter_aosp 项目的代码。通过项目中的介绍会发现最终写入日志文件中的数据其实都是 JSON 格式的，且与在上一节中开发的沙箱不同，该项目在输出时是将一次加解密的过程只输出一条日志，这是因为在进行沙箱开发时，为每一个目标类增加了一个成员变量 jsoninfo，用于存放一次加解密的消息内容，且在 digest 这类最终进行加解密操作的函数中，调用写文件函数 priter() 将日志输出到文件中，同时在输出后就直接清空 jsoninfo 内容，以 digest 函数为例，其具体实现如代码清单 7-11 所示。

代码清单 7-11　digest 函数

```
public int digest(byte[] buf, int offset, int len) throws DigestException {
    ...
    //add by icew4y 2019 12 13
    //System.out.println("digest(byte[] buf, int offset, int len)");
    int result = engineDigest(buf, offset, len);
    if (switch_state == true && !MyUtil.check_oom(tmpBytes)) {
        try {
            // 获取包名
            String packageName = ContextHolder.getPackageName();
            if (!packageName.equals("")) {
                // 判断是不是白名单应用，白名单应用不监控
                if (!MyUtil.isWhiteList(packageName)) {
                    if (monPackageName.equals("")) {
                        // 读取/data/local/tmp/monitor_package 文件中的包名
```

```java
                                    monPackageName = MyUtil.readPackageNameFromFile();
                                }
                                // 判断是不是目标应用
                                if (!monPackageName.equals("")) {
                                    if (packageName.equals(monPackageName)) {
                                        // jsoninfo 放置算法类型
                                        jsoninfo.put("Algorithm", getAlgorithm());
                                        // provider
                                        Provider provider_ = getProvider();
                                        if (provider_ != null) {
                                            jsoninfo.put("Provider", provider_.getName());
                                        }
                                        StringBuffer tmpsb = new StringBuffer();
                                        if (tmpBytes.size() > 0) {
                                            int n = tmpBytes.size();
                                            byte[] resultBytes = new byte[n];
                                            for (int i = 0; i < n; i++) {
                                                resultBytes[i] = (byte) tmpBytes.get(i);
                                            }
                                            // hex 格式原始数据
                                            jsoninfo.put("data", byteArrayToString(resultBytes));
                                            // base64 加密状态数据
                                            jsoninfo.put("Base64Data", AndroidBase64.encodeToString(resultBytes, AndroidBase64.NO_WRAP));
                                        } else {
                                            jsoninfo.put("data", "");
                                        }
                                        //数据
                                        byte[] readresult = new byte[len];
                                        System.arraycopy(buf, offset, readresult, 0, len);
                                        // 加密结果数据
                                        jsoninfo.put("digest", toHexString(readresult));
                                        // base64 格式的调用栈数据
                                        jsoninfo.put("StackTrace",
AndroidBase64.encodeToString(MyUtil.getCurrentStackTrack(Thread.currentThread().getStackTrace()).getBytes(), AndroidBase64.NO_WRAP));
                                        // 写文件函数
                                        priter("MessageDigestTag:" + jsoninfo.toString(), packageName);
                                        // 清空内容
                                        jsoninfo = new JSONObject();
                                        tmpBytes.clear();
                                    }
                                }
                            }
                        }

        } catch (Exception e) {
            e.printStackTrace();
        }
    }

    return result;
```

```
        //add by icew4y 2019 12 13
    }
```

另外，还需要介绍自己添加的 3 个文件：ContextHolder.java 文件用于获取 Context 上下文，以获取当前运行的应用包名供外部调用；AndroidBase64.java 文件用于计算输入内容的 Base64 编码结果，实际上该文件中的内容与 Android 源码中自带的 Base64 编码的内容是一致的，但是为了避免在上一节中提过的无法使用 import 关键词导入的情况，转而直接复制一份代码并放置于与其他加解密相关文件相同的目录下，以实现直接使用 import 关键词导入类，进而调用其中函数的效果，这样做就顺利避免了反射调用的冗余代码；而 MyUtil.java 文件则包括帮助判断是否内存溢出的函数 check_oom()、帮助判断当前应用是不是白名单内的应用的函数 isWhiteList(String packageName)以及其他用于读写文件的相关函数 readPackageNameFromFile()等。具体的代码在这里不再赘述，读者如果有兴趣，可以阅读源码进行研究。

在移植代码完成后，接下来进行最终的编译过程。

由于这个项目中增加了 3 个原本 Android 源码中没有的文件，因此还需要在对应 libcore 子项目的编译配置文件 libcore/obenjdk_java_files.mk 中增加相应文件的全路径，最终效果如图 7-15 所示。

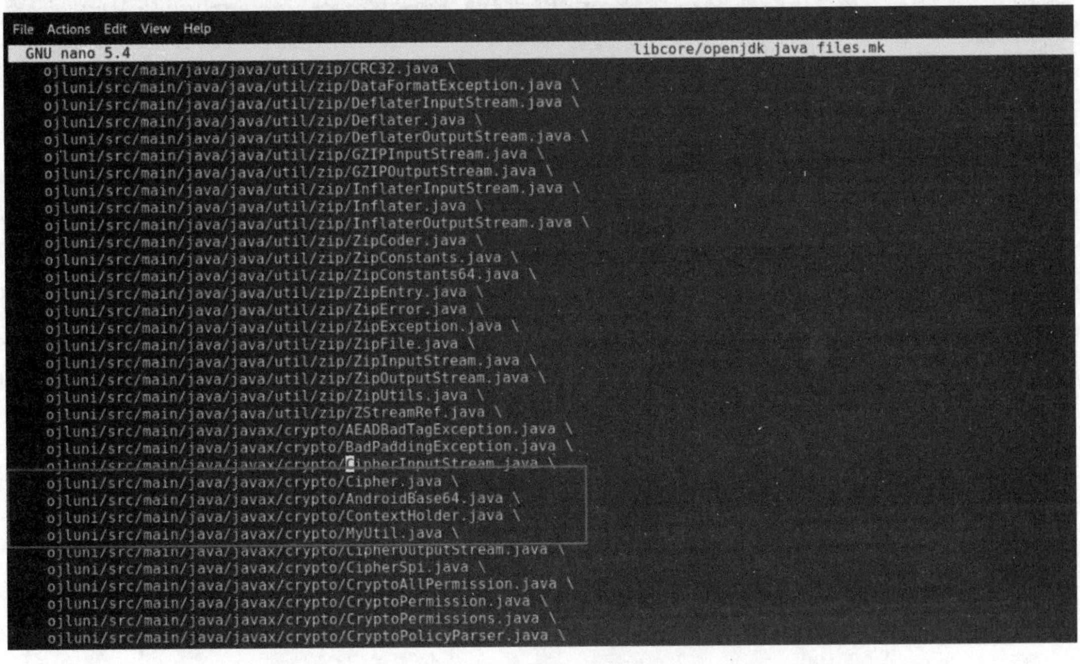

图 7-15　在 obenjdk_java_files.mk 文件中添加新文件的全路径

同时与上一小节相同的是，在配置文件中添加路径成功后，正式编译之前还需要执行 make update-api 命令以更新系统 API。

完成以上配置后，就可以按照第 6 章中所介绍的源码编译方式编译出一个不带 Root 的全新镜像文件，最终样本测试的对称/非对称加解密以及 Mac 算法的"自吐"效果分别如图 7-16 和图 7-17 所示。

```
root@angler:/data/data/com.xiaojianbang.app # cat Cipher
ipherTag:{"opmode":"ENCRYPT_MODE","key":"1234567890abcdef1234567890abcdef","Key(Base64)":"MTIzNDU2Nzg5MGFiY2RlZj
yMzQ1Njc4OTBhYmNkZWY=","algorithm":"AES","SecureRandom":"SHA1PRNG","iv":"1234567890abcdef","Iv(Base64)":"MTIzNDU
NzgSMGFiY2RlZg==","provider":"","transformation":"AES\/CBC\/PKCS5Padding","data":"xiaojianbang","Base64Data":"eG
hb2ppYW5iYW5n","doFinal":"GnT4C40I9oQb0BvimD9\/cA==","Base64Cipher":"GnT4C40I9oQb0BvimD9\/cA==","StackTrace":"ZG
sdmlrLnN5c3RlbS5WTVN0YWNrLmdldFRocmVhZFN0YWNrVHJhY2UoKSAtMiA8LSAKamF2YS5sYW5nLlRocmVhZC5nZXRTdGFja1RyYWNlKCkgNTg
IDWtIApqYXZheC5jcnlwdG8uQ2lwaGVyLmRvRmluYWwoKSAtMSAKCDc4NiA8LSAKY29tLnhpYW9qaWFuYmFuZy5hcHAuQVVTLmFFlcygpIDE2IDwtIApj
20ueGlhb2ppYW5iYW5nLmFwcC5NYWluQWN0aXZpdHkkbnBDbGljayaygpIDkI2DwtIAphbmRyb2lkLnZpZXcuVmlldy5wZXJmb3JtQ2xpY2soKSAtMSA1L
IwNCA8LSAKYW5kcm9pZC52aWV3LlZpZXckUGVyZm9ybUNsaWNrLnJ1bigKSAtMSA4LSAKYW5kcm9pZC5vcy5IYW5kbGVyLmhhbmRsZUNhbGxiYWNrKCkgN
iYW5kcm9pZC5vcy5IYW5kbGVyLmRpc3BhdGNoTWVzc2FnZSgpIDk1IDw0IAphbmRyb2lkLm9zLkxvb3Blci5sb29wKCkgMTY5IDw0IApbmRyb2lkLmFwc
NDggPC0gCmFuZHJvaWQuYXBwLkFjdGl2aXR5VGhyZWFkJEgkhbmRsZU1lc3NhZ2UoKSAxNTY5IDw0IAphbmRyb2lkLm9zLkhhbmRsZXIuZGlzcGF0Y2hN
C0gIDWtIApjb20uYW5kcm9pZC5pbnRlcm5hbC5vcy5SdW50aW1lSW5pdCRNZXRob2RBbmRBcmdzQ2FsbGVyLnJ1bigpIDQgPC0gCmRhbHZpay5zeXN0ZW
9ZC5pbnRlcm5hbC5vcy5aeWdvdGVJbml0Lm1haW4oKSA2NTEgPC0gCmNvbS5hbmRyb2lkLmludGVybmFsLm9zLlp5Z290ZUluaXQuaW52b2tlU3RhdGlj
xMDc="}
```

图 7-16 对称/非对称加解密"自吐"效果

```
root@angler:/data/data/com.xiaojianbang.app # cat Mac
MacTag:{"key":"FridaHook","Key(Base64)":"RnJpZGFIb29r","Algorithm":"HmacSHA1","Provider":"AndroidOpenSSL"
,"data":"xiaojianbang","Base64Data":"eGlhb2ppYW5iYW5n","doFinal":"a878329db8a16027e1f6c9ebe99963f2974ed78
6","StackTrace":"ZGFsdmlrLnN5c3RlbS5WTVN0YWNrLmdldFRocmVhZFN0YWNrVHJhY2UoKSAtMiA8LSAKamF2YS5sYW5nLlRocmVhVh
ZC5nZXRTdGFja1RyYWNlKCkgNTgwIDwtIApqYXZheC5jcnlwdG8uTWFjLmRvRmluYWwoKSAtMSA8LSAKY29tLnhpYW9qaWFuYmFuZy5hcHA
uQVVTLmFFlcygpIDE2IDwtIApjb20ueGlhb2ppYW5iYW5nLmFwcC5NYWluQWN0aXZpdHkkb25DbGljaygpIDg3IDwtIApbmRyb2lkLnZpZXcu
VmlldSwQy5LpYW5nfMSgpIDE0IDwtIApbmRyb2lkLnZpZXcuVmlld1BlcmZvcm1DbGljay5ydW4oKSAtMSA8LSAKYW5kcm9pZC5vcy5IYW5kb
GVyLmhhbmRsZUNhbGxiYWNrKCkgNzg1IDwtIApbmRyb2lkLm9zLkhhbmRsZXIuZGlzcGF0Y2hNZXNzYWdlKCkgOTUgPC0gCmFuZHJvaWQub3MuTG
9vcGVyLmxvb3AoKSAxNjkgPC0gCmFuZHJvaWQuYXBwLkFjdGl2aXR5VGhyZWFkJEgkhbmRsZU1lc3NhZ2UoKSAxNTY5IDw0IAphbmRyb2lkLm9zLkhhbmRsZXIuZGlzcGF0Y2hN
ZXNzYWdlKCkgOTUgPC0gCmFuZHJvaWQub3MuTG9vcGVyLmxvb3AoKSAxNjkgPC0gCmFuZHJvaWQuYXBwLkFjdGl2aXR5VGhyZWFkLm1haW4oKSAx
NSA8LSAKamF2YS5sYW5nLnJlZmxlY3QuTWV0aG9kLmludm9rZSgpIC0xIDwtIApbmRyb2lkLmFwcC5BY3Rpdml0eVRocmVhZC5tYWluKCkgOTcyIDw0I
5aWdvdGVJbml0Lm1haW4oKSA2NTEgPC0gCmNvbS5hbmRyb2lkLmludGVybmFsLm9zLlp5Z290ZUluaXQuaW52b2tlU3RhdGljTWFpbigpIDE4MCA8LSAgCmRh
bHZpay5zeXN0ZW0uTmF0aXZlU3RhcnQubWFpbigpIC0yIDwtIApbmRyb2lkLmludGVybmFsLm9zLlp5Z290ZUluaXQkTWV0aG9kQW5kQXJnc0NhbGxlci5ydW4oKSA0IDw
0LWhaW4oKSAyMTYgPC0gCmRhbHZpay5zeXN0ZW0uTmF0aXZlU3RhcnQubWFpbigpIC0yIDwtIApbmRyb2lkLkFzeMDc="}
```

图 7-17 Mac 算法"自吐"效果

7.4 本章小结

本章介绍了关于沙箱的概念并简要介绍了目前业内存在的一些沙箱情况，同时为了让读者体验沙箱的效果，带领读者一起开发了一个简单的 Hash 函数"自吐"沙箱，并通过移植 crypto_filter_aosp 项目的方式介绍了在进行沙箱开发时需要了解的基础开发知识以及在增加新函数和新文件后最终编译需要注意的问题，希望从本章开始，读者能够真正领略到从高维降维完成低维应用的魅力。

第 8 章

Android 沙箱开发之网络库与系统库"自吐"

众所周知，抓包问题一直是困扰着众多逆向工程师的难题，无论是各种反 WiFi 代理、反 VPN 代理的对抗抓包方式，还是服务器校验客户端、客户端校验服务器这类 CA 证书层面的对抗，这些问题始终是阻碍逆向分析的拦路虎，让人头疼不已。虽然 r0capture 选择从代码层面抓取数据包信息，彻底绕过了以上这些应对中间人抓包的对抗方式，但由于 r0capture 依赖于 Frida，导致一旦 Frida 被对抗，那么接下来的抓包工作就无法进行，最终大大拖慢了逆向分析的工作进程。因此，本章将 r0capture 的功能完全移植到沙箱中，以避免因为环境问题最终导致抓包失败的情况。另外，本章还会介绍一些黑产与风控的基础知识，并简单地制作一个能够隐藏部分设备指纹信息的"玩具级"沙箱，希望能够帮助初学者了解在平静的 App 运行过程中，黑产和安全风控在洋流下的暗流涌动。

8.1 从 r0capture 到源码沙箱网络库"自吐"

8.1.1 App 抓包分析

为了制作网络库"自吐"沙箱，首先我们要明白对网络库的"自吐"工作，从沙箱角度可以做到哪一步呢？

经过第 7 章密码相关"自吐"沙箱的开发，相信读者会发现：对于安卓系统来说，如果要适用于沙箱，那么首先其实现需要能够在安卓源码中找到相对应的位置，这样才能进一步彻底修改其实现，使得修改后的源码能够按照预期实现目标。简而言之，脱离代码的本质谈沙箱的构建是不切实际的。

既然沙箱充分依赖于代码本身，那么在 OSI 七层模型和 TCP/IP 四层模型中，系统源码能够实现的边界在哪里呢？

为了方便后续针对抓包的分析，这里还要介绍一下 TCP/IP 四层模型。如图 8-1 所示，当我们在讨论 MAC 地址时，其实指的就是链路层的相关内容；而如果讨论的是 IP 地址，则是指网络层的相关内容。端口相关话题与传输层协议息息相关。一般来说，当我们讨论传输内容时，往往是指在应用层中通过 HTTP/XMPP 等应用层协议传输数据内容本身。

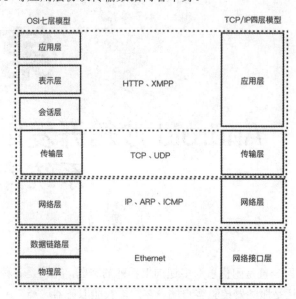

图 8-1　OSI 七层模型和 TCP/IP 四层模型对比图

在 App 的开发过程中，以应用权限来讲，笔者认为其只能针对传输层及以上层面进行控制修改。换言之，App 只能修改所使用的应用层协议类型，包括其中的数据格式等内容，或者修改传输所使用的端口，甚至直接使用 TCP/UDP 进行通信，而鲜少存在 App 可以修改 IP 等网络层相关内容，更不用提修改网络层以下网络层面的数据（VPN 应用只是利用下层提供接口 API，创建出一个新的网络接口，对应 IP 还是 VPN 服务器分配的）。

具体来说，与网页应用不同，在应用层这个维度上，App 整体的逻辑和代码都是交由厂商全面控制的，通常来说，App 使用封装完整的系统 API 或者调用更加易用的网络框架实现 HTTP(S) 等通用协议的交互与开发，App 开发者不需要考虑具体的协议方法与详细内容，只需要关注 App 想要发送和接收的功能，这类成熟的框架包括访问网站的 OkHttp、播放视频的 Exoplayer、异步平滑图片滚动加载框架 Glide 等。这类上层的成熟协议框架通常其底层协议封装还是交由系统 API 处理，为 App 协议的安全性造成了很大困扰。基于此，大部分应用往往采取多种手段防止应用层面的抓包手段。比如，App 采用特定 API（Proxy.NO_PROXY、System.getProperty("http.proxyHost")等）检测，甚至绕过 WiFi 代理方式抓包，即使逆向人员使用 VPN 应用从网络层将数据流程转发到抓包软件，绕过 WiFi 代理检测方式，还是会存在如图 8-2 所示的 getNetWorkCapabilities() 等 API 检测当前网络接口，从而避免软件本身被抓包。

```
com.showstartfans.activity on (google: 8.1.0) [usb] # android hooking watch class_method android.net.Connectivit
yManager.getNetworkCapabilities --dump-args --dump-return
(agent) Attempting to watch class android.net.ConnectivityManager and method getNetworkCapabilities.
(agent) Hooking android.net.ConnectivityManager.getNetworkCapabilities(android.net.Network)
(agent) Registering job clonaflh8aa. Type: watch-method for: android.net.ConnectivityManager.getNetworkCapabilit
ies
com.showstartfans.activity on (google: 8.1.0) [usb] # (agent) [clonaflh8aa] Called android.net.ConnectivityManag
er.getNetworkCapabilities(android.net.Network)
(agent) [clonaflh8aa] Arguments android.net.ConnectivityManager.getNetworkCapabilities(109)
(agent) [clonaflh8aa] Return Value: [ Transports: VPN Capabilities: INTERNET&NOT_RESTRICTED&TRUSTED&VALIDATED&FO
REGROUND ]
(agent) [clonaflh8aa] Called android.net.ConnectivityManager.getNetworkCapabilities(android.net.Network)
(agent) [clonaflh8aa] Arguments android.net.ConnectivityManager.getNetworkCapabilities(109)
(agent) [clonaflh8aa] Return Value: [ Transports: VPN Capabilities: INTERNET&NOT_RESTRICTED&TRUSTED&VALIDATED&FO
REGROUND ]
(agent) [clonaflh8aa] Called android.net.ConnectivityManager.getNetworkCapabilities(android.net.Network)
(agent) [clonaflh8aa] Arguments android.net.ConnectivityManager.getNetworkCapabilities(100)
(agent) [clonaflh8aa] Return Value: [ Transports: WIFI Capabilities: NOT_METERED&INTERNET&NOT_RESTRICTED&TRUSTED
&NOT_VPN&VALIDATED&FOREGROUND LinkUpBandwidth>=1048576Kbps LinkDnBandwidth>=1048576Kbps SignalStrength: -41]
(agent) [clonaflh8aa] Called android.net.ConnectivityManager.getNetworkCapabilities(android.net.Network)
```

图 8-2　VPN 检测

除了以上通过检测当前手机联网方式来达到对抗抓包的手段，App 还可以通过证书（CA）层面的对抗来达到对抗抓包的方式，比如客户端校验服务器的方式：基于加密通信过程中只需要证书合法即可完成通信的已知事实，在客户端和服务器之间完成"握手"环节时验证 CA 的 Hash 值，来达到只与持有相同 CA 的服务器进行通信的方式，从而进一步加强通信的安全性。还存在利用服务端不在用户手中的优势，在服务端只与使用特定 CA 进行通信的客户端完成数据交互。

由于协议通用性问题，即使在应用层做到如此多的防护手段，只要攻击者能够成功绕过上述所有防护机制，其传输的具体数据最终还是能够被攻击者成功获取和解析。因此，在客户端开发过程中，开发者可能会采用一些小众协议甚至自研应用层协议（比如腾讯的 JceStruct 协议等）来达到即使数据流量被攻击者成功获取，依旧没办法从中得到有效信息的效果。这种自研协议在传输层被利用得淋漓尽致，比如某厂商开创性地提出了自建代理长连通道的网络加速方案，将 App 中绝大部分的请求通过 CIP 通道中的 TCP 子通道与长连服务器通信，长连服务器在收到请求后，将收到的请求代理再转发到业务服务器，从而大大提高了业务效率；更有某些公司在通信标准演进的道路上大步快跑，在目前 HTTP/2 都没有普及的情况下，甚至提前迈入 HTTP/3 的时代，在性能优化的 KPI 上一骑绝尘，从内核、算法、传输层网络库和服务端全部自研。在这样的情况下，App 已经脱离了系统框架的限制，达到了真正的沙箱无法"自吐"的效果。

值得逆向工作者庆幸的是，限于开发能力，绝大多数的 App 实现 HTTP/SSL 的方案都非常直白，就是调用系统的 API 或者调用更加易用的网络框架，这些才是安卓应用开发者的日常。作为逆向工作人员，基于从高维降维操作的思路，只需在应用层的下层：Socket 接口选择必然经过的函数进行 Hook 之后，打印调用栈即可清晰地得出从肉眼可见的应用数据到被封装成 HTTP 包，进一步进入 SSL 进行加解密，再通过 Socket 与服务器进行通信的完整过程。如图 8-3 所示是某非法应用视频解析的示意图。

图 8-3 Trace 系统 API 调用栈

基于上述关于 App 抓包问题的讨论，接下来的两小节将利用修改系统源码的优势依次介绍如何从沙箱层面实现 App 无感知抓包以及沙箱能够在对抗应用层防抓包方面所做的努力。

8.1.2　从 r0capture 到沙箱无感知抓包

如果读者对 r0capture（https://github.com/r0ysue/r0capture）的开发过程十分了解或者看过笔者所写的《安卓 Frida 逆向与抓包实战》一书就会知道，基于上述从底层监听上层数据内容的方式，将应用层数据统一分为加密和非加密两种类型，并分别针对多个应用层协议框架进行验证和测试，最终得到明文数据协议所发送数据的过程必然会经过 java.net.SocketOutputStream 类的 socketWrite0() 函数，接收到的数据则必然会经过 java.net.SocketInputStream 类的 socketRead0() 函数，其对应的 r0capture 代码如代码清单 8-1 所示。

> **注　意**
>
> 由于笔者在《安卓 Frida 逆向与抓包实战》一书中已详细介绍过 r0capture 这一工具，在这里默认读者对 r0capture 有一定了解。

代码清单 8-1　r0capture 中关于明文协议的 Hook 脚本

```
Java.use("java.net.SocketOutputStream").socketWrite0.overload('java.io.FileDescriptor', '[B', 'int', 'int').implementation = function (fd, bytearry, offset, byteCount) {
    var result = this.socketWrite0(fd, bytearry, offset, byteCount);
    var message = {};
    message["function"] = "HTTP_send";
    message["ssl_session_id"] = "";
    // 原地址和目的地址以及相应端口信息
    message["src_addr"] = ntohl(ipToNumber((this.socket.value.getLocalAddress()
```

```
.toString().split(":")[0]).split("/").pop()));
        message["src_port"] = parseInt(this.socket.value.getLocalPort().toString());
        message["dst_addr"] = ntohl(ipToNumber((this.socket.value.
getRemoteSocketAddress().toString().split(":")[0]).split("/").pop()));
        message["dst_port"] = parseInt(this.socket.value.getRemoteSocketAddress()
.toString().split(":").pop());

        // 调用栈
        message["stack"] =
Java.use("android.util.Log").getStackTraceString(Java.use("java.lang.Throwable"
).$new()).toString();
        var ptr = Memory.alloc(byteCount);
        for (var i = 0; i < byteCount; ++i)
            Memory.writeS8(ptr.add(i), bytearry[offset + i]);
        send(message, Memory.readByteArray(ptr, byteCount))
        return result;
    }
    Java.use("java.net.SocketInputStream").socketRead0.overload('java.io.FileDe
scriptor', '[B', 'int', 'int', 'int').implementation = function (fd, bytearry, offset,
byteCount, timeout) {
        var result = this.socketRead0(fd, bytearry, offset, byteCount, timeout);
        var message = {};
        message["function"] = "HTTP_recv";
        message["ssl_session_id"] = "";
        // 原地址和目的地址以及相应端口信息
        message["src_addr"] = ntohl(ipToNumber((this.socket.value.
getRemoteSocketAddress().toString().split(":")[0]).split("/").pop()));
        message["src_port"] = parseInt(this.socket.value.getRemoteSocketAddress()
.toString().split(":").pop());
        message["dst_addr"] = ntohl(ipToNumber((this.socket.value.
getLocalAddress().toString().split(":")[0]).split("/").pop()));
        message["dst_port"] = parseInt(this.socket.value.getLocalPort());

        // 调用栈
        message["stack"] = Java.use("android.util.Log").getStackTraceString(Java.
use("java.lang.Throwable").$new()).toString();

        if (result > 0) {
        var ptr = Memory.alloc(result);
        for (var i = 0; i < result; ++i)
            Memory.writeS8(ptr.add(i), bytearry[offset + i]);
        send(message, Memory.readByteArray(ptr, result))
        }
        return result;
    }
```

基于上述 r0capture 脚本内容会发现，dump 的关键内容包括地址信息及传输的数据内容本身。当然，由于传输的数据内容本身可能处于加密状态，因此还可以将调用栈信息打印出来，以辅助后续定位关键加解密信息。

让我们来一一解决相关问题。

（1）对于地址相关信息，在 r0capture 中其实是通过 this.socket.value 的方式得到实例中成员 Socket 的对象，进而调用相关函数以获取数据源地址和目的地址相关信息。在移植沙箱时，如图 8-4 所示，笔者通过 WallBreaker 查看 SocketOutputStream 和 SocketInputStream 对象中的成员结构，发现其中的成员 Socket 对应的内容就是目的地址信息，因此在移植沙箱时要获取目的地址信息，对比 r0capture 中的实现，仅仅需要一句 this.socket.toString() 即可获取，至于原地址信息，也可以与 r0capture 类似，通过调用 getLocalAddress() 函数实现，这里为了简便起见，暂时不加。

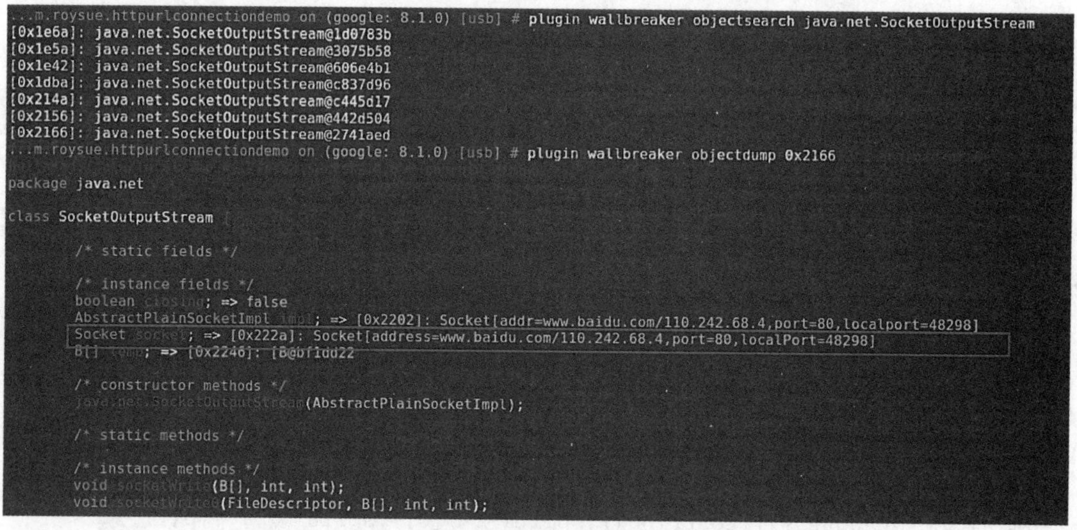

图 8-4 使用 WallBreaker 查看 SocketOutputStream 对象的成员结构

（2）对于传输数据的"自吐"，事实上对比 r0capture 和 AOSP 源代码会发现其实数据内容就存储在函数的第二个参数中，对于 socketWrite0 这一负责发送数据的函数来说，其有效数据的起始位置和长度分别由参数 off 和 len 决定，因此要"自吐"发送数据内容，只需将这部分数据打印出来即可；而对于 socketRead0 这一负责接收数据的函数来讲，虽然其有效数据的起始位置由参数 off 决定，但是其真实传输的数据长度却保留在返回值中，导致无法直接在 socketRead0 函数中获取，而只能在上层函数调用这个函数结束后，再对数据内容进行"自吐"。幸运的是，经过 Android Studio 对 socketRead0 函数进行交叉引用，查找发现只有处于同一个类中的 socketRead 函数调用了该函数，如图 8-5 所示。当然，由于 socketWrite0 和 socketRead0 都是 native 函数，其具体实现都在 Native 层，为了避免对 Native 层这个更复杂的部分进行修改，这里采用在对应函数的上层函数进行"自吐"工作，而 socketWrite0 函数只对处于 SocketOutputStream 类中的 socketWrite 函数进行调用，如图 8-6 所示。

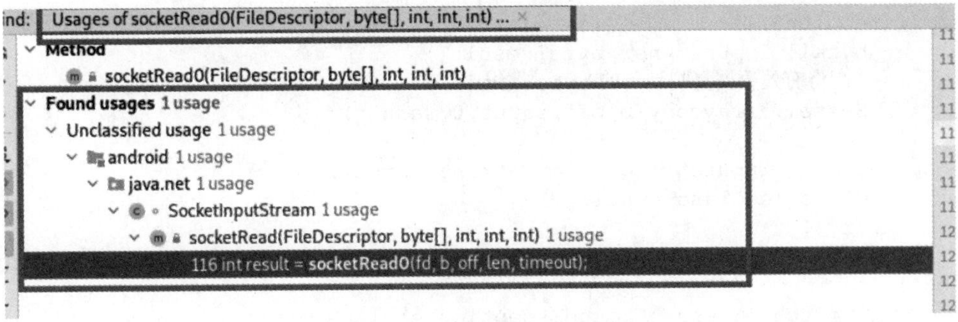

```
                Usages of socketRead0(FileDescriptor, byte[], int, int, int) ...
            Method
                socketRead0(FileDescriptor, byte[], int, int, int)
            Found usages 1 usage
                Unclassified usage 1 usage
                    android 1 usage
                        java.net 1 usage
                            SocketInputStream 1 usage
                                socketRead(FileDescriptor, byte[], int, int, int) 1 usage
                                    116 int result = socketRead0(fd, b, off, len, timeout);
```

图 8-5　查找交叉引用

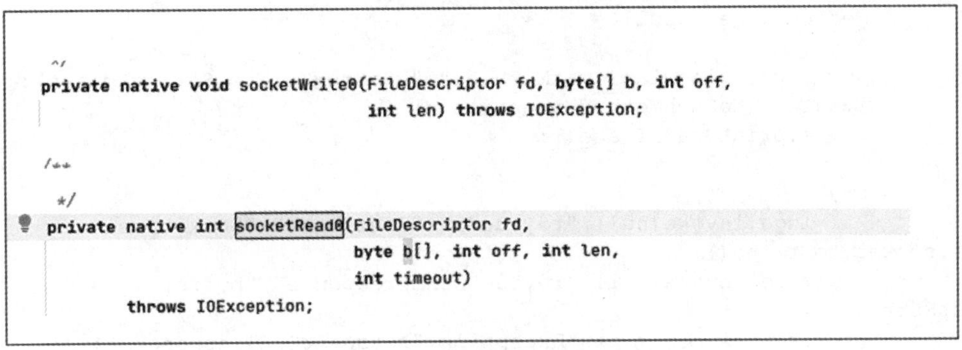

```
    private native void socketWrite0(FileDescriptor fd, byte[] b, int off,
                                     int len) throws IOException;

    /**
     */
    private native int socketRead0(FileDescriptor fd,
                                   byte b[], int off, int len,
                                   int timeout)
            throws IOException;
```

图 8-6　native 函数声明

（3）为了帮助定位数据包的加密，我们还需要让沙箱在数据"自吐"时打印函数调用栈。相比于 r0capture 中通过翻译 Log.getStackTraceString(Throwable) 函数打印调用栈的方式，这里采用更加简单的方案完成调用栈的打印工作，其相关代码如代码清单 8-2 所示。

代码清单 8-2　打印调用栈

```
Exception e = new Exception("r0ysueSOCKETresponse");
e.printStackTrace();
```

在解决上述问题后，以 socketRead0 函数的"自吐"实现为例，其最终修改后的沙箱代码如代码清单 8-3 所示。

> **注　意**
>
> 由于网络数据在 App 中是频繁发生且数据量庞大的，为了避免手机存储不足，"自吐"的方案仍旧是通过反射方式调用 Log.e() 函数打印日志实现。

代码清单 8-3　接收数据自吐

```
// socketInputStream.java
private int socketRead(FileDescriptor fd,
                       byte b[], int off, int len,
                       int timeout)
        throws IOException {
    int result = socketRead0(fd, b, off, len, timeout);
```

```java
        if(result>0){
            byte[] input = new byte[result];
            // 将有效数据复制到新的 byte 数组中
            System.arraycopy(b,off,input,0,result);

            String inputString = new String(input);
            Class logClass = null;
            try {
                logClass = this.getClass().getClassLoader().loadClass("android.util.Log");
            } catch (ClassNotFoundException e) {
                e.printStackTrace();
            }
            Method loge = null;
            try {
                loge = logClass.getMethod("e",String.class,String.class);
            } catch (NoSuchMethodException e) {
                e.printStackTrace();
            }
            try {
                loge.invoke(null,"r0ysueSOCKETresponse","Socket is => "+this.socket.toString());
                loge.invoke(null,"r0ysueSOCKETresponse","buffer is => "+inputString);
                Exception e = new Exception("r0ysueSOCKETresponse");
                e.printStackTrace();
            } catch (IllegalAccessException e) {
                e.printStackTrace();
            } catch (InvocationTargetException e) {
                e.printStackTrace();
            }
        }
        return result;
    }
```

在移植完明文数据的沙箱"自吐"问题后，让我们聚焦 r0capture 中对加密应用层数据的"自吐"部分。

如代码清单 8-4 所示，事实上在 r0capture 中针对 SSL 加密数据的"自吐"工作是继承 r0capture 的原项目 frida_ssl_logger 在 Native 层（或者称为 SO 层）所做的 Hook，而这与我们只想在 Java 层中对 AOSP 源码进行修改的初衷相互违背，且由于 Native 层的调用栈信息难以打印，因此对于这部分内容，在移植到沙箱之前还需要重新寻找 Java 层相关 API。

代码清单 8-4　r0capture SSL 数据自吐

```
Interceptor.attach(addresses["SSL_read"],
  {
    onEnter: function (args) {
      var message = getPortsAndAddresses(SSL_get_fd(args[0]), true);
      message["ssl_session_id"] = getSslSessionId(args[0]);
      message["function"] = "SSL_read";
      this.message = message;
      this.buf = args[1];
    },
```

```
      onLeave: function (retval) {
        retval |= 0; // Cast retval to 32-bit integer.
        if (retval <= 0) {
          return;
        }
        send(this.message, Memory.readByteArray(this.buf, retval));
      }
    });

    Interceptor.attach(addresses["SSL_write"],
    {
      onEnter: function (args) {
        var message = getPortsAndAddresses(SSL_get_fd(args[0]), false);
        message["ssl_session_id"] = getSslSessionId(args[0]);
        message["function"] = "SSL_write";
        send(message, Memory.readByteArray(args[1], parseInt(args[2])));
      },
      onLeave: function (retval) {
      }
    });
```

事实上，在快速定位关于 SSL 相关函数时，笔者采取的是通过 Objection 搜索所有与 socket 字符串相关的类，并利用 Objection 在执行注入时支持执行文件中所有命令的-c 参数，对以上所有 socket 类进行 Trace 进而快速定位，最终考虑到 Android 8 和 Android 10 两个系统的兼容性，选择了图 8-7 中的 com.android.org.conscrypt.ConscryptFileDescriptorSocket$SSLInputStream.read()作为数据接收和 com.android.org.conscrypt.ConscryptFileDescriptorSocket$SSLOutputStream.write()作为数据发送"自吐"函数。

图 8-7　Trace Socket 相关函数得到 Hook 结果

在定位到关键 Java 函数后，与实现明文数据在沙箱中"自吐"一样，仍旧要解决关于数据内容、地址信息与调用栈的问题。

首先，为了解决数据内容的"自吐"问题，我们可以与上述"自吐"明文协议数据内容一样直接在找到的两个函数中实现"自吐"，但是在研究时发现，二者的函数内容都会调用 SSL 成员所在类中的函数，且传递的参数中包含一切和数据有关内容，如图 8-8 和图 8-9 所示。

```
@Override
public int read(byte[] buf, int offset, int byteCount) throws IOException {
    Platform.blockGuardOnNetwork();

    checkOpen();
    ArrayUtils.checkOffsetAndCount(buf.length, offset, byteCount);
    if (byteCount == 0) {
        return 0;
    }

    synchronized (readLock) {
        synchronized (stateLock) {
            if (state == STATE_CLOSED) {
                throw new SocketException("socket is closed");
            }

            if (DBG_STATE) {
                assertReadableOrWriteableState();
            }
        }

        int ret = ssl.read(
                Platform.getFileDescriptor(socket), buf, offset, byteCount, getSoTimeout());
        if (ret == -1) {
            synchronized (stateLock) {
                if (state == STATE_CLOSED) {
                    throw new SocketException("socket is closed");
                }
            }
        }
        return ret;
    }
}
```

图 8-8　ConscryptFileDescriptorSocket$SSLInputStream.read()函数

```
@Override
public void write(byte[] buf, int offset, int byteCount) throws IOException {
    Platform.blockGuardOnNetwork();
    checkOpen();
    ArrayUtils.checkOffsetAndCount(buf.length, offset, byteCount);
    if (byteCount == 0) {
        return;
    }

    synchronized (writeLock) {
        synchronized (stateLock) {
            if (state == STATE_CLOSED) {
                throw new SocketException("socket is closed");
            }

            if (DBG_STATE) {
                assertReadableOrWriteableState();
            }
        }

        ssl.write(Platform.getFileDescriptor(socket), buf, offset, byteCount,
                writeTimeoutMilliseconds);

        synchronized (stateLock) {
            if (state == STATE_CLOSED) {
                throw new SocketException("socket is closed");
            }
        }
    }
}
```

图 8-9　ConscryptFileDescriptorSocket$SSLOutputStream.write()函数

在跟踪 SSL 成员定义后，会发现该成员实际上是 sslWrapper 类型的对象，为了后续方便沙箱的移植工作，最终转而在 sslWrapper 类中实现沙箱的"自吐"工作。

其次，既然选择在 sslWrapper 类的 read()和 write()函数中实现传输数据的收发"自吐"，那么该类中是否有类似于明文协议中 Socket 这样的成员用于表示地址信息呢？为了验证这一点，这里同样使用 WallBreaker 对进程堆中的 sslWrapper 实例进行内存对象信息的打印，会发现其 handshakeCallbacks 等多个成员的值都刚好与明文协议中的 Socket 成员起到的作用一致，因此在沙箱"自吐"中，笔者可从这几个成员中任意选择进行打印，从而"自吐"出地址信息，如图 8-10 所示。

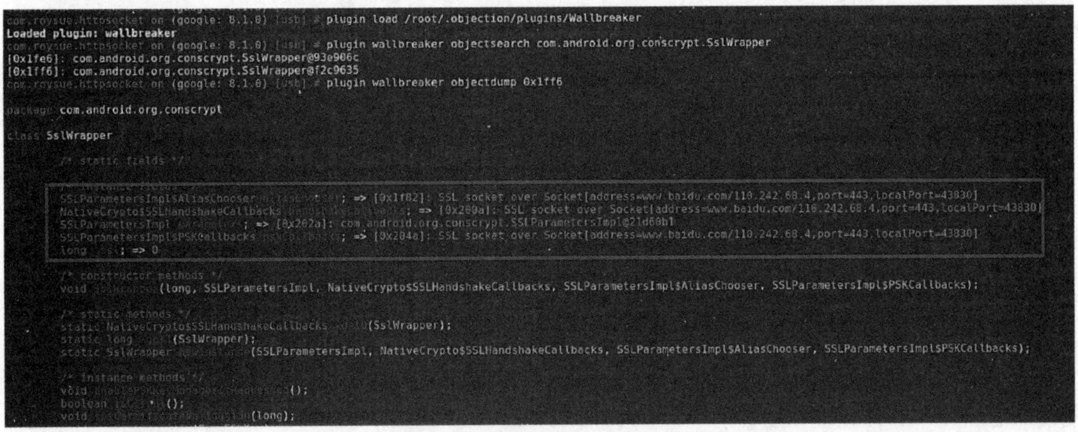

图 8-10 sslWrapper 对象信息

最后，在调用栈问题上，其实沙箱打印调用栈的方式与明文协议中打印调用栈的方式相同，但是细心的读者可能会发现，在代码清单 8-4 中，r0capture 并没有打印调用栈相关代码，而之所以这么做，是因为 Frida 打印的 Native 层调用栈信息可能不准确，且参考意义不大，如果一定要加调用栈信息，怎么办呢？

这里考虑到 Java 层的函数最终总是通过 Native 层的函数完成底层代码调用，换言之，Java 上层函数总是在 Native 层相关函数被调用前开始执行，因此这里通过添加针对 com.android.org.conscrypt.ConscryptFileDescriptorSocket$SSLInputStream.read()和 com.android.org.conscrypt.ConscryptFileDescriptorSocket$SSLOutputStream.write()两个函数的 Hook 后，在其中仅添加打印调用栈相关信息，并在获取到调用栈信息后保存到外部变量中，以便最终在对底层函数进行 Hook 时与其他信息一起打印出来，最终相关代码如代码清单 8-5 所示。

代码清单 8-5　带调用栈的 r0capture

```
var SSLstackwrite = null;
var SSLstackread = null;
Interceptor.attach(addresses["SSL_read"],
  {
    onEnter: function (args) {
      var message = getPortsAndAddresses(SSL_get_fd(args[0]), true);
      message["ssl_session_id"] = getSslSessionId(args[0]);
      message["function"] = "SSL_read";
      // 保存的调用栈信息
      message["stack"] = SSLstackread;
```

```
        this.message = message;
        this.buf = args[1];
      },
      onLeave: function (retval) {
        retval |= 0; // Cast retval to 32-bit integer.
        if (retval <= 0) {
          return;
        }
        send(this.message, Memory.readByteArray(this.buf, retval));
      }
    });

    Interceptor.attach(addresses["SSL_write"],
      {
        onEnter: function (args) {
          var message = getPortsAndAddresses(SSL_get_fd(args[0]), false);
          message["ssl_session_id"] = getSslSessionId(args[0]);
          message["function"] = "SSL_write";
          //  保存的调用栈信息
          message["stack"] = SSLstackwrite;
          send(message, Memory.readByteArray(args[1], parseInt(args[2])));
        },
        onLeave: function (retval) {
        }
      });
    Java.use("com.android.org.conscrypt.ConscryptFileDescriptorSocket$SSLOutput
Stream").write.overload('[B', 'int', 'int').implementation = function (bytearry,
int1, int2) {
        var result = this.write(bytearry, int1, int2);
        SSLstackwrite = Java.use("android.util.Log").getStackTraceString(Java.
use("java.lang.Throwable").$new()).toString();
        return result;
    }
    Java.use("com.android.org.conscrypt.ConscryptFileDescriptorSocket$SSLInputS
tream").read.overload('[B', 'int', 'int').implementation = function (bytearry, int1,
int2) {
        var result = this.read(bytearry, int1, int2);
        SSLstackread = Java.use("android.util.Log").getStackTraceString(Java.use
("java.lang.Throwable").$new()).toString();
        return result;
    }
```

在解决上述问题后，最终修改后的 SslWrapper.java 相关内容（以 write 函数为例）如代码清单 8-6 所示，完整文件见附件。

代码清单 8-6　SslWrapper.java 定制部分内容

```java
// SslWrapper.java
// TODO(nathanmittler): Remove once after we switch to the engine socket.
void write(FileDescriptor fd, byte[] buf, int offset, int len, int timeoutMillis)
        throws IOException {
    if(len>0){
        byte[] input = new byte[len];
        System.arraycopy(buf,offset,input,0,len);

        String inputString = new String(input);
        Class logClass = null;
        try {
            logClass = this.getClass().getClassLoader().loadClass
("android.util.Log");
        } catch (ClassNotFoundException e) {
            e.printStackTrace();
        }
        Method loge = null;
        try {
            loge = logClass.getMethod("e",String.class,String.class);
        } catch (NoSuchMethodException e) {
            e.printStackTrace();
        }
        try {
            loge.invoke(null,"r0ysueSSLrequest","SSL is => 
"+this.handshakeCallbacks.toString());
            loge.invoke(null,"r0ysueSSLrequest","buffer is => "+inputString);
            Exception e = new Exception("r0ysueSSLrequest");
            e.printStackTrace();
        } catch (IllegalAccessException e) {
            e.printStackTrace();
        } catch (InvocationTargetException e) {
            e.printStackTrace();
        }
    }

    NativeCrypto.SSL_write(ssl, fd, handshakeCallbacks, buf, offset, len,
timeoutMillis);
}
```

在完成上述所有沙箱代码的定制编写后，按照前面介绍的编译方法，最终编译出不带 Root 权限的系统。在刷机后，测试某应用抓包的效果，如图 8-11 所示。

图 8-11　无感知抓包效果

8.1.3　使用沙箱辅助中间人抓包

虽然前面讲述的方式能够在 App 无感知状态下达到抓包的效果，但正如 r0capture 本身的局限一样，对于部分采用自定义 SSL 框架的方式（比如 WebView、小程序、Flutter 等）进行数据通信的 App 来说，由于其数据通信的方式已经不依赖于系统本身，而是收发包本身都交由 App 自身进行处理，因此即使是从目前开发的沙箱角度依旧无法得到这类 App 的传输数据。此时中间人抓包的优点就体现出来了：劫持所有从系统中发出去的数据包，即使是自定义数据传输方式也不例外。

但是，正如在 8.1.1 节中所介绍的那样，中间人抓包的方式存在很多对抗方式阻碍数据的抓取，比如利用 Proxy.NO_PROXY 等 API 对抗 WiFi 代理抓包，或者利用 getNetWorkCapabilities() 等 API 检测 VPN 代理从而对抗抓包。当然，即使在绕过上述检测系统代理的方法后，还是可能会遇到其他问题，比如服务器校验客户端，或者客户端校验服务器等。

面对如此多的对抗手段，是否能够反制这些对抗手段呢？

答案是可以的，甚至在系统沙箱中也能够做到这一点，这也正是本小节存在的意义——通过修改系统源码帮助排除阻碍中间人抓包的"元凶"。

在正式开始介绍沙箱在中间人抓包中的作用前，我们先了解一下中间人抓包的流程。

我们知道要实现中间人抓包，如果是抓取明文的 HTTP 协议，只需要在将手机和计算机放置于同一网络环境中并确定二者能够相互 Ping 通后，再将系统 WiFi 代理或者 VPN 代理设置为计算机系统的 IP 以及相应代理软件的端口即可完成数据包的抓取，如图 8-12 所示。

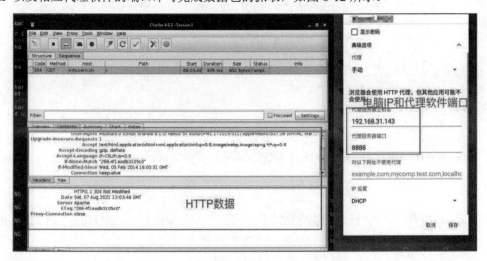

图 8-12　HTTP 代理抓包

但是如果使用 HTTPS 等需要 CA 认证成功才能正常通信的协议，仍旧使用这样的方法抓包就会发现访问网页时出现如图 8-13 所示的"您的连接不是私密连接"提示。

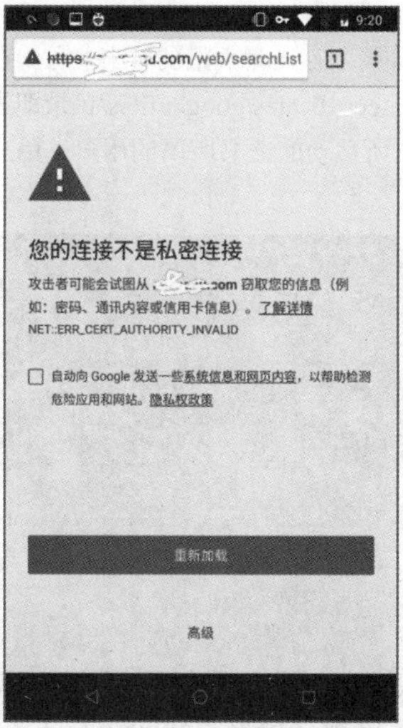

图 8-13　HTTPS 协议抓包错误提示

要解决这个问题，需要逆向人员将 Charles 等代理软件的相应证书文件放置到用户信任的凭据甚至系统信任的凭据空间中，才能顺利抓取 HTTPS 数据。要将 Charles 证书内置到系统信任凭据的位置，需要通过 mount 命令临时将系统分区设置为可写后才能成功移动，而如果想要将系统分区设置为可写，又需要 Root 权限，这就几乎断绝了逆向人员在非 Root 环境中将证书移植到系统信任凭据空间的可能性。那么作为无 Root 沙箱，能否做到这一点呢？

答案是可以的，要做到这一点，我们只需将一个 Charles 证书文件转换为 Android 系统能够识别的形式放置到系统证书在源码环境的对应目录下即可。

那么如何将 Charles 导出的证书文件转换成系统所识别的.0 这种格式呢？

如图 8-14 所示，这里将证书文件安装到手机的用户信任凭据中，并从用户信任凭据所在的系统位置/data/misc/user/0/cacerts-added/复制出来供后续使用。

需要注意的是，由于每一个 Charles 软件生成的证书都是不一致的，因此这里移植的证书只能用于这个虚拟机中的 Charles 抓包。至于如何将代理软件的证书文件安装到系统中，参见《安卓 Frida 逆向与抓包实战》一书。

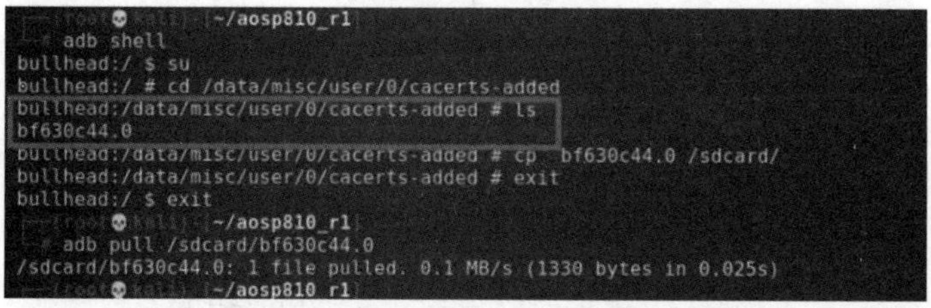

图 8-14　将 Charles 证书导出备用

在取出证书后,接下来的工作就只剩下定位系统证书在源码环境的对应目录,并将证书放置到该位置即可。最终通过在源码目录中搜索 certificates 关键词发现在源码的 /system/ca-certificates/google/files/ 目录下存在着大量的证书文件,在与真实运行的系统中的证书进行对比后,最终确认源码的 /system/ca-certificates/google/files/ 目录即为系统运行时系统信任凭据所在的位置。在移动完毕后,还需要确认所移动的证书所属的用户、用户组以及相应的权限都与其他已有证书一致,如图 8-15 所示。

图 8-15 移动后的证书

在完成上述步骤后,重新编译源码并刷入手机会发现 Charles 的证书已经内置在系统信任凭据中,如图 8-16 所示。此时再次测试抓取 HTTPS 数据,就会发现原本无法访问的 HTTPS 网站已经能够正常访问且数据在 Charles 软件中都能够正常显示。

图 8-16 编译后的 AOSP 沙箱系统信任凭据

在解决基本的 HTTPS 协议抓包问题后，让我们聚焦沙箱帮助对抗服务器校验客户端和 SSL Pinning 的问题。

所谓服务器校验客户端，是指服务器在与客户端进行通信时，会在握手阶段验证客户端使用证书的公钥，但是当使用中间人进行抓包时，实际上与服务器进行通信的对方是 Charles 等抓包软件，其使用的证书就不再是服务端认可的证书文件，因此在解决此类问题时，通常是在 App 中找到相应证书文件和对应密码，并将之转换为 P12 格式的证书，最终导入 Charles 以达到欺骗服务器进行通信的效果。

通常来说，客户端要实现使用特定证书与服务器进行通信，就不可避免地会使用证书密码打开证书。相应地，以笔者的经验，开发者通常会使用 KeyStore.load(InputStream, char[])函数打开证书。笔者曾经写过一个脚本用于 Hook 该函数，从而 dump 证书文件和相应密码，具体 Hook 脚本如代码清单 8-7 所示。

代码清单 8-7　saveClientCer.js

```
Java.perform(function () {
   var StringClass = Java.use("java.lang.String");
   var KeyStore = Java.use("java.security.KeyStore");
   KeyStore.load.overload('java.io.InputStream', '[C').implementation = function (arg0, arg1) {
       // 打印堆栈信息
       console.log(Java.use("android.util.Log").getStackTraceString(Java.use("java.lang.Throwable").$new()));
       // arg1 即为证书密钥
       console.log("KeyStore.load2:", arg0, arg1 ? StringClass.$new(arg1) : null);

       if (arg0){
         // 将证书保存到/sdcard/Download/目录下
          var file =  Java.use("java.io.File").$new("/sdcard/Download/"+String(arg0)+".p12");
          var out = Java.use("java.io.FileOutputStream").$new(file);
          var r;
          while( (r = arg0.read(buffer)) > 0){
              out.write(buffer,0,r)
          }
          console.log("save success!")
          out.close()
       }
       this.load(arg0, arg1);
   };
}
```

在测试某服务器校验客户端证书的样本中，测试结果如图 8-17 所示。

图 8-17 keyStore.load 函数 Hook 结果

最终通过 KeyStore Explorer 等证书查看软件使用 Hook 得到的密码成功打开 dump 下来的证书文件后，即可完整地看到该证书的私钥等信息，如图 8-18 所示。将证书文件导入 Charles 作为客户端证书，样本即可在中间人环境下顺利上网，且代理软件能够顺利拦截到数据详情。

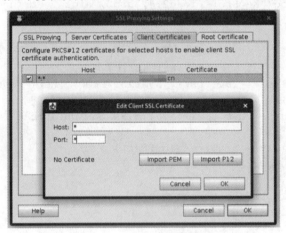

图 8-18　Charles 导入证书

既然是通过系统 API 使用密码打开证书文件，那么非常明显，我们可以将其移植到系统源码中，最终在找到 java/security/KeyStore.java 文件（系统中还存在一个 android/security/KeyStore.java 文件，注意别弄错）后，其最终修改的代码如代码清单 8-8 所示。

代码清单 8-8　KeyStore.load 函数

```
// libcore/ojluni/src/main/java/java/security/KeyStore.java
public final void load(InputStream stream, char[] password)
```

```
            throws IOException, NoSuchAlgorithmException,
CertificateException {
        if (password != null) {
            String inputPASSWORD = new String(password);
            Class logClass = null;
            try {
                logClass =
this.getClass().getClassLoader().loadClass("android.util.Log");
            } catch (ClassNotFoundException e) {
                e.printStackTrace();
            }
            Method loge = null;
            try {
                loge = logClass.getMethod("e", String.class, String.class);
            } catch (NoSuchMethodException e) {
                e.printStackTrace();
            }
            try {
                loge.invoke(null, "r0ysueKeyStoreLoad", "KeyStore load PASSWORD is
=> " + inputPASSWORD);
                Exception e = new Exception("r0ysueKeyStoreLoad");
                e.printStackTrace();
            } catch (IllegalAccessException e) {
                e.printStackTrace();
            } catch (InvocationTargetException e) {
                e.printStackTrace();
            }

            Date now = new Date();
            String currentTime = String.valueOf(now.getTime());
            // 写文件
            FileOutputStream fos = new FileOutputStream("/sdcard/Download/" +
inputPASSWORD + currentTime);
            byte[] b = new byte[1024];
            int length;
            while ((length = stream.read(b)) > 0) {
                fos.write(b, 0, length);
            }
            fos.flush();
            fos.close();

        }
        keyStoreSpi.engineLoad(stream, password);
        initialized = true;
    }
```

在修改完毕后，重新编译源码并刷机进行测试后，查看日志会发现最终证书密码"自吐"如图 8-19 所示。此时将沙箱"自吐"的证书打开，发现其内容与 Hook 得到的结果一致。

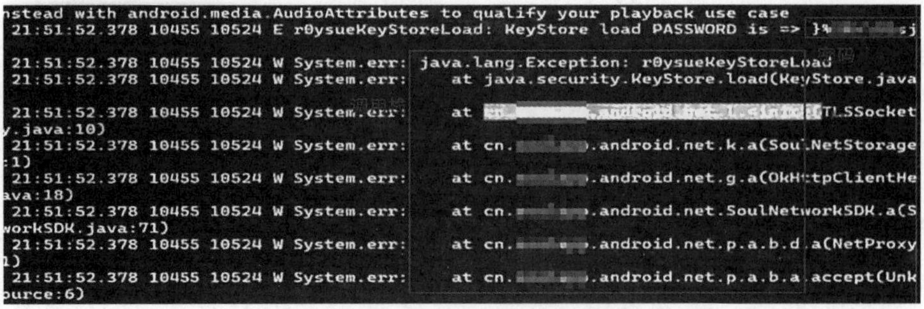

图 8-19 沙箱"自吐"证书密码

但是,在测试样本时发现,只要在这个函数中对证书进行 dump 操作,就会导致样本崩溃退出,因此在这里选择使用 Objection Trace 与字符串 keystore 相关的类,从而帮助找到其他更加通用的函数用于 dump 证书和密码,最终 Trace 后发现,图 8-20 中的函数在样本打开时会被调用。

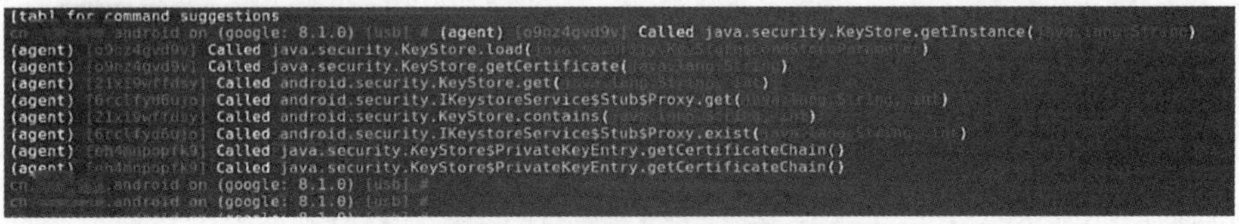

图 8-20 Trace keystore 相关类结果

在使用 WallBreaker 搜索并查看相应的对象结构时,发现 java.security.KeyStore$PrivateKeyEntry 对象中存在很多证书相关信息,如图 8-21 所示。

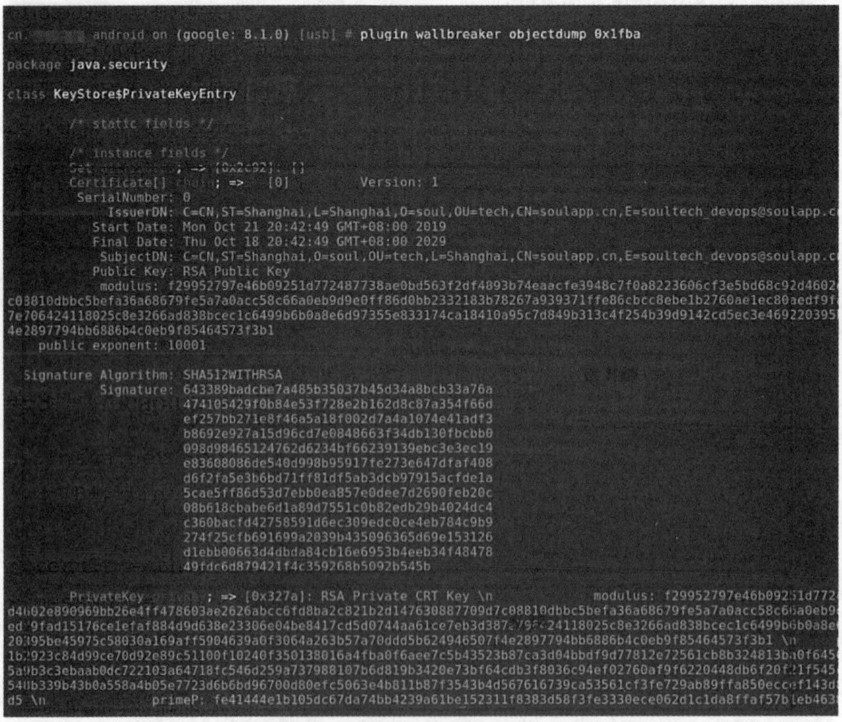

图 8-21 PrivateKeyEntry 对象结构

那么是否可以通过这些内容获取到一个真正的证书文件呢？

研究后发现，在获取到证书的 chain 和 privateKey 后，确实可以得到最终的证书文件，具体保存证书的代码如代码清单 8-9 所示，其中函数的第一个参数是私钥；第二个参数是证书链的字符串形式；第三个参数是保存的证书路径，可指定；第四个参数是保存的证书密码，这个参数也是由用户自定义的。

代码清单 8-9　保存证书相关代码

```java
public static void storeP12(PrivateKey pri, String p7, String p12Path, String p12Password) throws Exception {
        CertificateFactory factory = CertificateFactory.getInstance("X509");
        //初始化证书链
        X509Certificate p7X509 = (X509Certificate) factory.generateCertificate(new ByteArrayInputStream(p7.getBytes()));
        Certificate[] chain = new Certificate[]{p7X509};
        // 生成一个空的 p12 证书
        KeyStore ks = KeyStore.getInstance("PKCS12", "BC");
        ks.load(null, null);
        // 将服务器返回的证书导入到 p12 中去
        ks.setKeyEntry("client", pri, p12Password.toCharArray(), chain);
        // 加密保存 p12 证书
        FileOutputStream fOut = new FileOutputStream(p12Path);
        ks.store(fOut, p12Password.toCharArray());
}
```

为了帮助确定 KeyStore$PrivateKeyEntry 类中哪些函数在服务端校验客户端机制中会被调用，这里使用 Objection 对该类进行 Trace 后发现，图 8-22 中的 getPrivateKey()和 getCeritficateChain()函数都会被调用，因此最终具体的 Hook 得到证书的代码如代码清单 8-10 所示。

图 8-22　trace KeyStore$PrivateKeyEntry 类

代码清单 8-10　saveClientCer2.js

```javascript
function storeP12(pri, p7, p12Path, p12Password) {
  var X509Certificate = Java.use("java.security.cert.X509Certificate")
  var p7X509 = Java.cast(p7, X509Certificate);
  var chain = Java.array("java.security.cert.X509Certificate", [p7X509])
  var ks = Java.use("java.security.KeyStore").getInstance("PKCS12", "BC");
  ks.load(null, null);
  ks.setKeyEntry("client", pri, Java.use('java.lang.String').$new(p12Password).toCharArray(), chain);
    try {
       var out = Java.use("java.io.FileOutputStream").$new(p12Path);
       ks.store(out, Java.use('java.lang.String').$new(p12Password).toCharArray())
    } catch (exp) {
       console.log(exp)
```

```
        }
    }
    Java.use("java.security.KeyStore$PrivateKeyEntry").getPrivateKey.implementa
tion = function () {
        var result = this.getPrivateKey()
        storeP12(this.getPrivateKey(), this.getCertificate(),
'/sdcard/Download/' + uuid(10, 16) + '.p12', 'r0ysue');
        return result;
    }
    Java.use("java.security.KeyStore$PrivateKeyEntry").getCertificateChain.impl
ementation = function () {
        var result = this.getCertificateChain()
        storeP12(this.getPrivateKey(), this.getCertificate(),
'/sdcard/Download/' + uuid(10, 16) + '.p12', 'r0ysue');
        var message = {};
        return result;
    }
```

最终在 Hook 测试后会发现，以这样的方式保存的证书同样能够打开且其中的信息与在 KeyStore.load() 函数中 dump 得到的证书文件内容是一致的，只是可以明显地发现，在 KeyStore$PrivateKeyEntry 这个类中得到的证书文件无须得知原本证书的密码，相比于上一种方式更加优雅，最终在测试成功后，同样将相关代码移植到沙箱中，最终修改后的 getPrivateKey() 函数部分内容如代码清单 8-11 所示。

代码清单 8-11　getPrivateKey()函数内容

```
// libcore/ojluni/src/main/java/java/security/KeyStore.java
public PrivateKey getPrivateKey() {

    String p12Password = "r0ysue";
    Date now = new Date();
    String currentTime = String.valueOf(now.getTime());
    String p12Path = "/sdcard/Download/" + currentTime + ".p12";

    X509Certificate p7X509 = (X509Certificate) chain[0];
    Certificate[] mychain = new Certificate[]{p7X509};
    // 生成一个空的 p12 证书
    KeyStore myks = null;
    try {
        myks = KeyStore.getInstance("PKCS12", "BC");
        myks.load(null, null);
        myks.setKeyEntry("client", privKey, p12Password.toCharArray(), mychain);
    } catch (KeyStoreException e) {
        // ...
    } catch (CertificateException e) {
        e.printStackTrace();
    }
    // 加密保存 p12 证书
    FileOutputStream fOut = null;
    try {
        fOut = new FileOutputStream(p12Path);
    } catch (FileNotFoundException e) {
        e.printStackTrace();
```

```
    }
    try {
        myks.store(fOut, p12Password.toCharArray());
    } catch (KeyStoreException e) {
      // ...
    }

    return privKey;
}
```

在通过沙箱解决完服务端校验客户端的问题后，让我们聚焦于客户端校验服务器之 SSL Pinning 的部分。事实上，由于 SSL Pinning 是一种客户端校验当前使用的证书是不是特定证书的方式，其全部逻辑都是在 App 层面对证书进行校验，因此无论是 Objection 中的 SSL Pinning Bypass 功能还是 FridaContainer（https://github.com/deathmemory/FridaContainer）、DroidSSLUnpinning（https://github.com/WooyunDota/DroidSSLUnpinning）中针对这类对抗手段的 bypass 方法，都是通过对每一种不同的框架证书校验的代码分别进行处理从而达到绕过的效果，因此就系统本身来说，其实无法直接干预这个过程，但是由于 SSL Pinning 校验的方法总是以打开证书加上 Hash 校验两个部分组成，因此沙箱所能做的就是在打开文件这一操作上进行监控，通过调用栈的方式帮助定位可能进行证书校验的函数。

为了验证上述想法，这里选择了一个存在 SSL Pinning 校验手段的样本（实际上是一个混淆的 OkHttp3 样本）进行测试，通过 Objection hook Java.io.File 类的构造函数$init 并打印其参数和调用栈，最终发现函数调用栈中出现已知证书校验函数的 File 类构造函数总是 java.io.File.$init(File,String)这个重载构造函数，且第二个参数值永远是.0 格式的证书名，如图 8-23 所示。

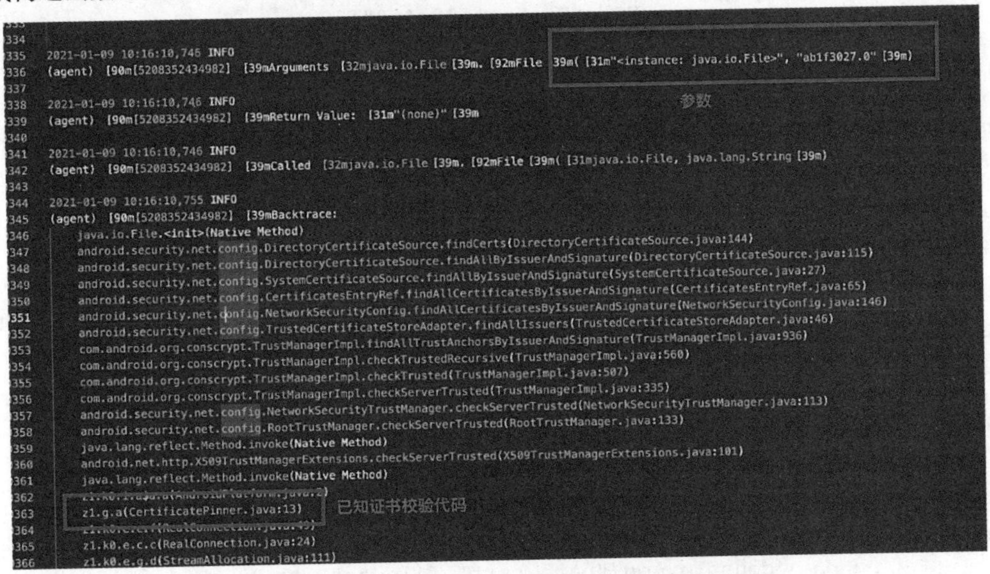

图 8-23　java.io.File.$init(File,String)函数 Hook 结果

根据上述 Hook 结果，这里重新写了针对 File 类这一特定构造函数进行 Hook 的脚本，其代码如代码清单 8-12 所示。

代码清单 8-12　sslHelper.js

```
setImmediate(function(){
    Java.perform(function(){
        Java.use("java.io.File").$init.overload('java.io.File',
'java.lang.String').implementation = function(file,cert){
            var result = this.$init(file,cert)
            console.log("path,cart",file.getPath(), cert)
            return result;
        }
    })
})
```

在测试后发现，当第二个参数是证书格式文件名时，对应路径总是包含 cacert 字串，在进一步根据路径进行过滤后，通过打印调用栈会发现并不是所有打开证书的调用栈中都存在已知的证书校验代码。

为了进一步增加代码清单 8-12 中代码在 SSL Pinning Bypass 中的有效性，这里通过将多个已知是证书校验调用链的调用栈保存为文件并进行文件对比，发现 X509TrustManagerExtensions.checkServerTrusted 函数总是存在于这些调用栈中，从而得到了最终帮助定位 SSL Pinning 的脚本内容如代码清单 8-13 所示。

代码清单 8-13　sslHelper.js

```
// (agent) [90m[5208352434982] [39mArguments [32mjava.io.File[39m.[92mFile
[39m([31m"<instance: java.io.File>", "ab1f3027.0"[39m
// (agent) [90m[5208352434982] [39mArguments [32mjava.io.File[39m.[92mFile
[39m([31m"<instance: java.io.File>", "ac1595c4.0"[39m)
// (agent) [90m[5208352434982] [39mArguments [32mjava.io.File[39m.[92mFile
[39m([31m"<instance: java.io.File>", "ab1f3027.0"[39m)
// (agent) [90m[5208352434982] [39mArguments [32mjava.io.File[39m.[92mFile
[39m([31m"<instance: java.io.File>", "35105088.1"[39m
setImmediate(function(){
    Java.perform(function(){
        Java.use("java.io.File").$init.overload('java.io.File', 'java.lang.
String').implementation = function(file,cert){
            var result = this.$init(file,cert)
            var stack = Java.use("android.util.Log").getStackTraceString
(Java.use("java.lang.Throwable").$new());
            // 根据多个调用栈分析发现调用栈中总是出现这些情况
            if(
              // 打开的文件一定是证书
              file.getPath().indexOf("cacert")>0
              //
              && stack.indexOf("X509TrustManagerExtensions.checkServer
Trusted")> 0){
                console.log("path,cart",file.getPath(), cert)
                console.log(stack);

            }
            return result;
        }
    })
})
```

与之前的流程一致，在测试完毕后，将这部分代码翻译为 Java 代码并添加到源码中，最终修改后的 File 类对应构造函数代码如代码清单 8-14 所示。

代码清单 8-14　File 类

```java
public File(File parent, String child) {
    if (child == null) {
        throw new NullPointerException();
    }
    if (parent != null) {
        if (parent.path.equals("")) {
            this.path = fs.resolve(fs.getDefaultParent(),
                    fs.normalize(child));
        } else {
            this.path = fs.resolve(parent.path,
                    fs.normalize(child));
        }
    } else {
        this.path = fs.normalize(child);
    }

    Class logClass = null;
    Method getStackTraceString = null;
    try {
        logClass = this.getClass().getClassLoader().loadClass("android.util.Log");
        getStackTraceString = logClass.getMethod("getStackTraceString", Throwable.class);
    } catch (ClassNotFoundException e) {
        e.printStackTrace();
    } catch (NoSuchMethodException e) {
        e.printStackTrace();
    }
    try {
      // 反射调用 Log.getStackTraceString(Thrwoable)函数
        String stack = (String)getStackTraceString.invoke(null,new Throwable());
        if (parent.getPath().indexOf("cacert") >= 0 &&
            // 获取调用栈字符串
            stack.indexOf("X509TrustManagerExtensions.checkServerTrusted") >= 0) {
                // 打印调用栈帮助定位 SSL Pinning 具体函数
            Exception e = new Exception("r0ysueFileSSLpinning");
            e.printStackTrace();
        }
    } catch (IllegalAccessException e) {
        e.printStackTrace();
    } catch (InvocationTargetException e) {
        e.printStackTrace();
    }

    this.prefixLength = fs.prefixLength(this.path);
}
```

在修改完代码并重新编译系统刷入手机后，一个新的针对网络库"自吐"和辅助中间人抓包的沙箱环境就新鲜出炉了。

虽然在这一小节中并没有介绍如何通过修改源码完成对 WiFi/VPN 代理的检测，但相信对完成上述修改源码过程的读者来说，要完成检测实际上已经非常简单了，这里限于篇幅，不再继续介绍。

另外，读者要清楚的是在辅助中间人抓包这一块，沙箱能够做到的工作是有限的，比如在辅助绕过 SSL Pinning 的脚本其基点是基于 App 会通过打开证书文件及其调用栈中包含的 X509TrustManagerExtensions.checkServerTrusted 函数等特征来帮助定位的，有特征就一定存在绕过手段；再比如，在辅助绕过服务端校验客户端的措施中，如果证书内容被硬编码在代码中，就有可能绕过 KeyStore.load 函数。笔者对这部分所做的讲解仅是抛砖引玉，希望读者能够了解其中的原理，并且在遇到问题时懂得如何去思考。

8.2 风控对抗之简单实现设备信息的篡改

8.2.1 风控对抗基础介绍

在金融安全领域，"风控"一词频繁地被提及，这是用于金融领域中风险控制的专业术语。在当今的互联网时代，由于金融和互联网深度结合，"风控"一词又被广泛应用于互联网安全中，与一般风控用途类似，计算机领域的风控同样用于控制在电子支付或者其他相关场景保护甲方产品免于利益损失。

那么既然存在风险控制，说明风险本身是存在的，那么是什么导致风险的存在呢？

这个答案并不确定。以金融投资来说，如果花几百万买了一家公司的股票，未来的盈利是不能预测的，其结果可能是亏损、回本、盈利，其中亏损的概率就是风险存在的可能性，之所以存在风险控制，就是为了尽量减少亏损的概率，保证投资人和公司的利益在盈利和回本之间。

与风控相对，在互联网中存在着一类团体专门针对互联网产品业务的漏洞或者福利钻空子，从而发现低成本获得利益的机会，甚至采取一定的手段从中获取更大的经济利益，这类团体通常被称为黑产或灰产。

与电影中黑客轻松黑进别人计算机获取信息类似，真实的黑产团体通常也有一群掌握计算机关键技术的人，利用自身的技术优势绕过或破解已知业务产品的机制从中获利。以过去非常频繁的 QQ 盗号事件为例，黑产团体通过病毒或其他非法手段盗取 QQ 用户和密码，并从获取的 QQ 信息中选择等级较高的号码高价转卖以获取利益，再比如存在黑产团体通过某些 App 应用"手机号+验证码"弱验证的方式获取用户身份证号等个人重要信息，利用用户个人信息更改手机服务密码等，同时还会利用话术欺骗诱导电信企业客服人员将已挂失的电话卡进行解挂，利用部分网贷平台"找回用户密码"漏洞重置用户支付密码骗取网贷资金，最终造成用户和企业信用与财产损失。事实上，不仅存在上述利用某些技术实现黑灰产目的的黑产团体，还有一些与普通网民息息相关的黑灰产事件，这类事件的发生往往没有任何专业技术的要求，只需要能够操作手机即可，比如众所周知的"羊毛党"、兼职刷单等，这部分黑灰产从事者往往并非特定黑灰产团体，相反学生、无稳定工作的人都可能在不知情的情况下成为其中的一员。而追究这类群体形成的原因，最终往往逃不过"利益"二字。

黑产与风控就像是宿命敌人，黑产作为攻击方从各种角度绕过风控体系的防御达到非法利益的获取，作为防守方的风控团队在防御黑产攻击的过程中，会逐渐完善自身的防御体系，从而保护产品的合法利益，甚至反客为主，追踪并帮助打击黑产团体。当然，作为防守方，不仅需要防御和阻止攻击方的各种手段，而且需要在修复漏洞的同时做到业务系统本身的兼容性与稳定性，同时还不能影响业务的正常进行。因此，相对于作为攻击方的黑产，一个完整的、可靠性高的风控防御体系的建立其难度相对更高。

8.2.2 源码改机简单实现

在以设备为核心资源的互联网时代，风控判断用户的真实性往往通过用户是否使用真实的设备来进行。接下来将通过沙箱的方式实现不需要切换真实设备，但是 App 却将修改前和修改后的系统认为是两台设备的效果，从而简单介绍黑产团体实现一键"新机"的原理。

那么什么是标志设备身份的相关信息呢？接下来将两个获取设备信息的应用安装到手机上进行验证。

如图 8-24 和图 8-25 所示，会发现关于设备存在很多标志信息，比如设备指纹、设备名称、设备型号、制造商和主板、平台等，事实上如果对 Android 比较了解，就会发现以上这些信息都是从 android.os.Build 这个类的成员值获取到的。这里使用 Objection 注入"设置"应用并使用 WallBreaker 这一利器查看 android.os.Build 类的类结构，发现其类成员都是静态成员，且每一个成员的值都与图 8-24 和图 8-25 中的内容一一对应，比如图 8-24 中的"设备指纹"对应 Build 类中的成员 FINGERPRINT，图 8-24 和图 8-25 中的"主板"则对应 Build 类中的 BOARD 成员的值等，具体 Build 类中的成员值如代码清单 8-15 所示。

图 8-24　设备信息 1

图 8-25　设备信息 2

代码清单 8-15　Build 类结构

```
package android.os;

class Build {

    /* static fields */
    static String TAG; => Build
    static String TAGS; => release-keys
    static boolean IS_ENG; => false
    static String MODEL; => Nexus 5X
    static String CPU_ABI; => arm64-v8a
    static String CPU_ABI2; =>
    static String SERIAL; => 00abebcbe2a8ca31
    static String FINGERPRINT; =>
google/bullhead/bullhead:8.1.0/OPM1.171019.011/4448085:user/release-keys
    static String USER; => android-build
    static String DEVICE; => bullhead
    static String BOARD; => bullhead
    static String BOOTLOADER; => BHZ31a
    static boolean IS_EMULATOR; => false
    static String RADIO; => M8994F-2.6.40.4.04
    static String[] SUPPORTED_ABIS; => arm64-v8a,armeabi-v7a,armeabi
    static long TIME; => 1510540425000
    static String[] SUPPORTED_32_BIT_ABIS; => armeabi-v7a,armeabi
    static String TYPE; => user
    static String[] SUPPORTED_64_BIT_ABIS; => arm64-v8a
    static boolean IS_USERDEBUG; => false
    static String ID; => OPM1.171019.011
    static boolean IS_DEBUGGABLE; => false
    static String HARDWARE; => bullhead
    static String HOST; => wphp10.hot.corp.google.com
    static boolean IS_CONTAINER; => false
    static boolean IS_USER; => true
    static String UNKNOWN; => unknown
    static boolean IS_TREBLE_ENABLED; => false
    static String BRAND; => google
    static String MANUFACTURER; => LGE
    static boolean PERMISSIONS_REVIEW_REQUIRED; => false
    static String PRODUCT; => bullhead
    static String DISPLAY; => OPM1.171019.011

    /* instance fields */

    /* constructor methods */
    Build();

    /* static methods */
    static boolean isBuildConsistent();
    static String getString(String);
```

```
static String getRadioVersion();
static void ensureFingerprintProperty();
static String[] -wrap0(String, String);
static String getSerial();
static String deriveFingerprint();
static String -wrap1(String);
static String[] getStringList(String, String);
static long getLong(String);

/* instance methods */
```
}

那么如何在 Android 开发过程中获取这部分内容呢？通过反编译以上两个样本发现，要获取该类中大部分成员的值，只需要直接通过类访问即可，如代码清单 8-16 所示。

代码清单 8-16　样本反编译结果

```
package com.zhanhong.deviceinfo;
import android.os.Build;
...
public String getBOARD() {
    return Build.BOARD;
}
public String getBOOTLOADER() {
    return Build.BOOTLOADER;
}
public String getBRAND() {
    return Build.BRAND;
}
public String getBuilder() {
    return Build.USER + "@" + Build.HOST;
}
public String getDevice() {
    String v1 = Build.MANUFACTURER;
    String v0 = Build.MODEL;
    if(!v0.startsWith(v1)) {
        v0 = v1 + " " + v0;
    }
    return v0;
}
```

因此，如果要实现这部分信息的改变，只需要修改对应的成员值即可，让我们直接来看相应 android.os.Build 类的源码。

如图 8-26 所示，在源码中，该类的一些比较重要的成员实际上都是在该类被初始化时调用了 getString() 函数并传递相应的属性名称得到的。进一步，如代码清单 8-16 所示，利用在线源码网站跟踪 Android 8.1.0_r1 版本中 getString() 函数的实现会发现，该函数具体是调用 SystemProperties 类的 get() 函数获取相应实现，而 SystemProperties.get() 函数具体又是如何进行函数调用的呢？这里将其调用链直接展示在代码清单 8-17 中，具体跟踪过程就不展开叙述了。

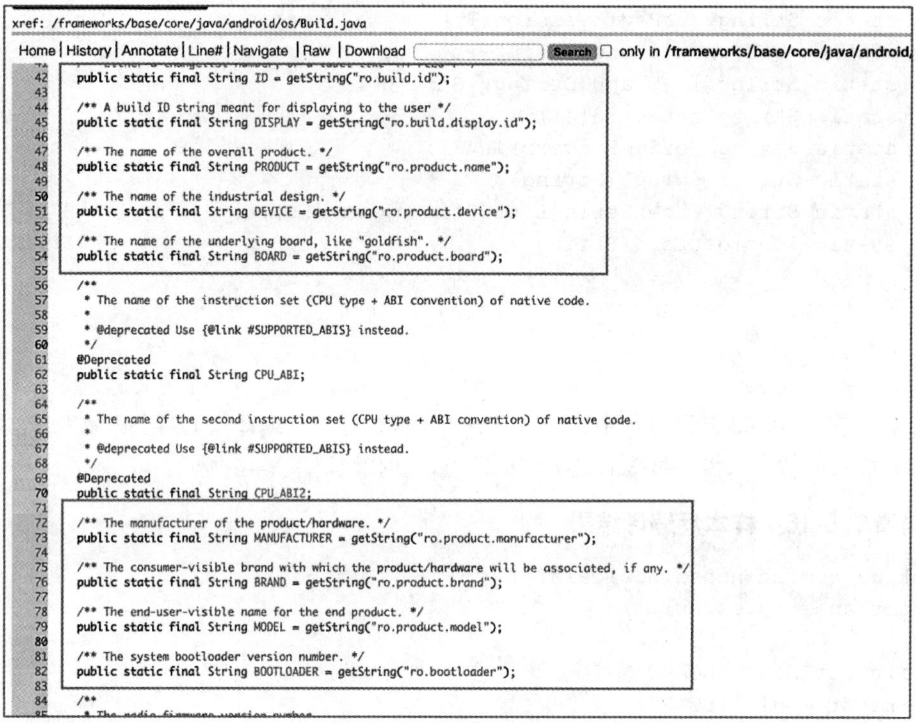
xref: /frameworks/base/core/java/android/os/Build.java

Home | History | Annotate | Line# | Navigate | Raw | Download Search only in /frameworks/base/core/java/android/

```
public static final String ID = getString("ro.build.id");

/** A build ID string meant for displaying to the user */
public static final String DISPLAY = getString("ro.build.display.id");

/** The name of the overall product. */
public static final String PRODUCT = getString("ro.product.name");

/** The name of the industrial design. */
public static final String DEVICE = getString("ro.product.device");

/** The name of the underlying board, like "goldfish". */
public static final String BOARD = getString("ro.product.board");

/**
 * The name of the instruction set (CPU type + ABI convention) of native code.
 *
 * @deprecated Use {@link #SUPPORTED_ABIS} instead.
 */
@Deprecated
public static final String CPU_ABI;

/**
 * The name of the second instruction set (CPU type + ABI convention) of native code.
 *
 * @deprecated Use {@link #SUPPORTED_ABIS} instead.
 */
@Deprecated
public static final String CPU_ABI2;

/** The manufacturer of the product/hardware. */
public static final String MANUFACTURER = getString("ro.product.manufacturer");

/** The consumer-visible brand with which the product/hardware will be associated, if any. */
public static final String BRAND = getString("ro.product.brand");

/** The end-user-visible name for the end product. */
public static final String MODEL = getString("ro.product.model");

/** The system bootloader version number. */
public static final String BOOTLOADER = getString("ro.bootloader");

/**
```

图 8-26 Build 类源码

代码清单 8-17 getString()函数实现关键函数跟踪

```
-> /frameworks/base/core/java/android/os/Build.java
private static String getString(String property) {
     return SystemProperties.get(property, UNKNOWN);
}

-> /frameworks/base/core/java/android/os/SystemProperties.java
public static String get(String key, String def) {
    if (TRACK_KEY_ACCESS) onKeyAccess(key);
    return native_get(key, def);
}

-> /frameworks/base/core/java/android/os/SystemProperties.java
private static native String native_get(String key, String def);

// 接下来就是 Native 层部分内容
-> /frameworks/base/core/jni/android_os_SystemProperties.cpp
static jstring SystemProperties_getS(JNIEnv *env, jobject clazz,
                                      jstring keyJ)
{
    return SystemProperties_getSS(env, clazz, keyJ, NULL);
}

-> /frameworks/base/core/jni/android_os_SystemProperties.cpp
```

```
static jstring SystemProperties_getSS(JNIEnv *env, jobject clazz,
                                      jstring keyJ, jstring defJ)
{
    int len;
    const char* key;
    char buf[PROPERTY_VALUE_MAX];
    jstring rvJ = NULL;
    // 这里略去无关部分
    ...
    key = env->GetStringUTFChars(keyJ, NULL);
    // 关键获取属性函数
    len = property_get(key, buf, "");
    // ...
        rvJ = env->NewStringUTF(buf);
    } else {
        rvJ = env->NewStringUTF("");
    }
    env->ReleaseStringUTFChars(keyJ, key);

error:
    return rvJ;
}

-> /frameworks/rs/cpp/rsCppUtils.cpp
int property_get(const char *key, char *value, const char *default_value) {
    int len;
    // 调用__system_property_get 函数
    len = __system_property_get(key, value);
    // ...
    if (default_value) {
        len = strlen(default_value);
        memcpy(value, default_value, len + 1);
    }
    return len;
}
```

从代码清单 8-17 中发现到最后实际上跟踪到了__system_property_get()函数,这个函数的具体实现实际上是在 bionic/libc/bionic/system_properties.cpp 文件中,该文件属于 libc 基础库内容,而在追踪该函数实现时,发现该函数已经是关于设备属性信息获取的最底层函数——该函数通过与 property_service_socket 设备进行 Socket 通信获取具体属性值,这也是某些黑产团伙在修改 ROM 时选择该函数进行修改的原因。如图 8-27 所示是 "永安在线" 安全团队在 2020 年黑灰产研究报告中提及的黑产 ROM 改机的部分代码。

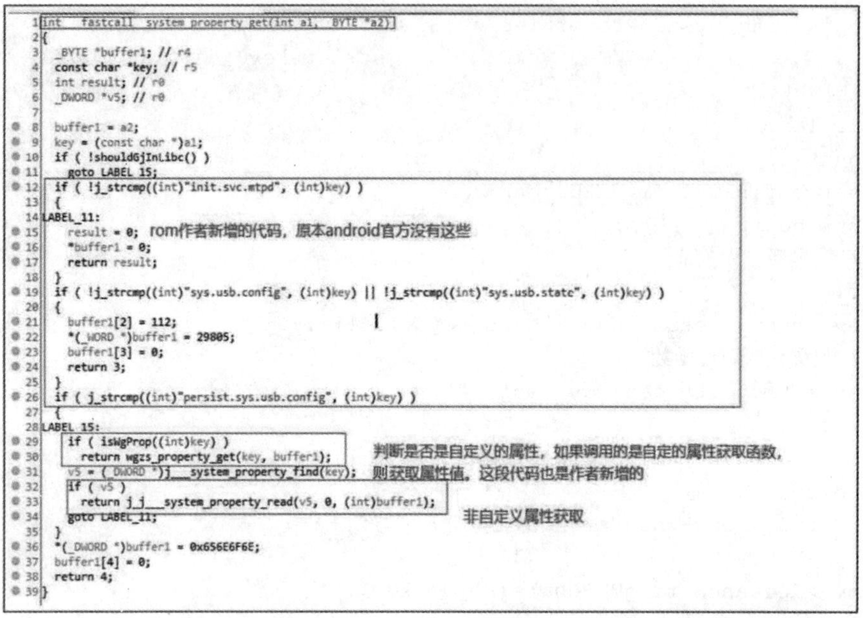

图 8-27 某黑产团体改机 ROM __system_property_get 函数的伪代码

当然，这里并不会直接对该函数进行修改，相反选择最上层的 Build 类中的 getString()函数进行修改。一方面，因为在这里只是为了简单地修改 Build 类中的成员值，而在对 Build 成员赋值的函数中，大都是通过 getString()函数获取到的；另一方面，这部分改机部分实在过于敏感，因此这里仅介绍 Demo 级别的改机实现。这里以部分成员值为例，最终 Build 类中的 getString()函数内容如代码清单 8-18 所示。

代码清单 8-18　Build 类

```
/** The consumer-visible brand with which the product/hardware will be associated,
if any. */
// 设备名
public static final String BRAND = getString("ro.product.brand");
// 设备制造商
public static final String MANUFACTURER = getString("ro.product.manufacturer");
// 设备主板
public static final String BOARD = getString("ro.product.board");

private static String getString(String property) {
    String result = SystemProperties.get(property, UNKNOWN) ;
    if(property.equals("ro.product.brand")){
        result = new String("r0ysueBRAND");
    }else if(property.equals(("ro.product.manufacturer"))){
        result = new String("r0ysueMANUFACTUERER");
    }else if(property.equals("ro.product.board")){
        result = new String("r0ysueBOARD");
    }
    // 打印调用栈帮助定位在何处调用获取设备信息
```

```
        Exception e = new Exception("r0ysueFINGERPRINT");
        e.printStackTrace();
        return result;
    }
```

对比过多个相同类型设备 Build 类相关参数的读者会发现,以上 Build 类中大部分成员表示的设备信息非常有可能相互冲突,因此依赖上述信息来标记设备的唯一性实际上是略失偏颇的。在 Android 中,什么信息可以用于标志设备的唯一性呢?

熟悉 Android 开发的读者一定会脱口而出:IMEI(International Mobile Equipment Identity,国际移动设备识别码)、IMSI(International Mobile Subscriber Identity,国际移动用户识别码)、Android_id、SN,让我们一一来介绍这些唯一性标志符。

(1)IMEI 是由**15 位数字**组成的"电子串号",它与每台移动设备一一对应,且该码是全世界唯一的。对比每个人出生就有一个唯一的身份证号,IMEI 由制造生产设备的厂商所记录,在设备出场后无法再进行修改。如图 8-28 所示,设备 ID 可以通过在拨号键盘上输入*#06#数字串查看。

图 8-28　拨号键盘获取设备唯一 ID

如果第三方开发者要获取设备的唯一 ID,则需要在 AndroidManifest.xml 文件中声明 android.permission.READ_PHONE_STATE 权限(从 Android 10 开始,更是要求应用必须拥有 android.permission.READ_PRIVILEGED_PHONE_STATE 隐私权限),才可以在向用户动态申请权限后,通过 TelephonyManager.getDeviceID()或者 TelephonyManager.getImei()函数(Android 8 以上使用此函数)获取唯一设备 ID,具体在 Android 开发中获取设备唯一 ID 的方式如代码清单 8-19 所示。

代码清单 8-19　获取设备唯一 ID

```
import android.telephony.TelephonyManager;
```

```java
    final TelephonyManager telephonyManager = (TelephonyManager)
context.getSystemService(Context.TELEPHONY_SERVICE);
    String imei="";
    // 如果系统高于 Android 8.0
    if (android.os.Build.VERSION.SDK_INT >= 26) {
        imei=telephonyManager.getImei();
    }
    else
    {
        imei=telephonyManager.getDeviceId();
    }
```

确定在开发中如何修改 IMEI 后，如果不分析其底层实现，要实现对应源码的修改十分简单，所需要做的只是找到目标 API 函数，然后直接修改该函数实现即可，这里同样仅简单修改对应的函数返回值，最终相应函数修改后的内容如代码清单 8-20 所示。

需要注意的是，这里修改的 IMEI 实际上是不符合 IMEI 格式标准的，具体这里不再展开。

代码清单 8-20　IMEI 修改实现

```java
//相应源码路径：frameworks/base/telephony/java/android/telephony/TelephonyManager.java
    @Deprecated
    @RequiresPermission(android.Manifest.permission.READ_PHONE_STATE)
    public String getDeviceId() {
        try {
            ITelephony telephony = getITelephony();
            String result = telephony.getDeviceId(mContext.getOpPackageName());
            if (telephony == null)
                return null;
            //打印调用栈帮助定位在何处调用获取 IMEI
            Exception e = new Exception("r0ysueDeviceID");
            e.printStackTrace();
            //直接修改返回值
            return "r0ysueIMEI";
        } catch (RemoteException ex) {
            return null;
        } catch (NullPointerException ex) {
            return null;
        }
    }
    @RequiresPermission(android.Manifest.permission.READ_PHONE_STATE)
    public String getImei() {
        String result = getImei(getSlotIndex());
        //打印调用栈帮助定位在何处调用获取 IMEI
        Exception e = new Exception("r0ysueDeviceID");
        e.printStackTrace();
        //直接修改返回值
        return "r0ysueIMEI";
    }
```

（2）IMSI 用于区分移动网络中不同用户在所有移动网络中不重复的识别码。IMSI 存储在 SIM 卡中，可用于区别移动用户的有效信息，其总长度不超过 15 位，且同样使用 0～9 的数字。与 IMEI 可以作为设备的唯一识别号类似，IMSI 同样可以作为 SIM 卡的唯一身份标识，因为 SIM 卡总是要插入设备启用，一般来说 IMSI 和 IMEI 号会被一同组合用于识别唯一设备和用户。

IMSI 由移动国家号码（Mobile Country Code，MCC）、移动网络号码（Mobile Network Code，MNC）和移动用户识别号码（Mobile Subscription Identification Number，MSIN）依次连接而成。其中 MCC 的长度为 3 位，在中国 MCC 的值为 460；MNC 的长度由 MCC 的值决定，可以是 2 位（欧洲标准）或 3 位数字（北美标准），比如中国移动的 MNC 值采用欧洲标准，其值为 00；MSIN 的值则由运营商自行分配，用以识别某一移动通信网中的移动用户。以 IMSI 为 460001357924680 的 SIM 卡为例，其 MCC 值为 460，MNC 值为 00，剩下的 1357924680 则为中国移动为该 SIM 卡分配的唯一 ID。

与第三方 App 中获取 IMEI 类似，如果要在第三方 App 中获取 IMSI 号，同样需要在 AndroidManifest.xml 文件中声明 android.permission.READ_PHONE_STATE 权限（Android 10 上也需要声明 READ_PRIVILEGED_PHONE_STATE 权限），在动态申请权限后，经过用户同意即可通过 telephonyManager.getSubscriberId()函数获取相应的 IMSI，具体代码如代码清单 8-21 所示。

代码清单 8-21　获取 IMSI

```
import android.telephony.TelephonyManager;

final TelephonyManager telephonyManager=(TelephonyManager)context.getSystemService(Context.TELEPHONY_SERVICE);
 //获取 IMSI
 String imsi=telephonyManager.getSubscriberId();
```

最终 getSubscriberId()函数源码被修改成如代码清单 8-22 所示。

代码清单 8-22　IMSI 函数修改

```
// 相应源码路径：frameworks/base/telephony/java/android/telephony/TelephonyManager.java
@RequiresPermission(android.Manifest.permission.READ_PHONE_STATE)
public String getSubscriberId() {
    String imsi =  getSubscriberId(getSubId());
    // 打印调用栈帮助定位在何处调用获取 IMSI
    Exception e = new Exception("r0ysueIMSI");
    e.printStackTrace();
    return "AAAABBBBIMSI";
}
```

（3）与上述两者不同，android_id 是设备第一次启动时产生和存储的一个 64bit 的数，也叫 SSAID（Settings.Secure.ANDROID_ID 的缩写），在设备正常运行过程中，其值是固定的，因此通过它可以知道设备的寿命信息。但是，一旦当设备被刷机或者恢复出厂设置后，这个数就会被重置。在 Android 8 及更高的版本中，每一个应用在第一次安装时都会根据应用签名，系统用户 ID（一般 ID 为 0）以及设备信息共同组合，根据一定算法生成一个新的 android_id，也正因此，每一个不同的应用获取到的 android_id 都是不同的（具体解释见 https://developer.android.com/about/versions/oreo/android-8.0-changes?hl=zh-cn#privacy-all）。

暂且不论其唯一性问题，相较于获取 IMEI 和 IMSI 需要获取一定权限，android_id 的获取完全不需要任何权限，第三方应用获取 android_id 的具体方式如代码清单 8-23 所示。

代码清单 8-23　获取 android_id

```
import android.provider.Settings;

String android_id = Settings.Secure.getString(getContentResolver(),
                                   Settings.Secure.ANDROID_ID);
```

虽然在开发中要获取 ANDROID_ID 只需代码清单 8-23 中的一行代码即可,但实际上在找相应源码实现时,读者首先要明白实际上获取 ANDROID_ID 是通过 Settings 类中的子类 Secure 类的 getString()函数实现的,因此要找到相应源码实现,首先需要找到 Settings 类的路径,在找到该类实现后,才能直接在对应文件中找到 Secure.getString()函数的实现,最终相应修改的代码如代码清单 8-24 所示。

代码清单 8-24　android_id 获取实现

```
// 路径: frameworks/base/core/java/android/provider/Settings.java
public static String getString(ContentResolver resolver, String name) {
    // 如果是获取 ANDROID_ID
    if(name.equals(ANDROID_ID)){
        // 打印调用栈帮助定位在何处调用获取 IMSI
        Exception e = new Exception("r0ysueAndroid_id");
        e.printStackTrace();
        // 返回虚假的 android_id
        return "r0syueAndroid_id";
    }
    return getStringForUser(resolver, name, UserHandle.myUserId());
}
```

（4）最后介绍一个在前面曾经一笔带过的设备标志符：SN（Serial Number）。可能读者会奇怪,明明前文并未出现过,为什么这里还说在前面曾经介绍过呢?事实上,这里所要介绍的 SN 对应的就是前面介绍的 android.os.Build 类中的 SERIAL 成员,通常是手机生产厂商提供的设备序列号,是为了验证产品合法而存在的,用来保障用户的正版权益和合法服务,其具体格式由生产厂商自定义,每一个生产厂商的 SN 的格式都可能不同。

要获取 SN,不同系统版本的获取方式不尽相同。Android 8 以下获取设备序列号无须申请任何权限,只需要通过 Build.SERIAL 的方式获取即可;而在 Android 8~10 的设备中,如果要获取 SN,则需要事先在 AndroidManifest.xml 文件中声明 READ_PHONE_STATE 权限,在用户同意授权后,才能通过 Build.getSerial()函数获取到设备序列号;在 Android 10 以上的设备中,通过 Build.getSerial()函数获取到的设备序列号甚至可能是 unknown 或者直接抛出安全异常崩溃。暂且不论无法获取到 SN 的情况,代码清单 8-25 仅介绍在 Android 10 以下的设备中获取 SN 的方法。

代码清单 8-25　获取 SN

```
import android.os.Build;

if (Build.VERSION.SDK_INT >= Build.VERSION_CODES.O) {
    return Build.getSerial();
} else {
    return Build.SERIAL;
}
```

当然，SN 除了可以通过代码方式获取外，还可以利用 ADB Shell 使用如下两种方式获取，如图 8-29 所示。

```
$ getprop ro.serialno
$ getprop ro.boot.serialno
```

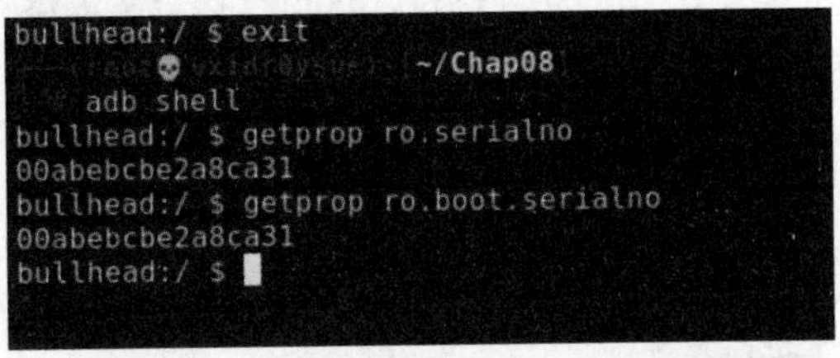

图 8-29　ADB Shell 获取 SN

对比通过 getprop 方式获取到的 SN 结果和代码清单 8-15 中相应 SERIAL 变量的值，会发现其结果完全一致。

暂且不讨论通过 ADB Shell 获取 SN 的方式，这里仅讨论 Java 代码的实现，与前文介绍的设备信息的修改相同，SN 的篡改同样需要修改 Build 类实现，最终 SN 修改相关代码如代码清单 8-26 所示。

代码清单 8-26　SN 修改实现

```java
// 代码路径：/frameworks/base/core/java/android/os/Build.java

@Deprecated
public static final String SERIAL = getString("no.such.thing");

@RequiresPermission(Manifest.permission.READ_PHONE_STATE)
public static String getSerial() {
    IDeviceIdentifiersPolicyService service =
IDeviceIdentifiersPolicyService.Stub
            .asInterface(ServiceManager.getService(Context.DEVICE_IDENTIFIERS_SERVICE));
    try {
        String result =service.getSerial();
        // 打印调用栈帮助定位在何处调用获取 Serial
        Exception e = new Exception("r0ysueSerial");
        e.printStackTrace();
        // 直接返回虚假的 Serial
        return "r0ysueserial1234";
    } catch (RemoteException e) {
        e.rethrowFromSystemServer();
    }
    return UNKNOWN;
}
private static String getString(String property) {
    String result = SystemProperties.get(property, UNKNOWN) ;
    // 事实上在 Android 8.1 系统版本中，这个 if 分支永远不会进入
    if(property.equals("no.such.thing")){
        result = new String("r0ysueAAAABBBBCCCCDDDD");
    }
    Exception e = new Exception("r0ysueFINGERPRINT");
```

```
        e.printStackTrace();
        return result;
}
```

在修改完毕 SN 的源码后,改机的简单实现暂且告一段落。接下来对源码进行编译并刷机,这个过程在前面的章节中已经介绍过多次,此处略过,这里直接给出最终在改机后再次使用上述样本测试的结果,如图 8-30 所示。

Manufacturer	r0ysueMANUFACTUERER
Device	bullhead
Board	r0ysueBOARD
Hardware	bullhead
Brand	r0ysueBRAND
Android Device ID	9a6a5209cbfd30ab
Hardware serial	01bf395eb6552b92
Build fingerprint	Android/aosp_bullhead/bullhead:8.1.0/OPM1.171019.011/root12261705:user/test-keys
Device type	GSM
IMEI	r0ysueIMEI
SIM serial	r0ysueSERIALAAAABBBB
SIM subscriber	AAAABBBBIMSI
Network operator	
Network Type	Unknown
WiFi MAC address	Unknown
Bluetooth MAC address	Unknown

图 8-30 "改机"效果

显而易见,真实黑产的改机工具不可能如此简单,如果使用在这一小节中修改后编译的系统,甚至只要 App 检测获取到的信息是否合法即可识别出 ROM 修改的痕迹,更不用说绕过风控检测了。当然,真实改机实现肯定更加复杂、智能,在这里仅是做粗略的技术讨论,更深入的学术研究留待读者朋友自行完成,毋庸置疑,笔者不建议读者利用以上相关技术做任何黑灰产行为,希望读者谨记《网络安全法》,先做人后做事。

8.3 本章小结

经过本章的学习,相信读者会发现事实上在系统库中能够实现的事情很多:帮助实现抓包、辅助中间人抓包、源码改机等,甚至如果在 Java.io.File 等文件类、Java.lang.String 关键字符串类的相关函数中打印日志,对于系统来说上层 App 所有 Java 层的文件和字符串相关内容几乎毫无隐私可言。

当然，如果觉得这种直接在 File 文件类打印日志的方式得到的结果太过冗余，还可以只专注 SharedPreferences 等特定文件类中的函数进行日志打印，从而减少无关日志信息干扰。如果 App 想要实现不被系统底层窥探，就需要如本章介绍的第三方库实现 SSL Pinning 证书绑定的方式一样，尽量将所有关键功能完全交由应用自身实现，以减少对系统的依赖，而不是简单地调用系统提供的 API，这也是如今 Frida 应用逆向难（自实现了虚拟机，不依赖 art 虚拟机解析指令）、自定义 OpenSSL 库无法使用 r0capture 抓包的原因。当然，这对应用开发者的水平提出了一定的挑战。

同时，对比使用 Frida 对系统 API 进行 Hook 和直接在系统相应函数源码中增加日志打印两种方式，其实后者才是更加稳定且不易检测的方式。比如使用 Frida Hook String 类的 toString()函数，大概率对如此基础的函数进行 Hook 会引起 App 崩溃，但如果选择在源码中打印日志的方式，其带来的副作用最多就是系统运行较慢而已。但相对的，由于源码修改本身针对的是整个系统，而不是单个 App，导致如果修改的是频繁被调用的函数，那么相应产生的日志信息会十分冗余且不容易定位；同时，源码修改后要生效，每次都需要重新编译和刷机，其过程相对复杂，而 Frida 这类只针对单个 App、灵活注入的方式更加亮眼，因此读者在不同场景使用时建议因时而定、因地制宜。

第 9 章

Android 协议分析之收费直播间逆向分析

前面的章节中我们已经学习了 Frida 和 Xposed 工具的使用方式，并介绍了二者在逆向过程中的作用；同时，还介绍了逆向"大杀器"——沙箱。但俗话说，"读万卷书，不如行万里路"，本章我们通过一些实战案例来深入理解前面介绍的理论，做到真正的知行合一。

9.1 VIP 功能绕过

作为逆向工程师，通常在拿到一个大部分功能需要付费才能正常使用的样本时，第一步想要做的就是完成样本限制功能的绕过，这里使用的样本也不例外。

由于样本违法成分过多，这里仅做文字功能描述：A 品牌 App 是一个直播类型的应用样本，但每次打开直播间都会发现存在两个限制：第一，弹窗提示 VIP 才能正常使用观看收费视频功能；第二，非 VIP 用户观看视频存在 15 秒的时间限制。

由于样本 App 是经过加固处理的，这里为了后续的静态分析过程顺利，先使用 frida-dexdump 完成脱壳处理。使用时将计算机通过 ADB 连接上手机并将 frida-server 启动，在 frida-server 运行成功后，运行目标 App 并使之处于前台，然后通过 Python 运行对应脱壳脚本，即可得到脱壳完毕的 DEX 文件，最终脱壳效果如图 9-1 所示。

图 9-1　dexdump 脱壳

在脱壳完成后,即可使用 Jadx-gui 将脱壳得到的全部 DEX 文件导入备用。

回到正题,首先绕过第一个限制:弹窗提示。

相信看过第 4 章的读者都知道,弹窗这种类型的限制是非常容易绕过的。由于弹窗本身是通过 Android 系统提供的 API 实现的,因此弹窗的代码中不可避免地会调用系统提供的 API。采用系统 API 实现的弹窗方式无非就几种,其中通用的弹窗 API 为 android.app.Dialog 类,要通过这个类实现窗口的弹出,有一定开发经验的读者一定知道是通过调用该类的 show 函数实现的。这里为了验证是不是通过 Dialog 类的 show 函数实现的,我们直接使用如下 Objection 命令进行测试(注意,如果是使用 Objection 1.8.4 版本 Hook 特定函数,一定要加上对返回值、参数或调用栈的打印,否则会报错。另外,这里为了定位 App 业务层实现弹窗的部分,一定要加上对调用栈的打印,也就是 --dump-backtrace 参数),最终在打开新的收费直播间时,Objection 的 Hook 结果如图 9-2 所示。

```
android hooking watch class_method android.app.Dialog.show --dump-backtrace
--dump-return
```

图 9-2　Objection 的 Hook 结果

根据图 9-2 的 Hook 结果,最终定位到业务层实现弹窗的函数为 SDDialogBase.show(),进而得到移除弹窗的 Frida 脚本代码如代码清单 9-1 所示。

代码清单 9-1　hookVIP.js

```
setImmediate(function(){
    Java.perform(function(){
        console.log("Entering hook")
        // 移除弹框
        Java.use("com.fanwe.lib.dialog.impl.SDDialogBase").show.implementation = function(){
            console.log("hook show ")
        }
    })
})
```

在绕过 VIP 弹窗限制后,让我们继续完成倒计时限制的绕过工作。

事实上，在绕过 VIP 弹窗限制的过程中，如果一步一步地使用 Jadx-gui 查看调用栈中 App 相关的代码，就会发现其调用栈由下至上依次用于接收网络数据、处理数据以及弹窗提示相关函数，如图 9-3 所示。

```
com.hay.dreamlover on (google: 8.1.0) [usb] # (agent) [8z3ukmteu2y] Called android.app.Dialo
(agent) [8z3ukmteu2y] Backtrace:
            android.app.Dialog.show(Native Method)
            com.fanwe.lib.dialog.impl.SDDialogBase.show(SDDialogBase.java:337)
            com.fanwe.live.activity.room.LiveLayoutViewerExtendActivity.showScenePayJoinDialog(L
:618)
            com.fanwe.live.activity.room.LiveLayoutViewerExtendActivity.onScenePayViewerShowWhet
vity.java:516)
            com.fanwe.pay.LiveScenePayViewerBusiness.dealPayModelRoomInfoSuccess(LiveScenePayVie
            com.fanwe.live.activity.room.LiveLayoutViewerExtendActivity.onBsRequestRoomInfoSucce
java:111)
            com.fanwe.live.activity.room.LivePushViewerActivity.onBsRequestRoomInfoSuccess(LiveP
            com.fanwe.live.business.LiveBusiness.onRequestRoomInfoSuccess(LiveBusiness.java:306)
            com.fanwe.live.business.LiveViewerBusiness.onRequestRoomInfoSuccess(LiveViewerBusine
            com.fanwe.live.business.LiveBusiness$2.onSuccess(LiveBusiness.java:257)
            com.fanwe.library.adapter.http.callback.SDRequestCallback.onSuccessInternal(SDReques
            com.fanwe.library.adapter.http.callback.SDRequestCallback.notifySuccess(SDRequestCal
            com.fanwe.hybrid.http.AppHttpUtil$1.onSuccess(AppHttpUtil.java:105)
            com.fanwe.hybrid.http.AppHttpUtil$1.onSuccess(AppHttpUtil.java:74)
            org.xutils.http.HttpTask.onSuccess(HttpTask.java:447)
            org.xutils.common.task.TaskProxy$InternalHandler.handleMessage(TaskProxy.java:198)
            android.os.Handler.dispatchMessage(Handler.java:106)
            android.os.Looper.loop(Looper.java:164)
            android.app.ActivityThread.main(ActivityThread.java:6494)
            java.lang.reflect.Method.invoke(Native Method)
            com.android.internal.os.RuntimeInit$MethodAndArgsCaller.run(RuntimeInit.java:438)
            com.android.internal.os.ZygoteInit.main(ZygoteInit.java:807)
(agent) [8z3ukmteu2y] Return Value: (none)
```

图 9-3　Objection Hook 结果

在分析 onBsRequestRoomInfoSuccess() 函数时发现，该函数中调用的函数 dealPayModelRoomInfoSuccess(actModel) 又再次调用了 onTimePayViewerShowCoveringPlayeVideo() 函数用于设置 是否仅播放声音（is_only_play_voice）、视频播放倒计时（countdown）以及视频网址（preview_play_url）等视频相关参数，其具体代码如代码清单 9-2 所示。

代码清单 9-2　设置时间

```
@Override
public void onBsRequestRoomInfoSuccess(App_get_videoActModel actModel) {
    super.onBsRequestRoomInfoSuccess(actModel);
    // 倒计时控制函数
    getTimePayViewerBusiness().dealPayModelRoomInfoSuccess(actModel);
    getScenePayViewerBusiness().dealPayModelRoomInfoSuccess(actModel);
}
public void dealPayModelRoomInfoSuccess(App_get_videoActModel actModel) {
    UserModel user = UserModelDao.query();
    if (user != null) {
        // 判断是否付费
        if (!user.getUser_id().equals(actModel.getUser_id()) &&
actModel.getIs_live_pay() == 1 && actModel.getLive_pay_type() == 0) {
            LogUtil.i("is_pay_over:" + actModel.getIs_pay_over());
            if (actModel.getIs_pay_over() == 1) {
                agreePay();
                return;
            }
            setCanJoinRoom(false);
```

```
            isPreViewPlaying(actModel);
            this.businessListener.onTimePayViewerShowCoveringPlayeVideo(act
Model.getPreview_play_url(), actModel.getCountdown(),
actModel.getIs_only_play_voice());  // 设置观看时间函数调用
            startMonitor();
        }
    }
}
public void onTimePayViewerShowCoveringPlayeVideo(String preview_play_url, int
countdown, int is_only_play_voice) {
    showPayModelBg();
    this.payLiveBlackBgView.setIs_only_play_voice(is_only_play_voice);
    // 设置观看时间
    this.payLiveBlackBgView.setProview_play_time(countdown * 1000);
    this.payLiveBlackBgView.startPlayer(preview_play_url);
}
```

进一步观察 onTimePayViewerShowCoveringPlayeVideo() 函数会发现，关于视频的相关参数实际上都是通过 payLiveBlackBgView 实例中的函数去控制的，该实例对应的完整类名为 com.fanwe.pay.appview.PayLiveBlackBgView。

此时，使用 Objection 中关于 Hook class 的命令对该类中的所有函数进行 Hook，以验证在打开直播间时其中的函数被调用的情况。最终可以发现其 Hook 结果其实和静态分析结果一致，如图 9-4 所示。

图 9-4　PayLiveBlackBgView Hook 结果

继续 Hook 这 3 个相关函数时，会发现 setProview_play_time 函数是最终用于设置剩余观看时长的关键函数，因此如果要绕过视频观看时长的限制，只需 Hook 这个函数，并将其参数设置成相对大的数字即可，这里最终绕过时间限制的 Hook 脚本如代码清单 9-3 所示。

代码清单 9-3　hookVIP.js

```
setImmediate(function(){
    Java.perform(function(){
        console.log("Entering hook")
        // 移除弹框
        ...
        // 移除倒计时限制，第一种方法
        Java.use("com.fanwe.pay.appview.PayLiveBlackBgView")
```

```
            .setProview_play_time.implementation = function(x){
                console.log("Calling setProview_play_time ")
                // 设置倒计时为1000* 3600 秒
                return this.setProview_play_time(1000*3600)
        }
    })
})
```

至此，其实上述 VIP 相关限制都已经绕过了。但是实际上在绕过播放时长的限制时，选择的 Hook 函数——setProview_play_time()只是用于设置所在实例的一个成员变量而已，并不是真实用于计时的函数，在后续的分析中发现，真实用于计时的函数实际上是图 9-4 中倒数第 4 个函数 startCountDown()（这里通过对比 startCountDown 函数中的相关中文字符串以及 App 中直播间显示的文字可以确定）。startCountDown()函数代码具体内容如代码清单 9-4 所示。

代码清单 9-4　startCountDown 函数

```
public void startCountDown(long time) {
        stopCountDown();
        if (time > 0) {
            this.countDownTimer = new CountDownTimer(time, 1000) {
                public void onTick(long leftTime) {
                    String time;
                    if (PayLiveBlackBgView.this.pay_type == 1) {
                        time = "该直播按场收费,您还能预览倒计时:" + (leftTime / 1000) + "秒";
                    } else {
                        time = "1 分钟内重复进入,不重复扣费,请能正常预览视频后,点击进入,以免扣费后不能正常进入,您还能预览倒计时:"+(leftTime / 1000) + "秒";
                    }
                    PayLiveBlackBgView.this.tv_time.setText(time);
                }

                public void onFinish() {
                    String time;
                    if (PayLiveBlackBgView.this.pay_type == 1) {
                        time = "该直播按场收费,您还能预览倒计时:0 秒";
                    } else {
                        time = "1 分钟内重复进入,不重复扣费,请能正常预览视频后, \
                            点击进入,以免扣费后不能正常进入,您还能预览倒计时:0 秒";
                    }
                    PayLiveBlackBgView.this.tv_time.setText(time);
                    if (PayLiveBlackBgView.this.mDestroyVideoListener != null) {
                        PayLiveBlackBgView.this.mDestroyVideoListener.destroyVideo();
                    }
                    PayLiveBlackBgView.this.destroyVideo();
                }
            };
            this.countDownTimer.start();
        }
    }
```

因此，秉持着 Hook 时离数据越近越好的原则，真正最后用于绕过观看视频时间限制的 Hook

代码如代码清单 9-5 所示。

代码清单 9-5　hookVIP.js

```
setImmediate(function(){
    Java.perform(function(){
        console.log("Entering hook")
        // 移除弹框
        ...
        // 移除倒计时，第一种方法
        ...
        // 移除倒计时，第二种方法
        Java.use("com.fanwe.pay.appview.PayLiveBlackBgView").startCountDown
.implementation = function(x){
            console.log("Calling countdown ")
            return this.startCountDown(1000*3600)
        }
    })
})
```

9.2　协议分析

在进行协议分析之前，首先要解决的是抓包问题。为此，这里首先将虚拟机设置为"桥接模式"并将手机和计算机接入同一网络环境下，然后配置手机端的 VPN 代理，使得运行在计算机中的 Charles 软件能够顺利完成手机上网络流量的抓取。

但是在测试时发现，无论在 App 启动前还是在 App 登录成功后的任意时刻，只要手机上开启 VPN 代理，就会出现如图 9-5 所示的无法正常使用 App 的状态。当然，如果使用 WiFi 代理，经过笔者测试，也会出现一样的结果。

图 9-5　开启 VPN 状态下无法正常使用 App

遇到这种情况，大概率可以认为是因为 App 对抓包做了对抗，比如通过 java.net.NetworkInterface。

getName()函数判断当前处于活跃状态的网卡是不是 tun0,从而检测当前是不是通过 VPN 代理方式上网的。

但这里并未仔细研究其中的对抗方式,而是转而使用 r0capture 这种 Hook 抓包方式完成后续的抓包。

这里顺带提一下,由于 r0capture 工具本身基于 Frida,如果使用 r0capture 对应用进行 spawn 模式抓包时,发现应用无法正常启动或者异常崩溃,可以采取以下 3 种方式解决:

- 放弃使用 spawn 模式,转而通过 attach 模式对应用进行注入抓包。
- 通过 -w 参数设置 spawn 模式的延时。
- 放弃 r0capture 外层的 Python 包装,直接通过命令行将 script.js 脚本注入应用,实现 spawn 模式抓包。

最终使用 r0capture 成功完成数据包的抓取,请求的 URL 为 hhy2.hhyssing.com:46288/mapi/index.php,使用的通信协议为 HTTP 协议,存在 requestData、i_type、ctl 等参数信息,其中 requestData 字段信息明显处于加密状态,抓取到的数据包内容如图 9-6 所示。

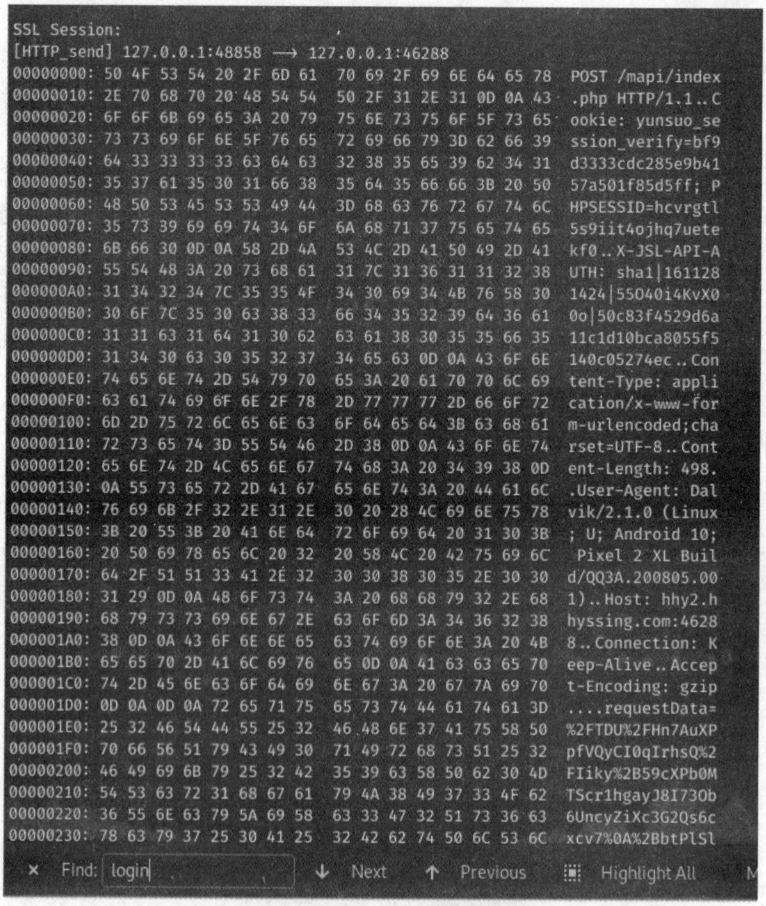

图 9-6 抓取的 r0capture 数据包内容

图 9-6 中存在一个很奇怪的信息:观察数据包 IP 信息会发现,竟然是通过 127.0.0.1 本地回环

地址的某个端口发给另一个端口的。

经过研究发现，之所以出现本地与本地的通信，实际上是因为某大型公司的游戏盾的作用——通过将数据连接本地化以减少被网络攻击的风险并防止 DDOS/CC 攻击。

此时，如果想知道真实的服务器地址，可以通过将测试手机刷入 Kali NetHunter 并通过其带来的完整 Linux 环境中的 jnettop 命令获取对应数据服务器地址。如图 9-7 所示是通过 SSH 连接手机上的 Kali 环境，最终通过 jnettop 命令定位的真实播放视频的 IP 地址。

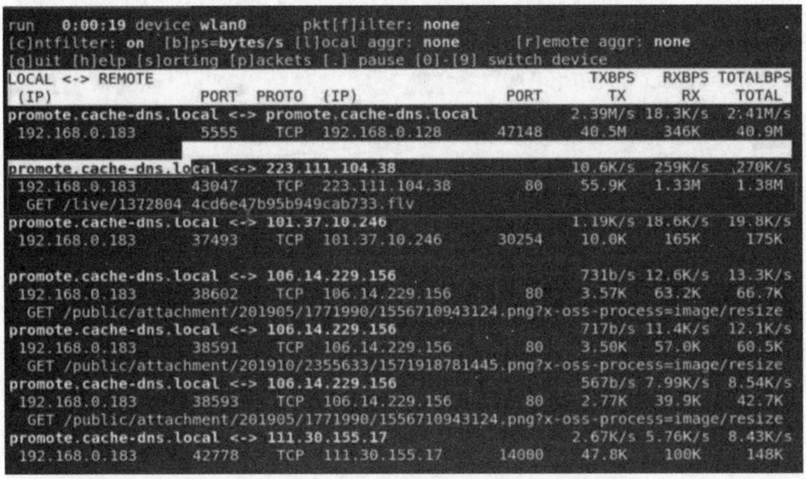

图 9-7　jnettop 查看真实通信服务器地址

除此之外，还可以通过 VNC 连接刷入 Kali NetHunter 的手机系统，并通过手机上的 Wireshark 抓取本地回环地址的数据包确定；或者使用将手机连接到通过无线网卡自制的路由器，这样就能够掌握所有经由该无线网卡的数据包。

在解决了抓包问题后，让我们正式开始针对该样本的协议分析，这里同样以获取直播间相关信息的接口为例。

如图 9-2 所示，在分析 9.1 节中弹窗限制的调用栈中的函数时，发现在接收网络通信数据时有一个关键类 AppHttpUtil。但奇怪的是，之前使用 dexdump 脱下的 DEX 文件并不存在该类的声明，转而使用 frida_fart 重新脱壳，最终得到 AppHttpUtil 类的内容。

结合图 9-2 中的 Hook 结果，静态分析 AppHttpUtil 类中的函数会发现真实用于发送数据包的函数为 getImpl() 和 postImpl()，而以上两个函数在执行过程中都会调用 parseRequestParams() 函数，parseRequestParams() 函数的内容如代码清单 9-6 所示。

代码清单 9-6　处理请求数据函数 parseRequestParams()

```java
public RequestParams parseRequestParams(SDRequestParams params) {
    String ctl = String.valueOf(params.getCtl());
    String act = String.valueOf(params.getAct());
    StringBuilder url = new StringBuilder(params.getUrl());
    if (!"http://www.xxx.com/app.php?act=init".equals(url.toString())) {
        String otherUrl = AppRuntimeWorker.getApiUrl(ctl, act);
        if (!TextUtils.isEmpty(otherUrl)) {
            url = new StringBuilder(otherUrl);
        }
```

```java
        }
        RequestParams request = new RequestParams(url.toString());
        if (SDResourcesUtil.getResources().getInteger(R.integer.is_open_auth
_token) == 1) {
            //  header 关键参数
            request.addHeader("X-JSL-API-AUTH",
LvBokeAuthUtils.getToken(url.toString()));
        }
        printUrl(params);
        try {
            // signqt 参数形成关键函数，分析后发现实际上是固定值
            params.put("signqt",
MD5Util.MD5(this.settings.getString("angeloip098", "") + "&*" +
this.settings.getString("6969dolkoh", "") + "()" + ctl + "+_" + act + "@!@###@"));
            // timeqt 参数，获取当前时间
            params.put("timeqt", System.currentTimeMillis() + "");
        } catch (Exception e) {
            Log.e("sodsb", "01");
        }
        Map<String, Object> data = params.getData();
        if (!data.isEmpty()) {
            String encryptData = null;
            int requestDataType = params.getRequestDataType();
            switch (requestDataType) {
                case 0:
                    for (Map.Entry<String, Object> item : data.entrySet()) {
                        String key = item.getKey();
                        Object value = item.getValue();
                        if (value != null) {
                            request.addBodyParameter(key,
String.valueOf(value));
                        }
                    }
                    break;
                case 1:
                    String json = SDJsonUtil.object2Json(data);
                    long lrtt = Long.parseLong(ApkConstant.getAeskeyHttp()) + 234512;
                    // 调用 AESUtils.encrypt() 函数对上述数据进行加密，key 为 8648754518945235
                    encryptData = AESUtil.encrypt(json, "8648754518945235");
                    break;
            }
            if (requestDataType != 0) {
                request.addBodyParameter("requestData", encryptData);
                request.addBodyParameter("i_type",
String.valueOf(requestDataType));
                request.addBodyParameter("ctl", ctl);
                request.addBodyParameter("act", act);
                if (data.containsKey("itype")) {
                    request.addBodyParameter("itype",
String.valueOf(data.get("itype")));
                }
            }
        }
        Map<String, SDFileBody> dataFile = params.getDataFile();
        if (!dataFile.isEmpty()) {
```

```
            request.setMultipart(true);
            for (Map.Entry<String, SDFileBody> item2 : dataFile.entrySet()) {
                SDFileBody fileBody = item2.getValue();
                request.addBodyParameter(item2.getKey(), fileBody.getFile(),
fileBody.getContentType(), fileBody.getFileName());
            }
        }
        List<SDMultiFile> listFile = params.getDataMultiFile();
        if (!listFile.isEmpty()) {
            request.setMultipart(true);
            for (SDMultiFile item3 : listFile) {
                SDFileBody fileBody2 = item3.getFileBody();
                request.addBodyParameter(item3.getKey(), fileBody2.getFile(),
fileBody2.getContentType(), fileBody2.getFileName());
            }
        }
        return request;
    }
```

为了确定该类在发生网络请求的过程中是否被调用，可以使用 Objection Hook AppHttpUtil 类，最终 Hook 结果如图 9-8 所示。

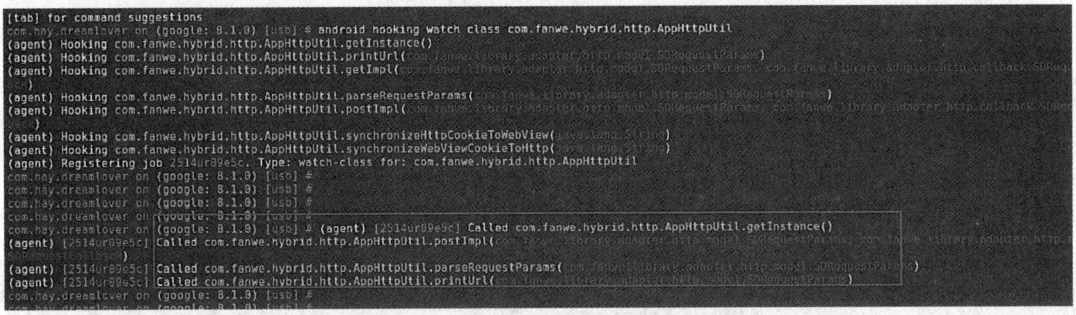

图 9-8　Objection Hook AppHttpUtil 类

在确定 parseRequestParams 函数在网络请求过程中被调用后，通过 Hook parseRequestParams 函数得到相应的请求调用链，如图 9-9 所示。

图 9-9　Objection Hook parseRequestParams 函数

对比图 9-9 中 parseRequestParams 函数中的参数和返回值与 r0capture 抓取的数据包，会发现其实该函数的返回值就是请求的数据包内容，因此要实现最终的脱机请求脚本，就要从parseRequestParams 函数入手。

仔细分析 parseRequestParams 函数的内容，会发现发送的数据包中的 requestData 字段是由多个字段组合后，通过调用 AESUtil.encrypt 函数加密组成最后的 Base64 格式的发包数据的。

如代码清单 9-7 所示，跟踪 AESUtil.encrypt 函数的实现，会明显发现这是一个标准的 AES ECB 模式加密。通过查看前几章中的密码沙箱的日志文件也可以进一步确定，其内容如图 9-10 所示。

代码清单 9-7　AESUtil.encrypt 函数内容

```java
public static String encrypt(String content, String key) {
    byte[] encryptResult = null;
    try {
        byte[] contentBytes = content.getBytes("UTF-8");
        SecretKeySpec skeySpec = new SecretKeySpec(key.getBytes("UTF-8"), "AES");
        // 调用标准的 AES 加密，模式选用 ECB 模式，Padding 选用 PKCS5Padding 方式
        Cipher cipher = Cipher.getInstance("AES/ECB/PKCS5Padding");
        cipher.init(1, skeySpec);
        encryptResult = cipher.doFinal(contentBytes);
    } catch (Exception ex) {
        ex.printStackTrace();
    }
    if (encryptResult != null) {
        // Base64 编码处理
        return Base64.encodeToString(encryptResult, 0);
    }
    return null;
}
```

图 9-10　沙箱日志分析

分析图 9-10 中加密之前的数据，会发现除去 signqt 参数和 timeqt 参数对应的值未知，其余参数的值实际上都是确定的。

分析代码清单 9-6 中的 parseRequestParams 函数，发现实际上 timeqt 参数是一个与当前时间有关的时间戳信息，而 signqt 参数则是通过 MD5Util.MD5 这个标准 MD5 加密的封装函数加密后得到的，相应的函数内容如代码清单 9-8 所示。

代码清单 9-8　signqt 参数形成过程

```java
params.put("signqt", MD5Util.MD5(this.settings.getString("angeloip098", "") +
"&*" + this.settings.getString("6969dolkoh", "") + "()" + ctl + "+_" + act +
```

```java
"@!@###@"));
    public static String MD5(String value) {
        try {
            MessageDigest digest =
MessageDigest.getInstance(ISecurity.SIGN_ALGORITHM_MD5);
            digest.update(value.getBytes());
            byte[] bytes = digest.digest();
            StringBuilder sb = new StringBuilder();
            for (byte b : bytes) {
                String hex = Integer.toHexString(b & 255);
                if (hex.length() == 1) {
                    sb.append('0');
                }
                sb.append(hex);
            }
            return sb.toString();
        } catch (NoSuchAlgorithmException e) {
            return null;
        }
    }
```

此时，通过 Hook MD5Util.MD5 函数最终确定传入该函数的参数内容如图 9-11 所示。

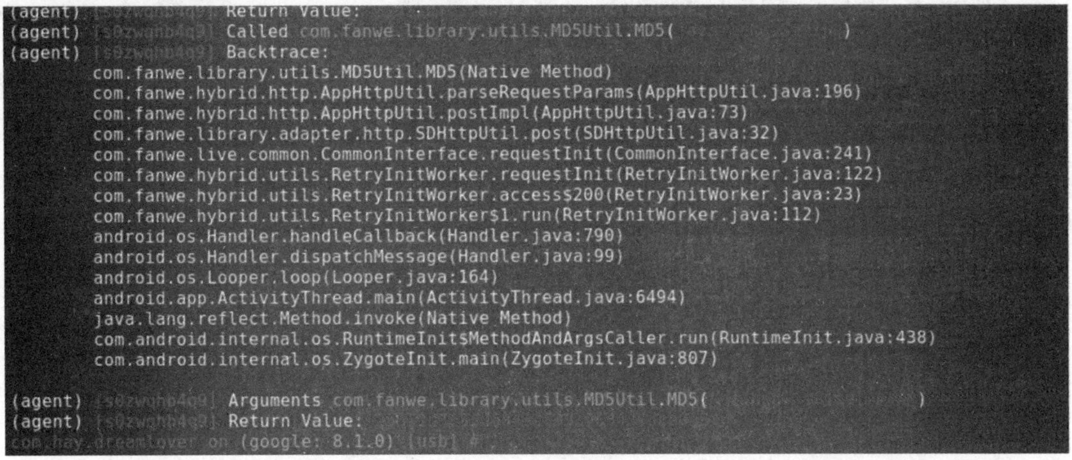

图 9-11　Hook MD5Util.MD5 函数

分析完相应参数的实现后，便能够顺利得到写出脱机请求数据的脚本，其内容如代码清单 9-9 所示。

代码清单 9-9　脱机脚本

```python
import time
from hashlib import md5
import requests
import base64
import binascii
import re
from Crypto.Cipher import AES
import json
```

```python
# aes 加密/解密
class AESECB:
    def __init__(self, key):
        self.key = key
        self.mode = AES.MODE_ECB
        self.bs = 16  # block size
        self.PADDING = lambda s: s + \
            (self.bs - len(s) % self.bs) * chr(self.bs - len(s) % self.bs)

    def encrypt(self, text):
        generator = AES.new(self.key, self.mode)  # ECB 模式无须向量
        crypt = generator.encrypt(self.PADDING(text))
        crypted_str = base64.b64encode(crypt)
        result = crypted_str.decode()
        return result

    def decrypt(self, text):
        generator = AES.new(self.key, self.mode)  # ECB 模式无须向量
        text += (len(text) % 4) * '='
        decrpyt_bytes = base64.b64decode(text)
        meg = generator.decrypt(decrpyt_bytes)
        # 去除解码后的非法字符
        try:
            result = re.compile(
                '[\\x00-\\x08\\x0b-\\x0c\\x0e-\\x1f\n\r\t]').sub('', meg.decode())
        except Exception:
            result = '解码失败，请重试!'
        return result


# com.fanwe.hybrid.http.AppHttpUtil.parseRequestParams(SDRequestParams params)
if __name__ == '__main__':
    ctl = "app"
    act = "init"
    signqt = md5(("&*()" + ctl + "+_" + act +
                  "@!@###@").encode('utf8')).hexdigest()  #
    timeqt = str(round(time.time() * 1000))
    # 请求头
    headers = {
        "X-JSL-API-AUTH": "sha1|1611928510|693SMeR0H|8fe0b019e47e9d09be043ce85f0e7cf0582b50f2"}
    # 请求数据内容
    body = {
        "screen_width": "1440",
        "screen_height": "2392",
        "sdk_type": "android",
        "sdk_version_name": "1.3.0",
        "sdk_version": "2020031801",
        "ctl": ctl,
        "act": act,
        "signqt": signqt,
        "timeqt": timeqt
    }
```

```
a = AESECB("8648754518945235")
requestDATA = a.encrypt(str(body))
url = "http://hhy2.hhyssing.com:46288/mapi/index.php?requestData=" + \
    requestDATA+"i_type=1&ctl="+ctl+"&act"+act
rsp = requests.post(url, headers=headers)
result = json.loads(rsp.text).get("output")
d = AESECB("7489148794156147")
print(d.decrypt(result))
```

但是当真实进行测试时，发现会始终出现如图 9-12 所示的报错：Connection refused，但是明明主机网络状态良好，这是什么原因导致的呢？

图 9-12　发送数据报错

如图 9-13 所示，这里最终通过 nslookup 命令查看 hhy2.hhyssing.com 域名对应的 IP，发现该域名竟然指向本地回环地址，甚是神奇。在查阅资料后找到了原因，之所以出现这样的情况，是因为 App 集成游戏盾的作用。

图 9-13　nslookup 命令

那么如何解决这个问题呢？

这里采用的是 ADB 端口转发的方法。使用数据线连接上手机并打开 App，使用如下命令使得主机上发送到本地 46288 端口的数据被 ADB 转发到手机上的 46288 端口，最终通过该 SDK 转发到服务器，从而获得最终返回数据。

```
adb forward tcp:46288 tcp:46288
```

这里还需要注意的是，每个 App 打开后，相应的端口实际上都会变化，因此还需要每次打开 App 后重新获取相应端口，这个过程可以通过 r0capture 确定。最终运行脚本就可以实现"脱机"调用，进而获取我们想要的数据信息。

当然，读者可能会发现，在这里并未介绍相应的解密接收数据包的函数，实际上这部分解密过程笔者也并未进行分析，而是查看加解密沙箱的日志文件与对应的抓包数据时，发现数据包的解密方式也是 AES/ECB/PKCS5Padding 的标准模式，只是使用了不同的密钥而已。当然，如此草率地判定解密方式是不大可取的，笔者在获取到这些信息后也进行了验证，限于篇幅，这里就不再介绍具体的验证过程了。

9.3　主动调用分析

在完成了上述协议分析后，还要通过获取该样本中的主页面获取批量房间信息和具体直播间的房间信息，以介绍一些关于主动调用的内容。

如图9-14所示，在对postImpl函数进行Hook分析时，会发现始终存在一个属于CommonInterface类中的函数的调用，后续经过静态分析会发现，该类中存在很多用于获取直播间内容的函数。

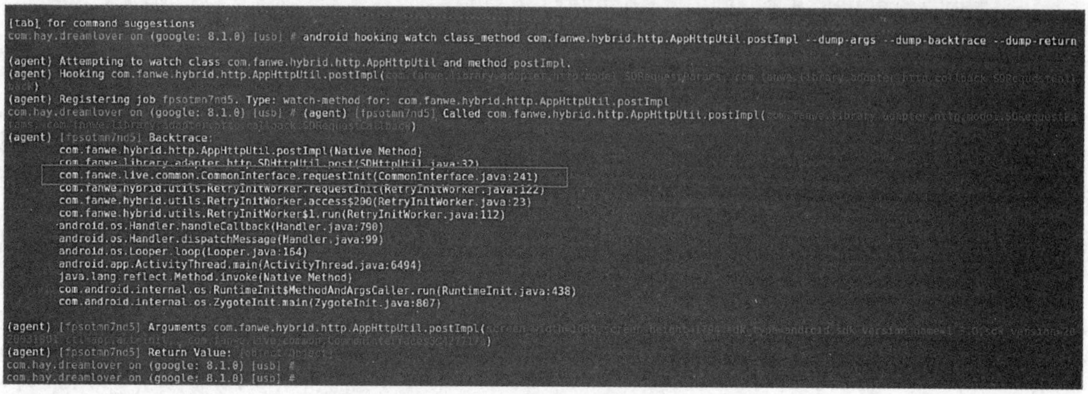

图9-14 Objection Hook postImpl 调用栈

为了确认在使用 App 打开直播间时 CommonInterface 类中有函数会被调用，这里直接通过Objection对该类进行Trace分析，其结果如图9-15所示。仔细研究后发现，其中的函数依次用于页面中获取简略的房间信息（requestIndex 函数）、请求具体房间视频（requestNewVideo 函数）、请求具体房间信息（requestRoomInfo 函数）。

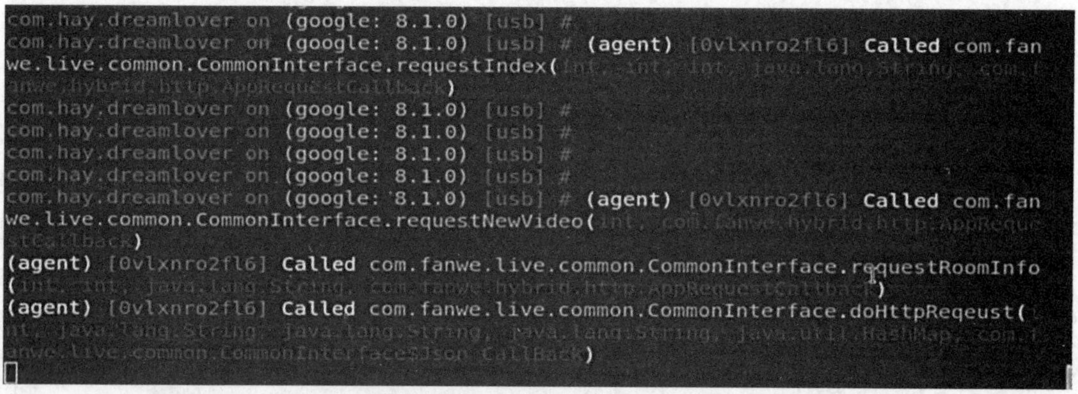

图9-15 Objection Hook CommonInterface 类

9.3.1 简单函数的主动调用

温故知新，这里首先介绍在主页面滑动窗口获取房间简略信息的主动调用方式，即主动调用requestIndex 函数的方式。

正如在介绍 Frida 的三板斧时所说的，要实现主动调用，首先要进行 Hook。为此，这里先通过Objection Hook 该函数，进一步确认该函数被调用，其结果如图9-16所示。

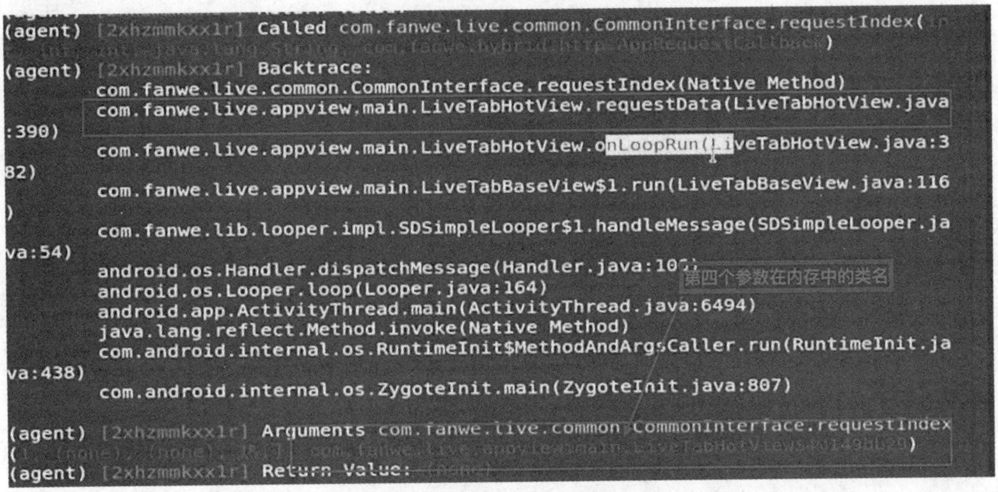

```
(agent) [2xhzmmkxx1r] Called com.fanwe.live.common.CommonInterface.requestIndex(
int, int, java.lang.String, com.fanwe.hybrid.http.AppRequestCallback)
(agent) [2xhzmmkxx1r] Backtrace:
        com.fanwe.live.common.CommonInterface.requestIndex(Native Method)
        com.fanwe.live.appview.main.LiveTabHotView.requestData(LiveTabHotView.java
:390)
        com.fanwe.live.appview.main.LiveTabHotView.onLoopRun(LiveTabHotView.java:3
82)
        com.fanwe.live.appview.main.LiveTabBaseView$1.run(LiveTabBaseView.java:116
)
        com.fanwe.lib.looper.impl.SDSimpleLooper$1.handleMessage(SDSimpleLooper.ja
va:54)
        android.os.Handler.dispatchMessage(Handler.java:10?)
        android.os.Looper.loop(Looper.java:164)
        android.app.ActivityThread.main(ActivityThread.java:6494)
        java.lang.reflect.Method.invoke(Native Method)
        com.android.internal.os.RuntimeInit$MethodAndArgsCaller.run(RuntimeInit.ja
va:438)
        com.android.internal.os.ZygoteInit.main(ZygoteInit.java:807)

(agent) [2xhzmmkxx1r] Arguments com.fanwe.live.common.CommonInterface.requestIndex
(1, (none), (none), com.fanwe.live.appview.main.LiveTabHotView$4@0149bb29)
(agent) [2xhzmmkxx1r] Return Value: (none)
```


图 9-16　Hook requestIndex()函数

在确认该函数被调用后，还需要通过 Frida 脚本进行 Hook，得到相应的 roomId，但是在实现 Hook 的过程中发现，如果仅仅是 Hook requestIndex()函数，无法直接得到真实的 roomId，经过一番 Hook 与静态函数的分析，最终发现真实的房间信息隐藏在 requestIndex()的第 4 个参数中，该参数实际上是一个范型类，用于处理网络请求的结果，其中 onSuccess()函数的参数 resp 包含着网络返回的密文数据包。因此，要获得最终的 roomId，还需要分析 SDResponse 类型的参数 resp 的类结构，这里通过 WallBreaker 查看该类中的成员及函数，结果如图 9-17 所示。

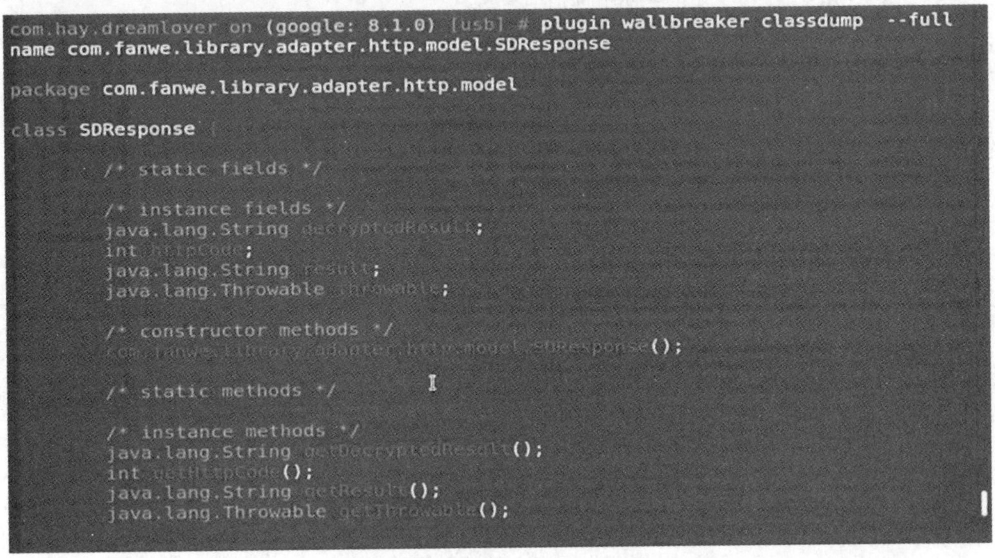

```
com.hay.dreamlover on (google: 8.1.0) [usb] # plugin wallbreaker classdump  --full
name com.fanwe.library.adapter.http.model.SDResponse

package com.fanwe.library.adapter.http.model

class SDResponse {

        /* static fields */

        /* instance fields */
        java.lang.String decryptedResult;
        int httpCode;
        java.lang.String result;
        java.lang.Throwable throwable;

        /* constructor methods */
        com.fanwe.library.adapter.http.model.SDResponse();

        /* static methods */

        /* instance methods */
        java.lang.String getDecryptedResult();
        int getHttpCode();
        java.lang.String getResult();
        java.lang.Throwable getThrowable();
```

图 9-17　SDResponse 类

进一步分析 onSuccess 函数的内容会发现，该函数中并未出现任何和参数 resp 相关的操作，而是一直通过 this.actModel 成员进行解析，究其原因，会发现存在一个 onSuccessBefore 重载函数，用于将 resp 参数解析到 this.actModel 成员上，具体的相关处理 resp 参数内容的代码如代码清单 9-10 所示。

代码清单 9-10　处理 resp 参数过程调用链

```java
public static <T> T json2Object(String json, Class<T> clazz) {
    return (T) JSON.parseObject(json, clazz);
}
public <T> T parseActModel(String result, Class<T> clazz) {
    return (T) SDJsonUtil.json2Object(result, clazz);
}
public <T> T parseActModel(String result, Class<T> clazz) {
    return (T) SDJsonUtil.json2Object(result, clazz);
}
// com.fanwe.library.adapter.http.callback.SDRequestCallback
@Override
// 解密处理接收数据包函数
public void onSuccessBefore(SDResponse resp) {
    if (this.mModelClass != null) {
        // 解密函数
        String result = resp.getDecryptedResult();
        if (TextUtils.isEmpty(result)) {
            result = resp.getResult();
        }
        this.actModel = parseActModel(result, this.mModelClass);
    }
}
// com.fanwe.live.appview.main.LiveTabHotView
 private void requestData() {
        CommonInterface.requestIndex(1, this.mSex, 0, this.mCity, new AppRequestCallback<Index_indexActModel>() {
            /* class com.fanwe.live.appview.main.LiveTabHotView.AnonymousClass4 */

            /* access modifiers changed from: protected */
            @Override // com.fanwe.library.adapter.http.callback.SDRequestCallback
            // 将接收到的返回数据进行 model 数据的赋值
            public void onSuccess(SDResponse resp) {
                try {
                    if (((Index_indexActModel) this.actModel).isOk()) {
                        LiveTabHotView.this.mHeaderView.setData((Index_indexActModel) this.actModel);
                        LiveTabHotView.this.mHeaderView.setData1((Index_indexActModel) this.actModel);
                        synchronized (LiveTabHotView.this) {
                            LiveTabHotView.this.mListModel = ((Index_indexActModel) this.actModel).getList();
                            if (LiveTabHotView.this.mListModel.size() > 8) {
                                ArrayList arrayList = new ArrayList();
                                for (int sbi = 8; sbi < LiveTabHotView.this.mListModel.size(); sbi++) {
                                    arrayList.add(LiveTabHotView.this.mListModel.get(sbi));
                                }
                                LiveTabHotView.this.mAdapter.updateData(arrayList);
                                LiveTabHotView.this.mHeaderView.updateData(LiveTabHotView.this.mListModel);
```

```
                            LiveTabHotView.this.mHeaderView.setgbxxVis(
0);
                        } else {
                            LiveTabHotView.this.mAdapter.updateData(Liv
eTabHotView.this.mListModel);
                            LiveTabHotView.this.mHeaderView.setgbxxVis(
8);
                        }
                    }
                }
                LiveTabHotView.this.sbi++;
            } catch (Exception e) {
            }
        }
        // ...
    });
}
```

这里依葫芦画瓢，最终得到简略房间信息的 Hook 代码如代码清单 9-11 所示。

代码清单 9-11　获取简略房间信息的 Hook

```
function hook() {
    Java.perform(function () {
        var JSON = Java.use("com.alibaba.fastjson.JSON")
        var Index_indexActModel =
Java.use("com.fanwe.live.model.Index_indexActModel");
        var gson = Java.use("com.google.gson.Gson").$new();

        var LiveRoomModel = Java.use("com.fanwe.live.model.LiveRoomModel");
        //通过 Jadx 工具静态查看 smali 代码进而确认相应类名
        //用 Objection 快速验证搜索
        //onSuccess 所在类
        Java.use("com.fanwe.live.appview.main.LiveTabHotView$4").onSuccess.
implementation = function (resp) {
            console.log("Entering Room List Parser => ", resp)
            //主动调用解密函数
            var result = resp.getDecryptedResult();
            //JSON 解析数据
            var resultModel = JSON.parseObject(result,
Index_indexActModel.class);
            var roomList = Java.cast(resultModel,
Index_indexActModel).getList();
            //打印请求得到的房间列表大小并获取第一个房间的信息
            console.log("size : ", roomList.size(), roomList.get(0))
            for (var i = 0; i < roomList.size(); i++) {
                var LiveRoomModelInfo = Java.cast(roomList.get(i),
LiveRoomModel);
                //JSON 方式打印数据
                console.log("roominfo: ", i, " ",
gson.toJson(LiveRoomModelInfo));
            }
            return this.onSuccess(resp)
        }
```

```
    })
}
```

注意，在代码清单 9-11 中，是通过 hook onSuccess 函数实现获取简略房间信息的效果的，那么对应的 onSuccess 函数所在类其实就是 requestIndex 函数的第 4 个参数对应的类型。有一定开发知识或者逆向经验的读者一定会敏锐地发现该参数的类型实际上是一个匿名内部类，泛型的 AppRequestCallback<Index_indexActModel>格式只是编译时期需要的信息，真正在内存中对应的匿名内部类名称可以通过查看对应的 smali 代码或者通过如图 9-16 所示的 Hook 方式确定。

最终将 Hook 代码注入进程后，即可得到大量简略房间的信息，其部分结果如图 9-18 所示。

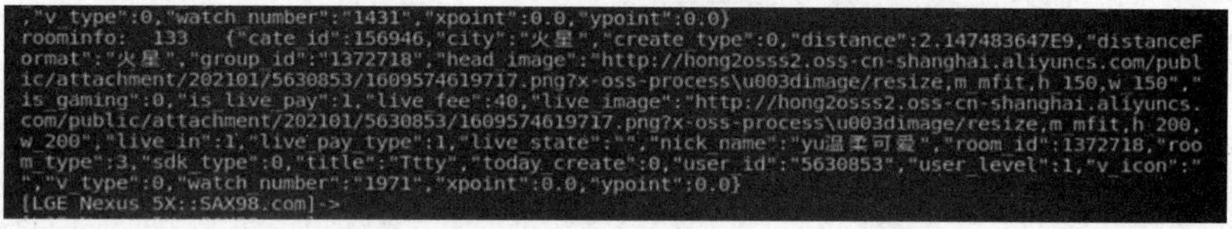

图 9-18 获取简略房间信息

在通过 Hook 获取简略房间信息成功后，还需要再加上最终的主动调用。这里为了避免大量的复杂参数构造的问题，直接主动调用 requestIndex() 函数的上层函数 requestData 实现，具体主动调用代码如代码清单 9-12 所示。

代码清单 9-12 主动调用代码

```
function invoke(){
    Java.perform(function(){
        Java.choose("com.fanwe.live.appview.main.LiveTabHotView",{
            onMatch:function(ins){
                console.log("found ins => ",ins)
                // 主动调用发包函数
                ins.requestData();
            },onComplete:function(){
                console.log("Search completed!")
            }
        })
    })
}
```

9.3.2 复杂函数的主动调用

接下来介绍进入直播间时获取直播间的房间详情的主动调用方式，即 requestRoomInfo 函数的主动调用。

同样，作为三板斧的第一步，这里先通过 Hook 方式获取房间的详情信息。

为了节省篇幅，将焦点集中于主动调用本身，这里直接略过中间 Hook 实现的分析，给出最终的 Hook 脚本，其内容如代码清单 9-13 所示。最终得到的 Hook 结果如图 9-19 所示。

代码清单 9-13 hookRoomInfo 代码

```
function inspectObject(obj) {
    Java.perform(function () {
```

```
                const Class = Java.use("java.lang.Class");
                const obj_class = Java.cast(obj.getClass(), Class);
                const fields = obj_class.getDeclaredFields();
                console.log("Inspecting " + obj.getClass().toString());
                console.log("\tFields:");
                for (var i in fields){
                    //console.log("\t\t" + fields[i].toString());
                    var className = obj_class.toString().trim().split(" ")[1] ;
                    //console.log("className is => ",className);
                    var fieldName =
fields[i].toString().split(className.concat(".")).pop() ;
                    console.log(fieldName + " => ",obj[fieldName].value);
                }
                //console.log("\tMethods:");
                //for (var i in methods)
                //console.log("\t\t" + methods[i].toString());
        })
    }
    function hookROOMinfo() {
        Java.perform(function () {
            var JSON = Java.use("com.alibaba.fastjson.JSON")
            var App_get_videoActModel =
Java.use("com.fanwe.live.model.App_get_videoActModel");

            Java.use("com.fanwe.live.business.LiveBusiness$2").onSuccess.implem
entation = function (resp) {
                console.log("Enter LiveBusiness$2 ... ", resp)
                var result = resp.getDecryptedResult();
                var resultVideoModel = JSON.parseObject(result,
App_get_videoActModel.class);
                var roomDetail = Java.cast(resultVideoModel,
App_get_videoActModel);
                inspectObject(roomDetail)
                return this.onSuccess(resp);
            }
        })

    }
```

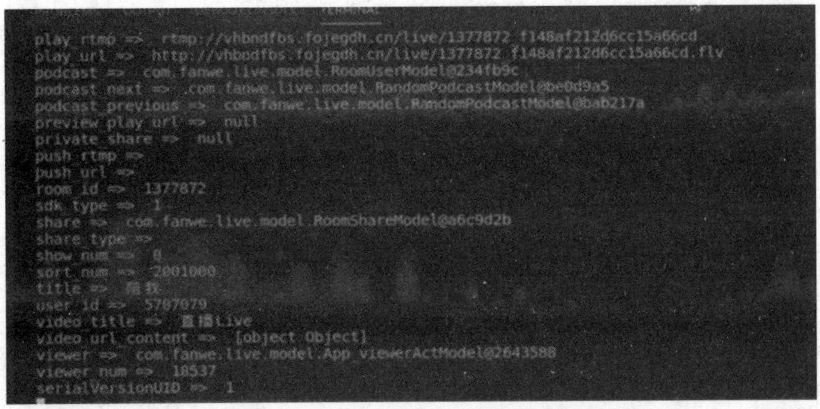

图 9-19　Hook 结果

这里要补充的是在代码清单 9-13 中，inspectObject 函数的作用是通过传入对象获取其对应的类，进而通过 getDeclaredFields()等 Java 反射的方式获取实例对象中所有成员的值。

在完成 Hook 工作后，让我们正式进入正题。

与 requestIndex 函数类似，CommonInterface.requestRoomInfo 函数也存在一个参数较简单的外部调用函数：com.fanwe.live.business.LiveBusiness.requestRoomInfo 函数，该函数具体内容如代码清单 9-14 所示。

代码清单 9-14　requestRoomInfo 函数

```
//com.fanwe.live.business.LiveBusiness
public void requestRoomInfo(String private_key) {
    CommonInterface.requestRoomInfo(getLiveActivity().getRoomId(),
getLiveActivity().isPlayback() ? 1 : 0, private_key, new
AppRequestCallback<App_get_videoActModel>() {
        public String getCancelTag() {
            //...
        }

        /* access modifiers changed from: protected */
        //成功请求回调函数
        public void onSuccess(SDResponse sdResponse) {
            LiveInformation.getInstance().setRoomInfo((App_get_videoActMode
l) this.actModel);
            if (((App_get_videoActModel) this.actModel).isOk()) {
                LiveBusiness.this.onRequestRoomInfoSuccess((App_get_videoAc
tModel) this.actModel);
            } else {
                LiveBusiness.this.onRequestRoomInfoError((App_get_videoActM
odel) this.actModel);
            }
        }

        /* access modifiers changed from: protected */
        // 失败请求回调函数
        public void onError(SDResponse resp) {
            LiveBusiness.super.onError(resp);
            String msg = "request error";
            if (resp.getThrowable() != null) {
                msg = resp.getThrowable().toString();
            }
            LiveBusiness.this.onRequestRoomInfoException(msg);
        }
    });
}
```

与 requestIndex 函数不同的是，LiveBusiness.requestRoomInfo()函数仍旧有一个固定的参数 private_key。这里通过 Hook 的方式确定该参数的值为 123454。

但是在主动调用该函数之前，我们发现在第一步按照代码清单 9-15 中的代码通过 Java.choose()函数寻找 requestRoomInfo()函数所在类 LiveBusiness 的实例时就会折戟沉沙：找不到相应实例。

代码清单 9-15　Java.choose()找不到实例

```
function invoke(){
    Java.perform(function(){
        Java.choose("com.fanwe.live.business.LiveBusiness",{
            onMatch:function(ins){
                console.log("found ins => ",ins)
            },onComplete:function(){
                console.log("Search completed!")
            }
        })
    })
}
```

既然找不到相应的实例，那么顺理成章地想到：是否可以主动构造一个实例去调用实例方法呢？

为了主动构造一个 LiveBusiness 对象，这里首先通过 Objection 得到相应构造函数为 com.fanwe.live.business.LiveBusiness.$init(com.fanwe.live.activity.room.ILiveActivity)，进而发现该类的构造函数的参数是一个复杂对象，对应静态结果后，发现该参数甚至是一个 interface（接口）类，如图 9-20 所示。

图 9-20　获取构造函数

由于接口类需要被实例化才可以被当作参数调用，因此如果想要主动构造一个 LiveBusiness 对象，必须实例化 ILiveActivity 这个接口。在查阅并结合开发知识后发现，Frida 提供了 Java.registerClass() 这个 API 用于构造一个 Java 类，最终得到了一个基础的主动调用函数，其内容如代码清单 9-16 所示。

代码清单 9-16　主动构造一个实例实现主动调用

```
function invoke2(){
    Java.perform(function(){

        //构造函数：接口 com.fanwe.live.business.LiveBusiness(ILiveActivity);
        var ILiveActivity = Java.use("com.fanwe.live.activity.room.ILiveActivity");
        // 实例化接口
        const ILiveActivityImpl = Java.registerClass({
            name: 'com.fanwe.live.activity.room.ILiveActivityImpl',
            implements: [ILiveActivity],
        });

        var result = Java.use("com.fanwe.live.business.LiveBusiness").$new(ILiveActivityImpl.$new());
        console.log("result is => ",result.requestRoomInfo("123454"))
    })
}
```

但是将以上脚本注入进程后,手动执行 invoke2 函数就会得到如图 9-21 所示中的报错:Missing implementaion for...。而这样的报错意味着,在实现一个接口类时还需要实现该接口类中所有的接口函数。

图 9-21 缺少函数实现的报错

在发现图 9-21 中的报错后,依次在主动调用代码中实现提示缺少的函数,最终主动调用的代码如代码清单 9-17 所示,最终再次主动调用 requestRoomInfo 函数就成功了,其结果如图 9-22 所示。

代码清单 9-17 主动构造一个实例实现主动调用

```
//主动 new 一个实例
function invoke2(){
    Java.perform(function(){

        //构造函数:接口 com.fanwe.live.business.LiveBusiness(ILiveActivity);
        var ILiveActivity = Java.use("com.fanwe.live.activity.room.ILiveActivity");
        //实例化接口
        const ILiveActivityImpl = Java.registerClass({
            name: 'com.fanwe.live.activity.room.ILiveActivityImpl',
            implements: [ILiveActivity],
            methods: {
                //必须实现这些方法,否则报错。这里只是简单地写了一个抽象函数,并未具体实现内部逻辑
                openSendMsg(){},
                getCreaterId(){},
                getGroupId(){},
                getRoomId(){ },
                getRoomInfo(){},
                getSdkType(){},
                isAuctioning(){},
                isCreater(){},
                isPlayback(){},
                isPrivate(){}
            }
        });
        var result = Java.use("com.fanwe.live.business.LiveBusiness").$new(ILiveActivityImpl.$new());
        console.log("result is => ",result.requestRoomInfo("123454"))
    })
}
```

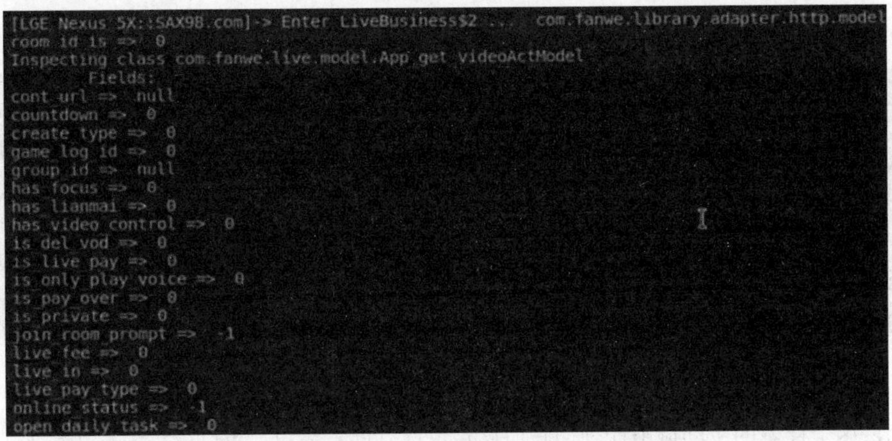

图 9-22 主动调用结果

虽然图 9-22 中的主动调用成功执行，但是对比图 9-19 中通过 Hook 得到的数据会发现，图 9-22 中的数据非常不真实，甚至完全无效。研究发现出现这种情况的原因实际上是在通过 Java.registerClass 这个 Frida 提供的 API 函数实现 ILiveActivity 接口类中的函数时并未真实地实现函数逻辑，而只是简单地置空，导致后续主动调用时不存在真实的信息。

鉴于上述原因，笔者采用了另一个获取实例的方法：通过 Hook 所需实例的另一个实例方法得到相应实例，并保存到外部供主动调用时使用，这也正是在前面章节中使用的方法。这里 Hook 的函数为 LiveBusiness.getLiveQualityData()，最终具体代码如代码清单 9-18 所示。

代码清单 9-18　Hook 其他函数外部保存供主动调用

```
var LiveBusiness = null ;
console.log("LiveBusiness is => ", LiveBusiness)
function hook3(){
    Java.perform(function(){
        Java.use("com.fanwe.live.business.LiveBusiness").getLiveQualityData
.implementation = function(){
            LiveBusiness = this;
            console.log("now LiveBusiness is => ", LiveBusiness)
            //LiveBusiness.requestRoomInfo("12343");  //立刻主动调用
            var result = this.getLiveQualityData()
            return result;
        }
    })
}
//这个方式会崩溃
function invoke3(){
    Java.perform(function(){
        var result = LiveBusiness.requestRoomInfo("12343");
        console.log("result is => ",result)
    })
}
```

如图 9-23 所示，确实找到了相应的实例，但是在手动调用 invoke3()函数时发现，这种主动调用的方式不仅没有成功，甚至还导致样本崩溃，而如果在 Hook getLiveQualityData()函数代码中进行主动调用，就会发现是可以成功被调用的，因此可以判定在手动调用 invoke3()函数时，相应实例实际上已经被解析掉。

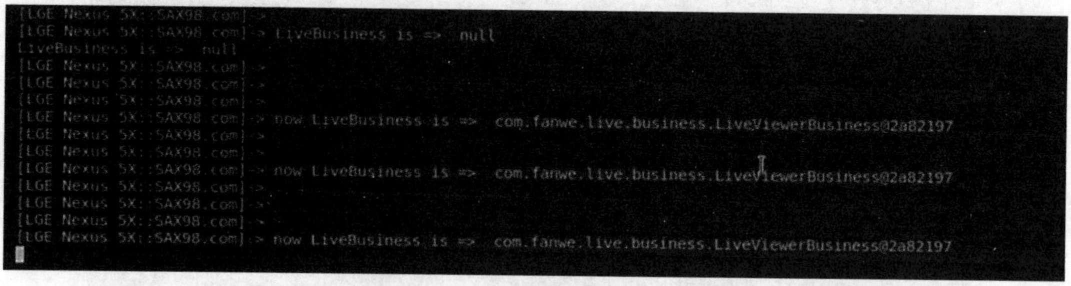

图 9-23 找到实例

至此，这个样本的主动调用计划彻底崩盘。也许有读者会说，可以绕过需要实例才能进行调用的动态函数 LiveBusiness.requestRoomInfo()，转而主动调用无须实例即可调用的静态函数 CommonInterface.requestRoomInfo(int room_id, int is_vod, String private_key,AppRequestCallback<App _get_videoActModel> listener)。但在实现时发现对于该函数的主动调用也存在与代码清单 9-17 一样的问题：该函数的第 4 个参数也需要通过 Java.registerClass()这个 API 来实例化相应的回调接口。这里测试的主动调用代码如代码清单 9-19 所示。

代码清单 9-19　主动调用 CommonInterface.requestRoomInfo()函数

```
function invoke4(){
    Java.perform(function(){

        //com.fanwe.live.business.LiveBusiness(ILiveActivity);
        var ILiveActivity = Java.use("com.fanwe.live.activity.room.ILiveActivity");
        const ILiveActivityImpl = Java.registerClass({
            name: 'com.fanwe.live.activity.room.ILiveActivityImpl',
            implements: [ILiveActivity],
            methods: {
                //主动调用离数据越远，中间实现的细节就越多
                openSendMsg(){},
                getCreaterId(){},
                getGroupId(){},
                getRoomId(){}, //没有实现正确导致 App 崩溃
                getRoomInfo(){},
                getSdkType(){},
                isAuctioning(){},
                isCreater(){},
                isPlayback(){},
                isPrivate(){}
            }
        });

        var LB = Java.use("com.fanwe.live.business.LiveBusiness").$new(ILiveActivityImpl.$new());

        var LB2 = Java.use("com.fanwe.live.business.LiveBusiness$2");
        var AppRequestCallback = Java.use('com.fanwe.hybrid.http.AppRequestCallback');
```

```
            Java.use("com.fanwe.live.common.CommonInterface").requestRoomInfo(1
377894,123,"1234",Java.cast(LB2.$new(LB),AppRequestCallback));
        })
}
```

综上，针对这类实例对象在内存中并不持久存在的样本函数，如果要真正实现函数的主动调用，还是通过构造一个实例实现主动调用的方式更加靠谱，但如果该实例的构造异常复杂，要实现该方法的主动调用，难度也就相应地变得更高。更重要的发现在于，如果要实现函数的主动调用，就应该始终遵循"离数据越近越好"的原则，需要手动构造的数据越少越好。之所以这里实现获取直播间房间信息很困难，究其原因正是我们的目标函数离数据太远，导致要实现的细节问题变得异常多。

9.4 本章小结

本章通过对一个违法样本的 VIP 功能进行绕过以及协议分析，将在前面章节介绍的知识应用于真实的实践操作中，帮助读者进一步掌握前面章节的知识。除此之外，还特地单列出了一节用于进一步介绍在使用 Frida 进行函数的主动调用时需要注意的问题，并通过笔者的失败实践以身说法，希望读者能从中吸取教训，并在后续的 Hook 工作中始终谨记"Hook 离数据越近越好"的基本准则。

第 10 章

Android 协议分析之会员制非法应用破解

由于 Android 应用的开发方式多种多样，相应地，Android 的协议分析也就存在各种各样的方法。本章将通过对一个应用的协议分析，尽可能多地介绍一些在协议分析过程中可能会遇到的情况，同时还会介绍一款工具——r0tracer 的使用与具体原理，并通过该工具协助完成样本的分析过程。

10.1 r0tracer 介绍与源码剖析

与 r0capture 一样，r0tracer（源码地址：https://github.com/r0ysue/r0tracer）同样是基于 Frida、结合多个 Hook 项目开发的一款工具，但是与 r0capture 用于解决应用层抓包问题不同，r0tracer 用于在 Android 应用中多功能追踪 Java 层类的脚本，它不仅可以根据黑白名单批量追踪类的所有方法，还可以在命中方法后打印出该类或对象的所有域值、参数、调用栈和返回值，堪称精简版的 Objection 和 Wallbreaker 的结合。

当然，如果仅仅是结合 Objection 和 Wallbreaker，就没有必要单独列出一节进行介绍。r0tracer 相对于 Objection 不仅增加了在找不到指定类时切换 Classloader 的功能，而且增加了延时 Hook 机制，避免因通过 spawn 方式注入应用导致无法立刻找到 App 类的尴尬处境。同时，相对于 Objection，r0tracer 更是增加了 Objection 无法在指定 Hook 类的同时对类的构造函数进行 Hook 的功能。相比于 WallBreaker，r0tracer 还增加了在 Hook 时打印类中实例域的值的功能。接下来，将从源码层面一一介绍以上这些功能。

首先介绍 r0tracer 的基础功能：查看对象中成员的值。

如代码清单 10-1 所示，在使用时只需传入实例对象（obj）和最终输出的日志参数（input）即可。因为静态类的对象只是相应类的包装器，还要通过判断相应参数是否存在 Frida 中定义的 $handle/$h 属性来避免因为传入静态类导致无法查看域值的情况出现。在获取传入实例对象中的成员的方法时，选择了 Java 提供的反射方法 getDeclaredFields()，最终通过 obj 实例获取相应成员的值。

代码清单 10-1　查看对象域值

```javascript
//查看域值
function inspectObject(obj, input) {
    var isInstance = false;
    var obj_class = null;
    //确定传进的 obj 参数是不是静态类,这部分代码参考 WallBreaker
    if (getHandle(obj) === null) {
        obj_class = obj.class;
    } else {
        var Class = Java.use("java.lang.Class");
        obj_class = Java.cast(obj.getClass(), Class);
        isInstance = true;
    }
    input = input.concat("Inspecting Fields: => ", isInstance, " => ", obj_class.toString());
    input = input.concat("\r\n");
    //获取类中的成员
    var fields = obj_class.getDeclaredFields();
    for (var i in fields) {
        //判定成员所在类是不是静态类,或者成员是不是静态成员
        if (isInstance || Boolean(fields[i].toString().indexOf("static ") >= 0)) {
            //output = output.concat("\t\t static static static " + fields[i].toString());
            //获取类名称
            var className = obj_class.toString().trim().split(" ")[1];
            //console.Red("className is => ",className);
            //获取类成员名称
            var fieldName = fields[i].toString().split(className.concat(".")).pop();
            //获取类成员类型
            var fieldType = fields[i].toString().split(" ").slice(-2)[0];
            var fieldValue = undefined;
            //获取实例成员值
            if (!(obj[fieldName] === undefined))
                fieldValue = obj[fieldName].value;
            //拼接结果,保障输出连续
            input = input.concat(fieldType + " \t" + fieldName + " => ", fieldValue + " => ", JSON.stringify(fieldValue));
            input = input.concat("\r\n")
        }
    }
    return input;
}

function getHandle(object) {
    //Frida 12 专用属性
    if (hasOwnProperty(object, '$handle')) {
        if (object.$handle != undefined) {
            return object.$handle;
        }
    }
    //Frida 14 以上属性
    if (hasOwnProperty(object, '$h')) {
```

```
            if (object.$h != undefined) {
                return object.$h;
            }
        }
        return null;
    }
```

接下来介绍 r0tracer 的两个 Hook 功能。

首先介绍 r0tracer Hook 指定函数名的所有重载函数（traceMethod 函数）的功能。该函数的具体实现方法如代码清单 10-2 所示，在使用时只需传入完整的类名+函数名作为 traceMethod 函数参数即可，比如想要 Hook Android 中标准加密类 Cipher 类的函数 doFinal 所有重载，只需传入 doFinal 函数的完整类名（javax.crypto.Cipher）并拼接上函数名作为参数即可。在 traceMethod 函数内部会进行类名和函数名的分割，并通过 overloads 这一 Frida 中定义的属性值获取所有同名的重载函数并分别进行 Hook。如图 10-1 所示，最终在任意 doFinal 重载函数被执行时，不仅会调用 inspectObject() 函数查看 Cipher 类中相应的域值，还会打印出相应函数的参数、返回值和调用栈。

代码清单 10-2　Trace 所有重载函数

```
//Trace 单个类的所有静态和实例方法，包括构造方法
function traceMethod(targetClassMethod) {
    var delim = targetClassMethod.lastIndexOf(".");
    if (delim === -1) return;
    var targetClass = targetClassMethod.slice(0, delim);
    var targetMethod = targetClassMethod.slice(delim + 1, targetClassMethod.length)
    // 获取类的 wrapper
    var hook = Java.use(targetClass);
    var overloadCount = hook[targetMethod].overloads.length; // 获取函数所有重载
    console.Red("Tracing Method : " + targetClassMethod + " [" + overloadCount + " overload(s)]");
    for (var i = 0; i < overloadCount; i++) {
        hook[targetMethod].overloads[i].implementation = function () {
            //初始化输出，通过 concat 拼接输出，以保证一次 Hook 的连续
            var output = "";
            //画个横线
            for (var p = 0; p < 100; p++) {
                output = output.concat("==");
            }
            //打印域值
            if (!isLite) { output = inspectObject(this, output); }
            //进入函数
            output = output.concat("\n*** entered " + targetClassMethod);
            output = output.concat("\r\n");
            //if (arguments.length) console.Black();
            //参数
            var retval = this[targetMethod].apply(this, arguments);
            if (!isLite) {
                for (var j = 0; j < arguments.length; j++) {
                    output = output.concat("arg[" + j + "]: " + arguments[j] + " => " + JSON.stringify(arguments[j]));
                    output = output.concat("\r\n");
                }
                //调用栈
```

```
                    output = output.concat(Java.use("android.util.Log").
getStackTraceString(Java.use("java.lang.Throwable").$new()));
                    //返回值
                    output = output.concat("\nretval: " + retval + " => " +
JSON.stringify(retval));
                }
                // inspectObject(this)
                //离开函数
                output = output.concat("\n*** exiting " + targetClassMethod);
                //最终输出
                // console.Black(output);
                ...
                printOutput(output);
                return retval;
            }
        }
    }
```

图 10-1　Hook 指定函数所有重载

除了上述 Hook 单个函数的功能外，r0tracer 还支持 Hook 指定类中所有函数的功能，与 Objection Hook 指定类只能处理正常函数不同的是，r0tracer 不仅可以通过调用 getDeclaredMethods()这一 Java 反射函数获取类中所有非构造函数，还可以通过调用 getDeclaredConstructors()函数确认指定类是否存在构造函数，最终通过调用上面介绍的 traceMethod 函数完成对所有函数的 Hook 功能，如代码清单 10-3 所示。

代码清单 10-3　Hook 指定类中所有构造方法和动静态函数

```
function traceClass(targetClass) {
    //Java.use 是获取特定类对应的句柄
    var hook = Java.use(targetClass);
    //利用反射的方式拿到当前类的所有方法
    var methods = hook.class.getDeclaredMethods();
    //建完对象之后记得将对象释放掉
    hook.$dispose;
    //将方法名保存到待 Hook 的数组中
    var parsedMethods = [];
    var output = "";
    output = output.concat("\tSpec: => \r\n")
    methods.forEach(function (method) {
        output = output.concat(method.toString())
        output = output.concat("\r\n")
        parsedMethods.push(method.toString().replace(targetClass + ".", "TOKEN").match(/\sTOKEN(.*)\(/)[1]);
    });
    //去掉一些重复的值
    var Targets = uniqBy(parsedMethods, JSON.stringify);
    // targets = [];
    // 通过反射函数 getDeclaredConstructors 确认是否存在构造函数
    var constructors = hook.class.getDeclaredConstructors();
    if (constructors.length > 0) {
        constructors.forEach(function (constructor) {
            output = output.concat("Tracing ", constructor.toString())
            output = output.concat("\r\n")
        })
        //Frida 通过$init 表示构造函数
        Targets = Targets.concat("$init")
    }
    //对数组中所有的方法（包括构造函数）进行 Hook
    Targets.forEach(function (targetMethod) {
        traceMethod(targetClass + "." + targetMethod);
    });
    // 画个横线以进行区分
    for (var p = 0; p < 100; p++) {
        output = output.concat("+");
    }
    console.Green(output);
}
```

除此之外，r0tracer 还支持指定黑白名单的方式进行 Hook。如代码清单 10-4 所示，在使用这一功能时，只需传入希望目标类中包含的字符串作为第一个参数，不希望目标类中出现的字符串作为第二个参数，即可达到想要的效果。当然，如果指定的目标类不在当前类加载器 classLoader 中，还可以传入非 Null 的任意值作为第三个参数，使得在函数中执行 Hook 操作时能够通过 Java.enumerateClassLoaders()这个 API 函数切换到目标类所在的 classLoader。如图 10-2 所示是在想要 Hook 不包含$符号却包含 javax.crypto.Cipher 字符串的相关类最终的效果。

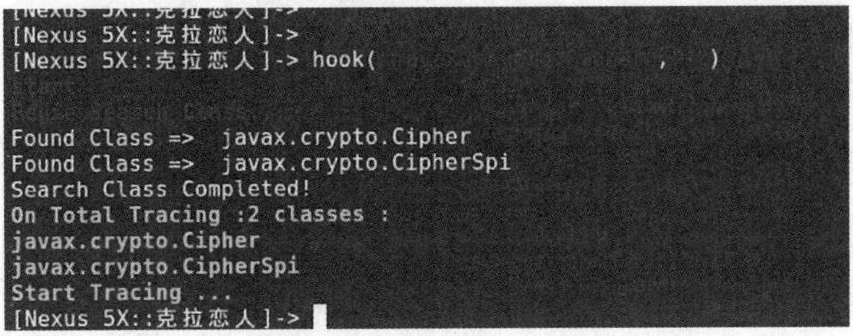

图 10-2　黑白名单 Hook 效果

代码清单 10-4　黑白名单进行 Hook

```
function hook(white, black, target = null) {
    console.Red("start")
    //确定是否需要切换 classLoader
    if (!(target === null)) {
        console.LightGreen("Begin enumerateClassLoaders ...")
        Java.enumerateClassLoaders({
            onMatch: function (loader) {
                try {
                    //通过遍历所有 loader 加载目标类, 确定目标类所在的 loader
                    if (loader.findClass(target)) {
                        console.Red("Successfully found loader")
                        console.Blue(loader);
                        Java.classFactory.loader = loader;
                        console.Red("Switch Classloader Successfully ! ")
                    }
                }
                catch (error) {
                    console.Red(" continuing :" + error)
                }
            },
            onComplete: function () {
                console.Red("EnumerateClassloader END")
            }
        })
    }
    console.Red("Begin Search Class...")
    var targetClasses = new Array();
    //遍历内存中所有已加载的类
    Java.enumerateLoadedClasses({
        onMatch: function (className) {
            //黑白名单处理
            if (className.toString().toLowerCase().indexOf(white.toLowerCase()) >= 0 &&
                (black == null || black == '' || className.toString().toLowerCase().indexOf(black.toLowerCase()) < 0)
            ) {
                console.Black("Found Class => " + className)
                targetClasses.push(className);
                //对找到的目标类执行 Hook 工作
                traceClass(className);
            }
```

```
            }, onComplete: function () {
                console.Black("Search Class Completed!")
            }
        })
        var output = "On Total Tracing :"+String(targetClasses.length)+" 
classes :\r\n";
        targetClasses.forEach(function(target){
            output = output.concat(target);
            output = output.concat("\r\n")
        })
        console.Green(output+"Start Tracing ...")
    }
```

除了以上介绍的新增功能外，r0tracer 还存在一些操作上的优势。由于 r0tracer 仅使用 JavaScript 文件，完全不需要 Python 等语言的包装，因此可以直接借助 Frida 原生命令行的参数实现延时 Hook、日志保存等功能。笔者认为，这样极简的方式对于一个小工具来说对用户更加友好，且能够减少开发代码量，进而更专注于功能本身。

当然，r0tracer 在使用时需要注意，尽量使用 Frida 14 以上版本，如果读者想要使用 Frida 12 以下的版本，在执行注入时需要加上 --runtime=v8 选项，将 Frida 引擎从默认的 DUK 切换到 v8 运行，这样 r0tracer 中的一些语法才能够得到支持。

接下来，就让我们用刚介绍的 r0tracer 来完成本章样本的逆向分析吧！

10.2 付费功能绕过

本次选择的样本同样是一个打着"聊天交友"旗号的违法应用。与前面一致的是，在正式进行协议分析之前，我们先来完成对该应用的付费功能绕过。

样本 App 经过加固处理，为了方便后续配合动态分析，这里首先使用 frida-dexdump 进行脱壳供后续静态分析，但是在使用 Jadx-gui 打开脱壳的 DEX 文件后，发现部分 DEX 文件不被识别，由于 DEX 格式问题，出现如图 10-3 所示的 "File not open" 错误。

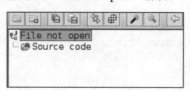

图 10-3　Jadx-gui 打开 DEX 文件报错

遇到这种情况时，可以结合 frida_fart 或者其他脱壳工具对应用进行再次脱壳处理，这里使用 frida_fart 的 Hook 版本进行脱壳后，完美解决了之前 frida-dexdump 脱壳文件格式不对的问题。

为了方便后续的应用测试工作，这里注册了一个测试用的账号，笔者在测试过程中发现：当用户登录后，会要求通过付费成为会员后才能进入 App 真实业务页面，而这部分付费的逻辑，单纯从页面上经过多种方法点击，是无法直接不付费进入真实主页面的，如图 10-4 所示。

第 10 章 Android 协议分析之会员制非法应用破解

图 10-4　付费成为会员

站在开发的角度上，当想要从一个页面跳转到另一个页面时，通常可以使用 Intent 跳转的方式完成，其实现方式如代码清单 10-5 所示。

代码清单 10-5　页面跳转

```
void startActivity(){
    Intent intent = new Intent(this,MainActivity.class);
    startActivity(intent);
}
```

观察这部分代码会发现，如果页面在启动时没有做任何校验，上述方式即可完成针对任意页面的跳转。因此，如果想要通过 Frida 脚本实现页面直接不付费跳转至主页面，只需将代码清单 10-5 中的代码翻译为 JavaScript 语言即可。幸运的是，Objection 作为一款优秀的第三方工具，其中集成了代码清单 10-5 中页面跳转方式的命令，因此只需找到 App 主页面所在的活动类（通过结合静态 AndroidManifest.xml 清单文件和动态搜索 Activity 并多次测试后，确认 App 主页面活动类名称）即可通过如下命令完成页面的跳转。

```
# android intent launch_activity com.chanson.business.MainActivity
```

由于 App 确实未做业务上的校验，在运行如上命令后，我们成功绕过了在登录 App 后需要付费 39 元才能正常使用的硬性要求，如图 10-5 所示。

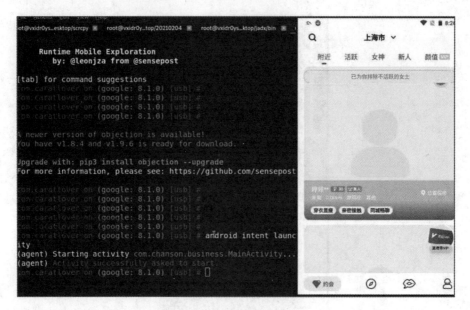

图 10-5　利用业务逻辑漏洞实现页面跳转

通过后续对 App 业务的研究发现，样本 App 的核心业务实际上是聊天功能，但是在测试过程中，我们发现虽然在上一个步骤中通过样本业务设计漏洞绕过了付费成为 VIP 才能正常使用的限制，但是实际在与别人聊天时，在输入完消息后，点击"发送"按钮还是会出现如图 10-6 所示的要求付费成为 VIP 才能正常私聊的提示。

图 10-6　要求付费的提示

那么要如何定位发出提示的窗口并绕过这个限制呢？

毫无疑问，可以使用 hookEvent.js。如图 10-7 所示，最终通过这个脚本得到相应的关键类为 com.tencent.qcloud.tim.uikit.modules.chat.layout.input.InputLayout。

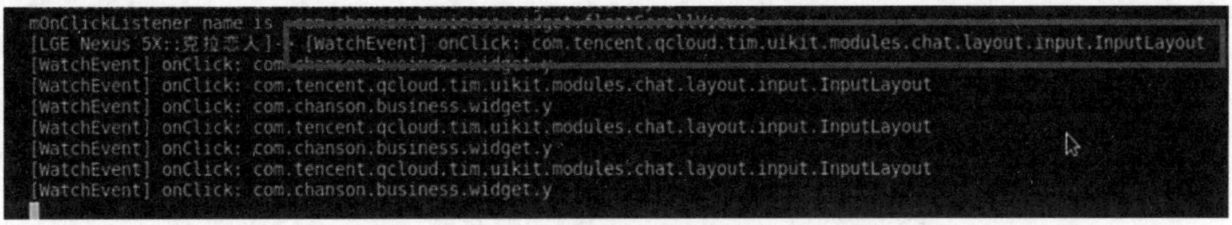

第 10 章 Android 协议分析之会员制非法应用破解 | 247

图 10-7 hookEvent 运行结果

在定位到相应类后，通过静态分析寻找相应的点击响应函数 onClick()，根据字符串一些相关信息定位后，会发现实际上与"发送信息"按钮相关的部分代码如代码清单 10-6 所示。

代码清单 10-6 发送消息相关代码

```
 public void onClick(View view) {
    if(){
       //...
    } else if (view.getId() == R.id.send_btn && this.mSendEnable) {
          InputLayoutUI.OnSendInterceptListener onSendInterceptListener2 = this.interceptListener;
          if(onSendInterceptListener2 == null ||
          //控制能否发送的函数
          !onSendInterceptListener2.onIntercept()) {
             TextDealHandler textDealHandler2 = this.textDealHandler;
             if (textDealHandler2 != null) {
                textDealHandler2.textHandle(this.mTextInput.getText().toString().trim());
             } else {
                MessageHandler messageHandler = this.mMessageHandler;
                if (messageHandler != null) {
                   messageHandler.sendMessage(MessageInfoUtil.buildTextMessage(this.mTextInput.getText().toString().trim()));
                }
             }
             this.mTextInput.setText("");
          }
       }
    }
 }
```

通过静态分析代码清单 10-6 中的内容后发现，onIntercept 函数实际上才是真实控制信息能够发送的关键，通过查找引用等方式找到对应函数的实现，最终发现在 onIntercept 函数中调用了 ChatActivity 类中的 W 函数，由该函数进行能否发送的判定。如代码清单 10-7 所示，最终通过多次动态的 Hook 以及静态分析确定真实控制是不是 VIP 相关的逻辑，结果最终存储在 z 变量（代码清单 10-7 中已注释为"关键的判断条件"）中。

代码清单 10-7 onIntercept 函数以及 W 函数

```
public final boolean onIntercept() {
    return !this.f10619a.W();
}
// com.chanson.business.message.activity.ChatActivity
private final boolean W() {
```

```java
            MyInfoBean k;
            BasicUserInfoBean col1;
            MyInfoBean k2;
            MyInfoBean k3;
            BasicUserInfoBean col12;
            BasicUserInfoBean col13;
            if (!V()) {
                return true;
            }
            if (this.f10545d == null) {
                rb.a(rb.f9688c, "数据异常", 0, 2, (Object) null);
                return false;
            } else if (ca()) {
                return false;
            } else {
                CheckTalkBean checkTalkBean = this.f10545d;
                if (checkTalkBean != null) {
                    // 关键的判断条件：位置
                    boolean z = (Ib.f9521i.h() == 1 && !(((k2 = Ib.f9521i.k()) == null || (col13 = k2.getCol1()) == null || !col13.isGoddess()) && ((k3 = Ib.f9521i.k()) == null || (col12 = k3.getCol1()) == null || !col12.isReal())) || ((k = Ib.f9521i.k()) != null && (col1 = k.getCol1()) != null && col1.isVip() && Ib.f9521i.h() == 2);
                    if (!checkTalkBean.getUnlock() && !z) {
                        ChatLayout chatLayout = (ChatLayout) k(R$id.chatLayout);
                        i.a((Object) chatLayout, "chatLayout");
                        chatLayout.getInputLayout().hideSoftInput();
                        x.a(new RunnableC1148a(this), 100);
                        return false;
                    } else if (checkTalkBean.getStatus() == 3 || checkTalkBean.getStatus() == 2) {
                        rb.a(rb.f9688c, "你已将对方拉黑，无法发送消息", 0, 2, (Object) null);
                        ...
                        return false;
                    } else if (checkTalkBean.getStatus() != 1) {
                        return true;
                    } else {
                        rb.a(rb.f9688c, "对方已将你拉黑，无法发送消息", 0, 2, (Object) null);
                        ...
                        return false;
                    }
                } else {
                    i.a();
                    throw null;
                }
            }
        }
```

观察 z 变量的定义会发现其中的逻辑十分复杂，调用了几个类的函数，其中就有一个非常明显地与 VIP 相关的 col1.isVip() 函数，为了快速定位具体的函数，这里将组成 z 变量值的所有函数相关完整类名整理如下：

```
com.chanson.business.g.Ib
com.chanson.business.model.MyInfoBean
com.chanson.business.model.BasicUserInfoBean
```

在总结相关类后，为了快速定位具体是哪一个函数导致 z 变量的值为 true，可以使用在 10.1 节介绍的 r0tracer 工具中的 traceClass 功能，分别对上述整理的类进行 Trace 后，最终确认确实是 BasicUserInfoBean 类中的 isVip 函数的返回值为 false 导致 z 变量值为 true，trace 函数的返回值与相应的调用栈效果如图 10-8 所示。

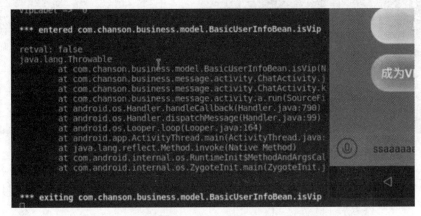

图 10-8　traceClass 结果

为了确认是 isVip 函数的返回值最终导致消息无法发送，这里使用 Frida 脚本将该函数的返回值设置为始终返回 true 进行测试，最终相应的代码如代码清单 10-8 所示。在 Hook 脚本生效后，发现消息成功发送（见图 10-9），等待一段时间之后，会成功地显示"已读"。

代码清单 10-8　hookVIP.js

```
function hookVIP(){
    Java.perform(function(){
        Java.use("com.chanson.business.model.BasicUserInfoBean").isVip.implementation = function(){
            console.log("Calling isVIP ")
            return true;
        }
    })
}
function main(){
    console.log("Start hook")
    hookVIP()
}
setImmediate(main)
```

图 10-9 成功发送消息

至此，限制样本正常使用的障碍已基本移除。如果后续要对协议或者其他方面进行分析，就不再需要浪费精力去解决了。

10.3 协议分析

与第 9 章一样，为了完成样本的协议分析，这里使用 Charles 完成抓包工作。

如图 10-10 所示，在抓包的过程中会发现一旦设置了 VPN 代理，A 品牌 App 就会提示"网络异常，请检测网络是否正常"。

图 10-10 提示网络异常

与上一章由于存在对抗抓包的行为导致样本无法使用 Charles 进行抓包相比，本例样本并非是因为样本对抓包做了对抗工作，观察 Charles 中所抓取的包内容，会发现只有一个 8668 端口的包一直显示"正在连接"，具体报错如图 10-11 所示，这实际上只是因为非标准端口的数据包导致 Charles 无法识别相应端口的数据而已。

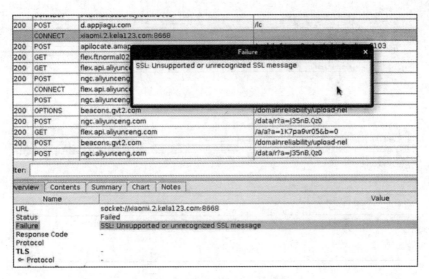

图 10-11　8668 端口的包无法抓取

要解决这个问题，只需要在 Charles 主界面上依次单击 Porxy→Proxy Settings 并手动将 8668 端口加入 HTTP 协议端口即可，具体添加位置如图 10-12 所示。

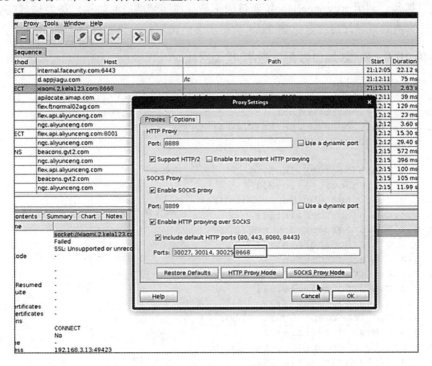

图 10-12　添加非标准端口

最终在完成非标准端口的添加后，8668 端口的数据包成功被 Charles 识别，最终数据包 request 包和 reponse 内容如图 10-13 所示。

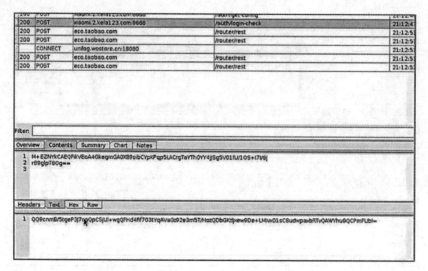

图 10-13　8668 端口数据

经过后续的分析发现,实际上 8668 这个端口的通信内容正是该 App 的关键协议,观察图 10-13,请求包和接收包都处于加密状态,且疑似 Base64,为了快速定位负责数据包加密的内容,这里使用 r0capture 进行抓包,利用 r0capture Hook 抓包的优势（栈回溯功能）快速定位发送或接收数据包的过程中所经过的函数流程,最终定位到 8668 端口相关的调用栈如代码清单 10-9 所示。

代码清单 10-9　8668 端口数据发送/接收调用栈

```
java.lang.Throwable
    at java.net.SocketOutputStream.socketWrite0(Native Method)
    at java.net.SocketOutputStream.socketWrite(SocketOutputStream.java:109)
    at java.net.SocketOutputStream.write(SocketOutputStream.java:153)
    at h.p.a(SourceFile:5)
    at h.a.a(SourceFile:6)
    at h.t.flush(SourceFile:3)
    at g.a.d.b.a(SourceFile:21)
    at g.a.c.b.intercept(SourceFile:26)
    at g.a.c.h.a(SourceFile:11)
    at g.a.b.a.intercept(SourceFile:7)
    at g.a.c.h.a(SourceFile:11)
    at g.a.c.h.a(SourceFile:2)
    at g.a.a.b.intercept(SourceFile:22)
    at g.a.c.h.a(SourceFile:11)
    at g.a.c.h.a(SourceFile:2)
    at g.a.c.a.intercept(SourceFile:22)
    at g.a.c.h.a(SourceFile:11)
    at g.a.c.k.intercept(SourceFile:9)
    at g.a.c.h.a(SourceFile:11)
    at g.a.c.h.a(SourceFile:2)
    at com.chanson.common.a.j.intercept(SourceFile:45)  // trace 这个所在类
    at g.a.c.h.a(SourceFile:11)
    at g.a.c.h.a(SourceFile:2)
    at g.I.a(SourceFile:28)
    at g.I.execute(SourceFile:9)
    at j.w.execute(SourceFile:18)
```

```
    at j.a.a.c.b(SourceFile:5)
    at d.a.k.a(SourceFile:77)
    at j.a.a.a.b(SourceFile:1)
    at d.a.k.a(SourceFile:77)
    at d.a.e.e.b.x$b.run(SourceFile:1)
    at d.a.q$a.run(SourceFile:2)
    at d.a.e.g.k.run(SourceFile:2)
    at d.a.e.g.k.call(SourceFile:1)
    // ...
    at java.lang.Thread.run(Thread.java:764)
```

在得到发包函数的调用栈后,可以通过静态分析的方式一步一步分析还原相应的加密流程。这里为了加快分析的步伐,利用发送数据包内容疑似 Base64 编码的特征,使用 r0tracer Trace class 的功能去追踪 android.os.Base64 类的调用过程,并与代码清单 10-9 中的调用栈进行对比,最终确定收发包的关键函数为 com.chanson.common.a.j.intercept(),Base64 相关的关键 Trace 记录如图 10-14 所示。

图 10-14　Base64 相关的关键 Trace 记录

使用 Jadx 查看该函数的内容并通过静态分析后发现,在 intercept()函数中,关键类处理了 JSON 数据,通过 Trace 这个函数后发现,com.chanson.common.utils.a.b.c()函数执行时,其参数是数据包内容的明文状态,如代码清单 10-10 所示。

代码清单 10-10　intercept 函数

```
public final O intercept(B.a aVar) {
    JSONArray jSONArray;
    J b2 = aVar.b();
    J.a f2 = b2.f();
    Map<String, String> a2 = f.f11633b.a();
    b<Map<String, String>, q> b3 = this.f11642a.b();
    if (b3 != null) {
```

```
                b3.a(a2);
            }
            //...
            f2.a(LocationManager.GPS_PROVIDER, sb.toString());
            String b4 = f.o.b();
            Charset charset = c.f20624a;
            if (b4 != null) {
                //...
                if (f3 != null) {
                    byte[] bytes2 = f3.getBytes(charset2);

                    byte[] encode2 = Base64.encode(bytes2, 0);

                    f2.a("gps_province", n.a(new String(encode2, c.f20624a);
                    //...
                    f2.a("area", n.a(new String(encode3, c.f20624a), C0533cb.f5258d,
"", false, 4, (Object) null));
                    String g2 = f.o.g();
                    if (g2 != null) {

                        //...
                        //关键函数
                        com.chanson.common.utils.a.b.c(jSONObject.toString());
                        f2.b(N.create(C.b(ClipDescription.MIMETYPE_TEXT_PLAIN),
a.c(jSONObject.toJSONString(), "f87210e0ed3079d8")));
                    } else {
                        throw new kotlin.n("null cannot be cast to non-null type
okhttp3.FormBody");
                    }
                }
                return aVar.a(f2.a());
            }
        }
    }
}
```

对比图 10-14 中的函数调用栈并结合 r0tracer Trace 功能最终得到关键加密函数为 com.chanson.common.utils.a.b(), 其对应的加密方式正是 AES/ECB/PKCS5Padding 标准加密模式, 其第二个函数 str2 即为密钥, 且密钥硬编码为 f87210e0ed3079d8, 如代码清单 10-11 所示。

代码清单 10-11　AES 数据包加密

```
public static byte[] b(String str, String str2) {
    if (str == null) {
        return null;
    }
    try {
        Cipher instance = Cipher.getInstance("AES/ECB/PKCS5Padding");
        instance.init(1, new SecretKeySpec(str2.getBytes("utf-8"),
KeyProperties.KEY_ALGORITHM_AES));
        return Base64.encode(instance.doFinal(str.getBytes("utf-8")), 0);
    } catch (Exception e2) {
        e2.printStackTrace();
        return null;
```

```
    }
}
public static String c(String str, String str2) {
    return new String(b(str, str2));
}
```

除了通过以上方式确定标准加密模式之外，还可以通过查看加解密沙箱对应应用的 Cipher 文件与 Charles 中的抓取数据包进行对比，最终完成该 App 的协议分析工作。这里为了节省篇幅，就不再介绍了。

10.4 打造智能聊天机器人

本节将一步一步带领读者实现一个智能聊天机器人。

为了绕过付费限制给其他用户发送信息，笔者曾利用 hookEvent.js 脚本定位到发送消息的关键代码逻辑，但实际上代码清单 10-6 中还存在真正用于发送消息的嫌疑函数 MessageHandler.sendMessage()以及用于构造消息实体的函数 MessageInfoUtil.buildTextMessage()，这两个函数正是实现发送消息必不可少的两部分：发送的消息内容以及如何发送。

首先来看消息内容结构的组成。如代码清单 10-12 所示，通过 Jadx 查看 MessageInfoUtil 类中的 buildTextMessage()函数内容会发现，该函数主要是根据用户输入的字符数据构造成为一个 TIMMessage 实体，并将之作为 MessageInfo 实体的一个成员，同时还设置了一些关于发送人、消息类型等其他相关信息，最终将组成的 MessageInfo 对象返回，以完成消息内容结构的组织。

代码清单 10-12　构造函数格式

```
public static MessageInfo buildTextMessage(String str) {
    MessageInfo messageInfo = new MessageInfo();
    TIMMessage tIMMessage = new TIMMessage();
    TIMTextElem tIMTextElem = new TIMTextElem();
    tIMTextElem.setText(str);
    tIMMessage.addElement(tIMTextElem);
    setOfflinePushSetting(tIMMessage, str);
    messageInfo.setExtra(str);
    messageInfo.setMsgTime(System.currentTimeMillis() / 1000);
    messageInfo.setElement(tIMTextElem);
    messageInfo.setSelf(true);
    messageInfo.setTIMMessage(tIMMessage);
    messageInfo.setFromUser(TIMManager.getInstance().getLoginUser());
    messageInfo.setMsgType(0);
    return messageInfo;
}
```

为了确认动态环境下相应的 MessageInfo 实体的情况，这里使用 r0tracer 对该类进行 Trace，并将工作日志保存，最终确认在发送数据的那一刻 MessageInfo 实体中域的部分内容如图 10-15 所示，其中 tttttttt 为发送的数据内容。

```
==============================================
Inspecting Fields: => true => class com.tencent.qcloud.tim.uikit.modules.message.MessageInfo
com.tencent.imsdk.TIMMessage   TIMMessage => TIMMessage{
    ConverstaionType:Invalid
    ConversationId:
    MsgId:2148258574
    MsgSeq:32779
    Rand:2148258574
    time:1614087810
    isSelf:true
    Status:Sending
    Sender:klover1_server_550179
    elements:[
        {Type:Text, Content:tttttttt}
    ]
}
 => "<instance: com.tencent.imsdk.TIMMessage>"
java.lang.String      dataPath => null => null
android.net.Uri       dataUri => null => null
com.tencent.imsdk.TIMElem   element => com.tencent.imsdk.TIMTextElem@7d67029 => "<instance: com.tencent.imsdk.TIMElem, $className: co
java.lang.Object      extra => tttttttt => "<instance: java.lang.Object, $className: java.lang.String>"
java.lang.String      fromUser => klover1_server_550179 => "klover1_server_550179"
boolean       group => false => false
java.lang.String      groupNameCard => null => null
java.lang.String      id => 70b42de0-097a-4b9c-927d-13e660ce86a6 => "70b42de0-097a-4b9c-927d-13e660ce86a6"
int           imgHeight => 0 => 0
int           imgWidth => 0 => 0
long          msgTime => 1614087810 => "1614087810"
int           msgType => 0 => 0
boolean       peerRead => false => false
boolean       read => true => true
boolean       self => true => true
int           status => 1 => 1
long          uniqueId => 0 => "0"
```

图 10-15　MessageInfo 实体域

在完成对消息结构的分析后，还需要分析 sendMessage() 函数的流程，由于 MessageHandler 类只是一个接口类，因此还需要找到发送消息时的真实类，为此利用 r0tracer 中的日志内容的调用栈部分（通过在日志文件中搜索 sendMessage 字符串域与相应调用栈上下文确定），最终确定真正实现 sendMessage() 函数的实现类为 com.tencent.qcloud.tim.uikit.modules.chat.base.ChatManagerKit，相应的实现代码如代码清单 10-13 所示。

代码清单 10-13　sendMessage 函数的实现

```
public void sendMessage(final MessageInfo messageInfo, boolean z, final
IUIKitCallBack iUIKitCallBack) {
    if (!safetyCall()) {
        TUIKitLog.w(TAG, "unSafetyCall");
    } else if (messageInfo != null && messageInfo.getStatus() != 1) {
        messageInfo.setSelf(true);
        messageInfo.setRead(true);
        assembleGroupMessage(messageInfo);
        if (messageInfo.getMsgType() < 256) {
            messageInfo.setStatus(1);
            if (z) {
                this.mCurrentProvider.resendMessageInfo(messageInfo);
            } else {
                this.mCurrentProvider.addMessageInfo(messageInfo);
            }
        }
        String str = TAG;
        TUIKitLog.i(str, "sendMessage:" + ((Object)
messageInfo.getTIMMessage())));
        // 调用 com.tencent.imsdk.TIMConversation 的 sendMessage 函数
        this.mCurrentConversation.sendMessage(messageInfo.getTIMMessage(),
```

```
new TIMValueCallBack<TIMMessage>() {...});
        }
    }
    // com.tencent.imsdk.TIMConversation
    public void sendMessage(@NonNull TIMMessage tIMMessage, @NonNull
TIMValueCallBack<TIMMessage> tIMValueCallBack) {
        if (tIMValueCallBack == null) {
            QLog.e(TAG, "sendMessage ignore, callback is null");
            return;
        }
        Conversation conversation = this.mConversation;
        if (conversation == null) {
            QLog.e(TAG, "sendMessage fail because mConversation is null");
        } else {
            conversation.sendMessage(false, tIMMessage, tIMValueCallBack);
        }
    }
```

分析 ChatManagerKit.sendMessage()函数发现该函数只是对传入消息实体的一些域值进行检查，最后调用 mCurrentConversation.sendMessage()函数将消息发送出去，而这个 sendMessage 函数的第一个参数就是 TIMMessage。到这一步，要实现针对单一对象发送消息已经非常清晰明了了：文本消息封装成 TIMMessage 类型，并通过 TIMConversation.sendMessage 函数进行消息的发送工作，要实现给别人发送消息，只需将上述关键代码翻译为 JavaScript 语言，最终其主动调用发送消息的关键 Frida 代码如代码清单 10-14 所示。

代码清单 10-14　给单一对象发送消息

```
var peer = Java.use('java.lang.String').$new("klover1_server_190249"); //发送
身份
    var conversation = ins.getConversation(Java.use("com.tencent.imsdk.
TIMConversationType").C2C.value, peer);

    var msg = Java.use("com.tencent.imsdk.TIMMessage").$new();
//添加文本内容
    var elem = Java.use("com.tencent.imsdk.TIMTextElem").$new();
    elem.setText(Java.use("java.lang.String").$new("r0ysue bad bad"));
    msg.addElement(elem)

    const callback = Java.registerClass({
        name: 'callback',
        implements: [Java.use("com.tencent.imsdk.TIMValueCallBack")],
        methods: {
            onError(code, desc) {
                console.log("send message failed. code: " + code + " errmsg: " +
desc);
            },
            onSuccess(msg) {//发送消息成功
                console.log("SendMsg ok" + msg);
            },
        }
    });
    conversation.sendMessage(msg, callback.$new())
```

在通过脚本给单一对象发送消息成功后，如果要进一步实现批量给别人发送消息，事实上相比于给单一对象发送消息，只需要进一步得到所有的 conversation 即可。要做到这一点，我们可以继续分析该 App 发送消息的逻辑，但实际上在上述过程中，我们发现该样本在发送消息时实际上是使用某大厂所提供的一个第三方旧版 SDK 包，因此要完成批量发送消息，还可以查阅这个 SDK 包的开发文档（腾讯云官方文档地址：https://github.com/tencentyun/qcloud-documents），利用该开发文档帮助完成逆向工作。

在相应开发文档中的 product/移动与通信/即时通信/8 客户端 API/SDK API/旧版 SDK API/SDK API（Android）.md 文件中，最终找到了相应的开发文档。

通过开发文档发现，实际上 TIMManager 类是整个第三方包的核心类（见图 10-16），用于负责 IM SDK 的初始化、登录、创建会话以及管理推送等功能。相应地，笔者在通过 Objection 验证时，发现这个类的对象实际上在应用中确实是全局唯一的实例。

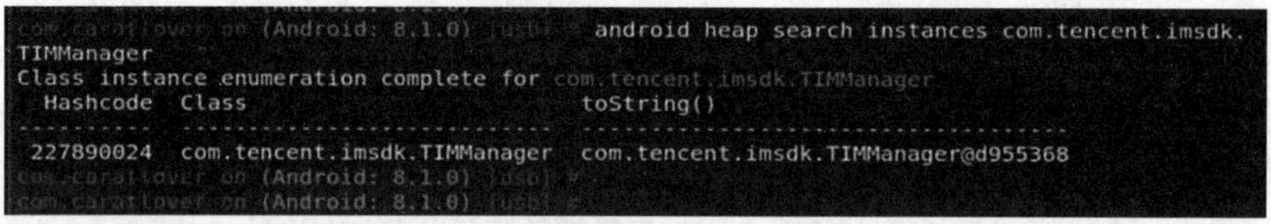

图 10-16　TIMManager 全局唯一

进一步查阅文档，发现在 TIMManager 类中提供了 getConversationList()函数，用于获取会话列表，函数的返回值类型为 java.util.List<TIMConversation>，因此要做到批量发送消息，只需通过 TIMManager 实例获取所有会话列表即可，通过每一个会话完成消息的发送工作。根据以上分析，最终得到的批量发送消息的脚本内容如代码清单 10-15 所示，最终批量发送消息的结果如图 10-17 所示。

图 10-17　批量发送消息的结果

代码清单 10-15　批量发送消息

```javascript
Java.choose("com.tencent.imsdk.TIMManager", {
    onMatch: function (ins) {
        // 迭代 list 中的元素
        var iter = ins.getConversationList().listIterator();
        while (iter.hasNext()) {
            console.log(iter.next());
            if (iter.next() != null) {
                var TIMConversation = Java.cast(iter.next(),
Java.use("com.tencent.imsdk.TIMConversation"))
                console.log(TIMConversation.getPeer());
                console.log("try send message...")

                //构造一条消息中
                var msg = Java.use("com.tencent.imsdk.TIMMessage").$new();
                //添加文本内容
                var elem = Java.use("com.tencent.imsdk.TIMTextElem").$new();
                elem.setText("r0ysue222");
                //将 elem 添加到消息中
                msg.addElement(elem)

                //if (msg.addElement(elem) != 0) {
                //Log.d(tag, "addElement failed");
                //return;
                //}
                const callback = Java.registerClass({
                    name: 'com.tencent.imsdk.TIMValueCallBackCallback',
                    implements:
[Java.use("com.tencent.imsdk.TIMValueCallBack")],
                    methods: {
                        onError(i, str) { console.log("send message failed.
code: " + i + " errmsg: " + str) },
                        onSuccess(msg) { console.log("SendMsg ok", +msg) }
                    }
                });
                //发送消息
                TIMConversation.sendMessage(msg, callback.$new())
                // }
            }
        }
    }, onComplete: function () {
        console.log("search compeled")
    }
})
```

至此，批量发送消息的功能实际上已经完成了。但是如果要打造一个智能聊天机器人，到这一步还是远远不够的。事实上通过上面的分析读者会发现，如果想要继续完善聊天机器人的功能，比如增加获取、添加、删除好友，或者创建、加入、邀请、退出群组的功能，其实都是将对应 SDK 开发文档中介绍的 API 进行"翻译"即可，相信有一定开发基础的读者都能够独立完成，因此这里就不再继续介绍了。

10.5 本章小结

本章介绍了笔者新开发的一款用于 Trace 的工具——r0tracer，可以发现 r0tracer 确实相比于 WallBreaker 查看实例对象中的成员值以及 Objection 中的 Hook 功能做了一些改进。在随后的实战讲解"会员制"违法应用的协议分析时，也利用 r0tracer 帮助完成了很多工作。另外，在 10.4 节"打造智能聊天机器人"中，还介绍了逆向的另一种思路——利用开发文档帮助完成逆向工作，希望读者在以后的逆向工作中能够通过各种方式打开思路，不要为自己设限，实现真正的逆向"自由"。